那些感受大地之美的人，能从中获得生命的力量，直至一生。

——蕾切尔·卡森

我们人类不只是独立出来，也在融入……我们身属一个最伟大的共同体，一个和万物分享生命奇迹的共同体。

——约瑟夫·伍德·克鲁奇

博物文库

总策划：周雁翎

博物学经典系列	策划：陈　静
博物人生系列	策划：郭　莉
博物之旅系列	策划：郭　莉
自然博物馆系列	策划：邹艳霞
自然文学系列	策划：邹艳霞
生态与文明系列	策划：周志刚
自然教育系列	策划：周志刚

博物文库 · 生态与文明系列
Vom Verstummen der Welt
Wie uns der Verlust der Artenvielfalt kulturell verarmen lässt
日益寂静的大自然
[德] 马歇尔 · 罗比森（Marcel Robischon）◎著
林欣怡◎译 戴甚彦◎校
北京大学出版社
PEKING UNIVERSITY PRESS

著作权合登记号图字：01-2015-4158
图书在版编目(CIP)数据

日益寂静的大自然/(德) 马歇尔·罗比森 (Marcel Robischon) 著；林欣怡译.
—北京：北京大学出版社，2017.10
（博物文库·生态与文明系列）
ISBN 978-7-301-27989-2

Ⅰ. ①日… Ⅱ. ①马… ②林… Ⅲ. ①物种—普及读物 Ⅳ. ①Q111.2-49

中国版本图书馆CIP数据核字 (2017) 第013157号

Marcel Robischon
Vom Verstummen der Welt
Wie uns der Verlust der Artenvielfalt kulturell verarmen lässt

书　　名	日益寂静的大自然 RIYI JIJING DE DAZIRAN
著作责任者	[德] 马歇尔·罗比森（Marcel Robischon） 著 林欣怡 译 戴甚彦 校
责任编辑	周志刚
标准书号	ISBN 978-7-301-27989-2
出版发行	北京大学出版社
地　　址	北京市海淀区成府路205 号 100871
网　　址	http://www.pup.cn 新浪微博：@ 北京大学出版社
微信公众号	通识书苑（微信号：sartspku）
电子信箱	zyl@pup.pku.edu.cn
电　　话	邮购部62752015 发行部62750672 编辑部62753056
印 刷 者	天津裕同印刷有限公司
经 销 者	新华书店
	787毫米×1020毫米 16开本 23.75印张 322千字
	2017年10月第1版 2024年4月第2次印刷
定　　价	168.00元

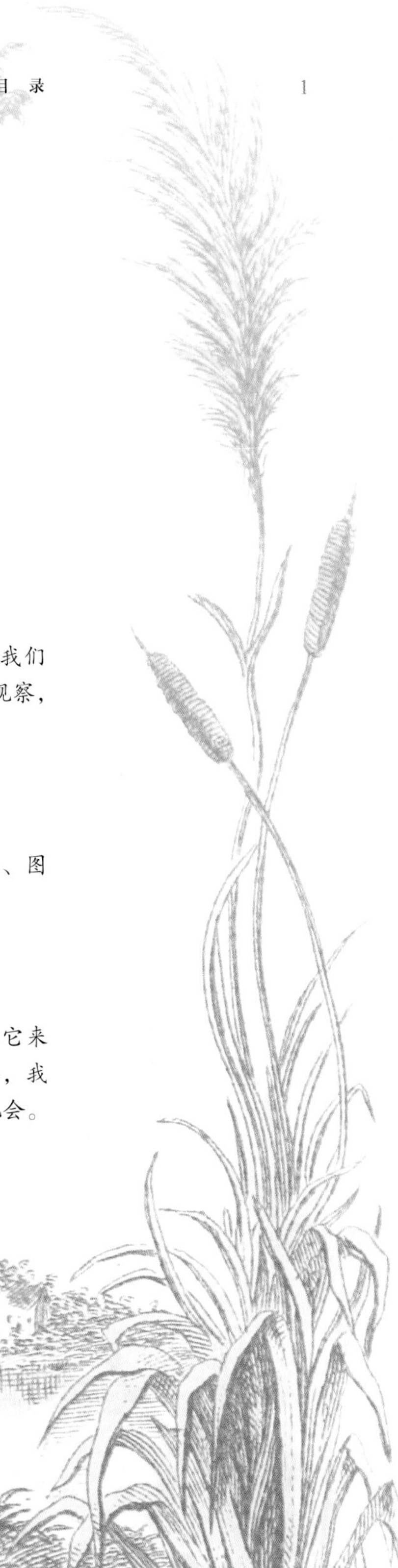

目 录 | Contents |

第 1 章　绿野山谷 /1

森林扎根于过去，并指引未来的方向。它教导我们要小心、要有远见、要考虑周全，只要我们仔细观察，就能找到真正的问题所在。

第 2 章　逆着暴风向上 /15

每个生物，不管是否已知，都保存了大量资讯、图像和历史。这些多样性是我们知识世界的起源。

第 3 章　雾中的长毛象 /31

一种动物在不知不觉中绝种，或者我们仅知道它来自远古时代，如同星星死亡所发出的光芒一样，我们不只失去了一个名词，也失去了认识它们的机会。

第 4 章 乌龟之岛 /71

岛屿是世界的缩影，大自然透过加倍放大及提升解析度来描绘简单的图像。它们述说着生命的奥秘。

第 5 章 在苍翠的街道上 /103

人为因素导致植物全球化——世界各地的草都长得一样，于是冒险家便失去了遇见新品种的机会。

第 6 章 绿色的羽翼 /135

全球性的蜜蜂实验对各地的本土昆虫和鸟类带来灾难性的后果，也呈现出原生种和外来种之间岌岌可危的平衡。

第 7 章 被迫出海与遣返 /179

动物被迫跨洲迁徙的故事，是一段黑暗且充满寂静死亡的历史，剩下的仅只是被啃咬、摧毁过的单一景象。

第 8 章　穿着精致毛衣的世界公民 /211

原鸽的美就像是灰色交响曲配上彩虹的颜色，随着其他许多鸽种相继灭亡，原鸽开始成为世界公民。

第 9 章　在航海和海鸟之间 /247

跟随大自然的征兆，太平洋的水手不断发现新岛屿，而如果没有动物的指引，航程便不可能顺利完成。

第 10 章　沙漠中的漫游者 /279

人类失去了指引方向的动物，也失去了它们极强的方向感。被辗过的刺猬和蟾蜍是人类违反大自然交通规则的直接证据。

第 11 章　生命边界形式 /295

人类语言的灵感来自大自然。物种的消逝使得语言和文化的多样性也随之消失，我们的表达方式将变得更加贫乏。

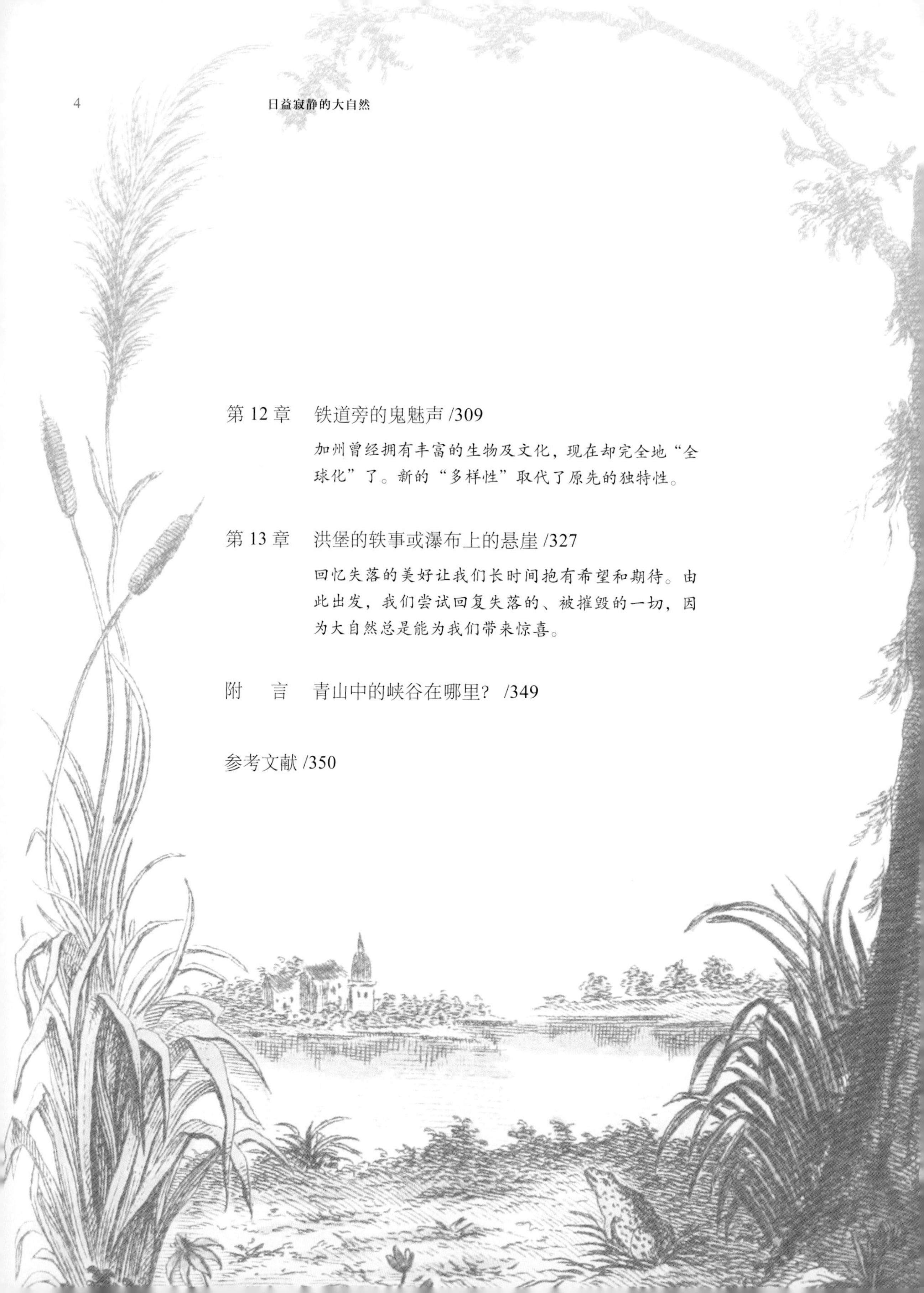

第 12 章　铁道旁的鬼魅声 /309

加州曾经拥有丰富的生物及文化，现在却完全地“全球化”了。新的“多样性”取代了原先的独特性。

第 13 章　洪堡的轶事或瀑布上的悬崖 /327

回忆失落的美好让我们长时间抱有希望和期待。由此出发，我们尝试回复失落的、被摧毁的一切，因为大自然总是能为我们带来惊喜。

附　言　青山中的峡谷在哪里？ /349

参考文献 /350

第1章

绿野山谷

森林扎根于过去，并指引未来的方向。它教导我们要小心、要有远见、要考虑周全，只要我们仔细观察，就能找到真正的问题所在。

太平鸟

悬崖边缘的水牛群

由于时有乌鸦在窗前声声呼唤，我便一向早起。初晓之际，乌鸦穿梭在我的山谷之中——这个绿山环绕的山谷，像是拓印在原岩上的手印；而被手指拨开而散落的边谷，像是延伸至山里的五个指缝；夏日的谷底铺满了小麦与玉蜀黍，像是双手盛满各种谷类；谷坡与山顶满是芳香的云杉和黄杉，茂密的森林有如身披毛皮大衣的壮硕野兽，随着呼吸的气息，缓缓起伏。有时候山谷里雷声回荡，像山的肚子在翻腾；雨后散发着蒸气的山丘，有如淋湿的牲畜等候着放牧吃草。

在一个地方住得越久，越能感觉这个地方是有生命的[1]，是人类居住且与之共生的，而山就像是巨大的动物：在薄雾濛濛的早晨，其中一座山看起来像一头蓝色大象。即使是被驯养的宠物，都还藏有一些野蛮的个性。就算人类自以为摸清了动物的所有心情、情绪和不同声调的意义，仍旧能够发现它们野性的痕迹。

苍鹭
体态优美的大型水鸟。性情沉静而有耐力，有时站在一个地方等候食物可长达数小时之久。

在绿野山谷的草坡上有各种野生动植物：兰花、羊肚菌、金蟾蜍和蚁狮，偶尔也有银灰色的苍鹭笔直而严肃地伫立着——那样的警觉！——蓦然如剑客般朝向草地深处俯冲。有时也会“捕捉到早晨山谷中少见的身影，一位阳光国度的王子”[2]：隼，它也像轻航机或战斗机，在空中或停、或摇摆，或突然往麦田和玉米田中的某个物体直冲而下。有时在堤坡上的树根与腐植土之间，出现以云杉树枝搭建而成的蚂蚁城堡和蚂蚁都市。有时候也能在空心树干里发现蜂巢，不断发出肉眼几乎无法看出的微微颤动，像是有生命力的电压，而飞行的小生命就在里面吐息。

在为林业经济而种植的面包树之间，还有其他古老的原生树种，其存在远早于人类所能考究，也因此它们一直具有相当大

的重要性，许多谷坡、峡谷、高山与乡村都留有其名。这里有“柳树之谷”“桦树之谷”，两个谷地的入口则是“桦树村”。还有“榉木之谷”“橡树丘”或“欧洲山松之道”和林登山脚下的“红豆杉之谷”，而红豆杉数量不多，因为人类在很久以前就几乎铲除了这有红色果实且具毒性的植物。每一个地名都对应着一份对过去生活的回忆。有些时候，这些地名所指的树，历经几世纪的转变和磨损，几乎已不再为人所知，就像曾经屹立于谷地中央的凯尔特人的堡垒城墙，名闻遐迩了几千年，如今却破败不堪地掩藏在杂草、小麦和玉蜀黍之下，几乎不为世人所见。直到今日，仍有几个村子保留这种内涵失传的名字[3]——“公牛之丘”，它也许原本是指原始森林中的野牛，或具有原始野性的森林公牛，或森林中野性十足的原始野牛；现在野牛已经为四处放牧吃草的温驯乳牛所取代，而且乳牛在幼年时，犄角就被烧除以消灭野性。

其他的野生动物也曾在绿野山谷中的地名学中留下痕迹。有座山叫作“马山”，因为从前的人会在山里听见野马的蹄声吗？还有“熊之谷”“狼之谷地”和“秃鹰山”，这些地名都让人想起消失许久的野生动物。“榉木之谷”里有座红隼岩，“白登谷”谷口的红隼之丘，是从前矗立在山丘上的一座要塞，现在和“公牛之丘”的堡垒一样几乎被铲平。尽管如此，

欧洲野牛

欧洲最大的原生食草动物，体型庞大。

红隼还在这里。红隼，又被称为“雨中马达”，它喜爱在教堂里筑巢，幼鸟会随着神父的歌声吱吱伴唱。难得一见、爱冒险的候鸟游隼，长成成鸟后会迁徙到南方来，可能因为南方生活较安逸舒适，如今游隼也会栖息于此。我很自豪自己发现了一个大秘密——一对游隼在深渊里筑巢，是山谷中唯一的一对。

它们不是唯一一种飞越天空迁徙到我们谷地的候鸟。高山雨燕会出其不意地从南方的热带非洲飞来，视这里为迁徙路径北返的终点，它们飞来之时也象征着夏季的到来。而它们的小跟班——普通楼燕——也在我家的屋顶下筑巢。这些昆虫猎人有如插翅的箭头，从空中呼啸而过，在白昼述说着警世寓言，用尖锐的口哨声传述尼罗河与尚比西河的轶闻。

红隼
隼科的小型猛禽。飞行快速，善于在飞行中追捕猎物。吃大型昆虫、鸟和小哺乳动物。

11 月，当冬天的羊群，随着牧羊人手中的羊毛絮飘过谷地的时候，秃鼻鸦会成群结队地从遥远的西伯利亚飞来，在冰寒的天空上，用粗砾嘶哑的声音宣示它在谷地的领空权。当 12 月小羊诞生时，叫声如刮玻璃声般刺耳的太平鸟，偶尔会从遥远的北方来探访，它们用桦木树枝所筑的巢穴，总让我想起圣诞树上的玻璃小鸟装饰，它们也将北极的秋色藏在羽毛中带进山谷来给我。

游隼
中型猛禽，世界上短距离冲刺速度最快的鸟类。一部分为留鸟，一部分为候鸟。也有的在繁殖期后四处游荡。遍布全球，但在欧洲和北美分布区的大部地区已变得稀少。

山谷里还有非常多的信息等着我们去发现。候鸟的叫声就像山谷里的旧地名，它是神秘的过去、原始的时代，以及那满是熊、狼、秃鹰和毒树的秘密时代的回响；候鸟也带来了遥远的声音和山谷来世的信息。还有许多来自远方世界的信使，诉说着无声的故事。来自火地群岛、世界尽头的南部山毛榉（*Nothofagus*），在我的谷地里享受着既特别又富异国风情的生活，它们同时也激起了人类强烈的好奇心。还有学校操场或公园里的北美乔柏，它有长成一

株绿色巨人的潜力，鳞状的叶子蕴藏着凤梨和苹果的香味。

林务员曾经试着在红隼之丘与鹿之谷附近种植巨冷杉，它来自西北太平洋。榉木之谷中优雅的日本落叶松，在好几个世代以前由一位日本教授引进邻村。这些树木叙述着山谷过去的冒险故事，因为有人在陌生、尚未被探究的森林里发现了它，并且飘洋过海将它带来这里。

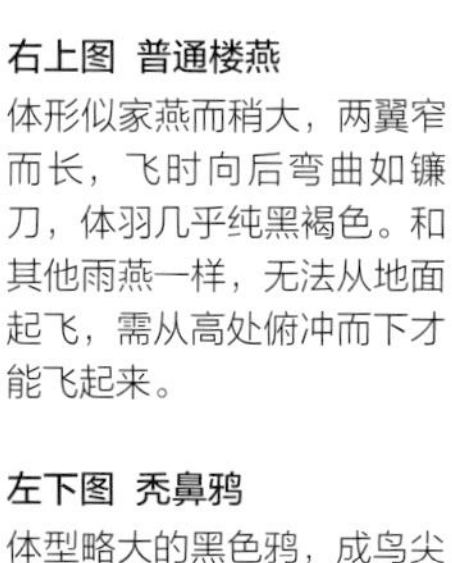

左上图 高山雨燕

罕见季节性候鸟，是连续飞行时间最长的鸟类（可以连续飞行 200 天以上而不着地）。其生命中的大部分时间都在空中，以空中飞行的昆虫为食，主要栖息于悬崖峭壁。

右上图 普通楼燕

体形似家燕而稍大，两翼窄而长，飞时向后弯曲如镰刀，体羽几乎纯黑褐色。和其他雨燕一样，无法从地面起飞，需从高处俯冲而下才能飞起来。

左下图 秃鼻鸦

体型略大的黑色鸦，成鸟尖嘴基部的皮肤常为白色且光秃，喜结群活动。

右下图 太平鸟

体态优美的小型鸣禽。头顶细长羽冠呈簇状，十二根尾羽的尖端均为黄色。

大自然句法中的标点符号

因为想飞行的愿望无法实现，为了能长时间待在森林里，我学习如何成为一个林务员。早起漫步于山谷中，学习用电锯伐木，用手指吹口哨，利用树木成长量表和数量统计表推算树木的分布面积、高度和数量，依靠前人累积的数据，计算每公顷树木的成长数。我还能够辨识出蠹虫经过而留下的象形文字，以及野生动物在泥泞或雪中留下的脚印。我也能够根据草木层的指标植物，解释一个拥有水分与矿物盐的地方有多完美，也能说出哪些树种与哪种森林生态属于这一区域。

我知道辨认树种必须嗅闻树枝和枝丫的气味，我也能够根据指间或齿间微小粒子的嘎吱声，说出土壤的类型，并解释这片用泥土绘色的大地是如何形成的，以及这片土地在无尽的未来将如何演变。

光是想要了解森林全貌的一小部分，就必须注意不计其数的小细节。

我尝试在森林中找寻一些罕见之物。例如，只生长于林边枫树林中的花楸树，榉木林中唯一的一棵枫树，躲藏在黄杉林中的榉木，为混合林增添色彩的野樱桃树，在上万棵枝叶扶疏的白蜡树中只长一片叶子的那一棵，春天时在榉木树下飘着花香的瑞香花（Daphne）……

色彩缤纷、特殊罕见的物种总是让人着迷，而物种的多样性和丰富程度通常代表着稳定。这个道理在森林学以外的地方也说得通，然而事情却复杂得多。乍看之下，物种多样性出现在合适的区域代表稳定[4]，但在物种单纯的地方，它的单调和独特性有时恰是增加多样性的助力。有些事实上非常特殊的物种，初次看到时并不会让人感到新奇刺激，必须在人耐心地、慢慢地仔细观察之后，它才会泄漏自身的秘密。红豆杉相当稀有，广而散地分布在鹿之谷与红隼之丘，因此红豆杉林既少见且需要保育。在那附近有一条向下滑行的片麻岩石堆，唯一能在这石堆中生存的灌木丛是岩枫，但岩枫无法独自造林，秋天时它的翅果像是骆驼黄的豆娘，在风中振翅，享受着金黄云彩。

要了解森林，必须观察入微，留意不显眼之物，这些东西就像是大自然句法中的标点符号。为了找到动物的踪迹，必须不断地判读、整合每一个资讯，看看能否在成千上万的足迹当中成功地找到目标物。森林生态系统不仅比我们想的复杂，甚至超乎我们的想象[5]，毕竟林业研究的是一个有机体，而非无生命系统的某部分、某种能量或能源。

人类要和这样复杂的事物打交道或插手干预，必须小心谨慎，因为随便一个动作都会破坏森林的平衡。有可能因此让森林失去它原有的活力与稳定，或是让它沦为长的速度勉强超过卖的速度的林场。

林务员的工作是和已经扎根的植物打交道，同时要在心灵里创造一幅小树苗长成巨木的未来景象。而“未来树”就是林务员特别用来指称“待促进生长的树”。林务员必须不断将新发现的植物和记忆中的植物图案做比较，试着推测它们生长的方向与变化，现今的“模拟”工作都交付电脑执行，林务员已不再亲笔绘图。他们根据自己或他人的经验、自己的观察或书上的资讯做推测，在推测的过程中必须小心谨慎、瞻前顾后。在当代，推测未来是件非常重要的任务，因为林务员对于未来的决定——也就是对树种的选择，将会对未来巨变的气候起决定性的作用[6]；也因为在未来某一天的晴朗午后，我们仍然需要氧气、木材、鸟鸣、树木清香和树荫。

水泥面纱遮盖萤火虫森林

也许是因为林务员必须到处观察树木生长的情况，我也常观察山谷中森林以外的变化。什么消失不见了？一棵老树的树枝原本生气蓬勃地向外伸展，却因为危及交通安全而被锯断，伤口被涂抹成了灰色。曾经巍然矗立、仿佛可以无尽地往天空蹿升的栗子树，如今只剩下几乎与地面平行的树桩。除了动植物，我也观察非生物类的变化：原本像条蛇一样，随着阳光穿梭于谷地的道路被截弯取直；原本在路边的古老小教堂，因为道路拓宽挡在路中央，而被随便移到某个地方；一栋老房子突然消失不见，被水泥块和一个陌生的躯壳强行入侵。“集合住宅”* 取代了山谷里原本的有机体住宅，比如红色云杉木搭建的房子，木瓦筑成的屋翼、墙和屋顶。每一座房子都像是一只巨大的原始动物，倾斜而立在山坡上，遮风挡雨，以它坚实的后背蔽护着下面的人和牲畜。

集合住宅和所有新式建筑几乎都由水泥搭建而成。灰色的水泥不像身披银灰色羽毛的苍鹭般闪闪发光，也不像榉木树干上的地衣或山上农舍的木瓦一样，有无数渐层** 的灰色。水泥表面虽然光滑均匀，但它不像石板那般平滑，不像石灰岩有如丝绸般地滑顺，也不如玄武岩光滑，它在所有墙上都一样，只有单调的灰。水泥不像大理石般冰冷，也没有砂岩般温热，它好似无任何温感。水泥没有气味，没有燧石的硫磺味，没有白云岩的钙味，没有白垩味，也没有肥皂味。水泥什么味道都没有，但在所有盖满集合住宅的地方，在不断拉扯的乡村不断涂抹路面，在撕裂大地的道路上，到处都是水泥味。

硕大的隧道，像一个裂开的伤口，往谷地掌心开凿。为了挪出空间造路，有一天，我家附近一座茂盛的公园里出现了伐木工。这座公园肩负着自然保育先锋之名，为这个地区带来许多种鸟类和其他野生动物，夏天的夜晚，它像一个神秘舞台，让萤火虫上演魔术般的灯光秀。有些保育人士设法在伐木工侵略之前保护树木，但是被一群外地来的警察给赶走了。只花了几个小时通道就开出来了，树木让路给巨大的机器，它们驶进森林，将土地四分五裂、灌进水泥，就像是往伤口注射颜料，好让疤痕永远清晰可见。一条水泥道路穿过谷地，车子驰骋其上，越来越多，越来越多……随着水泥建筑和柏油路的增加，灰色面纱渐渐遮盖了绿野山谷。

灰色面纱不只遮盖了我的绿野山谷，在我看来，它慢慢地笼罩了全世界。地球上到处建满“地球村”以及更多的“地球市”，因为盛行于20世纪70年代的“地球村”[7] 概念，主张消弭全世界人类沟通的界线，这一概念早已在其他各领域具体实现了。

全球化的建筑材料称为“泥土”，具体的实现就是“水泥”。地球村

* 指在特定的土地上有规划地集合建造的住宅，包括低层、多层和高层。
——译注

** 使某一色块或区域的颜色呈现由深到浅或由浅到深的阶梯式变化。
——译注

发展成为地球市，甚至变成地球城邦[8]——不过城邦尚未发展出来。改变不停地发生、房子不停地建造，而且都是用水泥。人类像是希腊神话中被下了点石成金咒语的现代米达斯（Midas），所碰触的每样东西都会变成水泥。

赭带鬼脸天蛾
鬼脸天蛾属中的三种天蛾之一，胸部背面有一明显的骷髅形纹。受惊吓时会发出叫声吓唬天敌。

由于我与山谷相识了好长一段时间，对我来说，这感觉就像一只活生生的动物被石化了，就像蜜蜂把闯入蜂巢的敌人——例如赭带鬼脸天蛾——活生生地用蜡和蜂胶完全包覆。差别在于，人类并没有抵抗入侵的敌人，反而任它们"鸟兽四散"于荒野，然后用水泥灌入生命有机体和他们自己，以隔绝外来物种。

事实上，灰色面纱不仅掩盖了大地，也覆盖了人类。因为人类与大地共享同一个生活环境，共享同一个"由钢筋混凝土、沥青、玻璃与砖块所组成的"物质世界[9]。我们也被同一个电脑处理器和机器相连在一起，绑在同一条信息高速公路与信息交换的轨道上。然而，不只这些，因为同一个生物环境也属于同一个紧紧相连的生活环境。

身为水泥时代的人类，我们当然知道，为了生存，为了舒适，人们需要不一样的生活。但其实只有少数生物在水泥世界中会感到舒适，甚至连我们自己都不太能忍受。某些特定的植物群集是少数能适应的生物，例如生长在千里达彼奇湖（Pitch Lake），融入黑色沥青泥泞、扎根在水泥山、有着闪闪发光叶子与果实的栒子属植物，或者散发异国风味的红色小檗属（*Berberis*）植物。这些植物可能来自世界各地，能随地被纳入一个新的生态系统，一般来说，它本来是在大自然的某一处，现在却来到水泥世界的某一个角落。我在绿野山谷中的雨岛和金色大地，都曾发现这种水泥植物。一直以来，它们被栽种于人造林和人造园，然后逐渐从人类居住地的中心向外发展。

金龟子
金龟子科昆虫的总称，全世界有超过26000种。不同的种类生活于不同的环境，如沙漠、农地、森林和草地等。生活史较长，除成虫有部分时间出土外，其他虫态均在地下生活。

也许这一切不过是轻微的震荡，如同大自然旋律中的一个切分音。就好像某一年欧榛的花提早几天绽放，这并不表示它们整年都会开花；或者像是某一年突然出现很多金龟子，接下来却好几年都看不见；又或

欧榛

桦木科榛属植物，重要的坚果树种之一。起源于亚洲的小亚细亚地区的黑海沿岸及欧洲的地中海沿岸，在公元前由此向希腊和罗马传播，并被当作果园作物得以广泛分布。

者某一年萤火虫大量现身，点亮整个黑夜，之后却突然不见任何一只发光。或许这就是大自然循环中，一个我们无法完全理解的环节；也或许这只是大自然长期发展与文化流变中的现象之一。因为我们只能从一个小小的时间窗口观望，当然也只能体验到一瞬间的感受。尽管如此，我仍然等待着萤火虫的归来。

这些自然界中的小变动也许只是漫长过程中的一小部分，漫长到我们都没有察觉，只能从许多小线索去推论：书上某处记载的足迹、资料、目击者的说词，或是好几个世代之前，某个一无所知的观察者所写下的记录，又或是久远前被记载下来的景象——这些都彰显出漫长过程的进行，而且正发生在我们所认知的大自然与文化里。这些过程短暂、快速到为人所忽略，但它仍是整体中的一小部分，就像一座森林，所有的影响因素总和起来，构成了它独一无二的生态系统。

绿野山谷的这种景象和别处发展出的样貌很类似，相似程度高得令人害怕。就好像我的谷地没有了绿色的山作为堡垒，雨国没有了小岛，海洋因为金色大地忘了分割，而失去了自己的领域。没有自己的“有机区域”，就没有属于自己的特殊景象和独特冒险的生活，也没有了体验特别的生活空间。

“全球化”是几十年前才出现的新名词[10]，但它所描述的过程在很久以前就发生了，也许是从我们伸手偷摘禁果、离开天堂的那一刻开始。然而，直到现在才有了明确的称呼，并且开始定义这个过程，甚至定义我们对世界和自己做了什么事。简单来说，我们破坏了自己的文化资产与特色，也摧毁了生物资产。事实上，这两种资产可以有各自的演进过程，也可以是同一个过程。如果我们注意细节、仔细观察，随处都能发现，我们一直在用自己独有的东西随随便便地换取其他物质。我就亲眼看见我的绿野山谷正与世界上另一个遥远的地方经历相同的改变过程。这是一个人类身在其中，却明知故纵、宁愿忽视的过程。世界的改变导致我们踏上了未知的道路、冒险的途径，我们越来越重蹈覆辙、画地自限，也因此不断复制迷宫，人类试图从复制的迷宫中找到新的道路，却同时又破坏了新事物，以致道路与出口越来越少。

我认为，人类应该与世界和平共处，就像森林管理员与森林的关系，管理员有时必须让森林享受宁静。“永续”这个词在任何一个领域都通用，但它其实是源自森林学。如果要永续经营，必须明确你所面对的是什么、地球的生态系统是往哪个方向发展。我认为，人类在这个世界漫游，要能像林务员徜徉于森林中一样，随时注意观察每一个小细节：哪些植物生长在这里？哪些植物生长在那里？这里能听到哪些鸟叫声？那里又能听到哪些鸟叫声？此外，还必须不断把新的发现拿来与之前所知的做比较，并想象：未来会生长出什么？如何生长？又会往哪个方向发展？还必须知道地名的意义，明白那些不引人注目的小东西也有其价值。总而言之，我认为，探索应该是寻找哪里还能发现真实的、可信的、原始的秘密，哪里还能发现新事物，哪里还能冒险。

冒险家与候鸟

冒险是人类的根本需求。尼采曾说过：“我们是冒险家，充满好奇。已知的事物只会让我们疲惫。”[11]发展心理学家似乎认为我们并不知道自己对于冒险的需求，因此还提出理论，证实这个说法。20世纪初一位名叫亚可博·波力兹奇（Jakob Poritzky）的戏剧演员说，我们需要冒险，就像“鱼需要水，鸟需要天空”。他还补充道：“每个人体内都存在一股无法解释的冒险精神，并且大多是体现于较为温顺的漫游活动中。”而冒险与旅行，以及危险，总是紧紧相扣。

“在海洋形成的过程中，我们在一个比小舟还小的岛上醒来，我们——冒险家与候鸟——快速且好奇地环视四周一会儿。风强劲到能把我们吹走，一个海浪就能把小岛淹没，让我们失去岛上所有的一切。”[12]

我们像候鸟一样，被风吹到远方，吹向冒险，然后再回到家乡谷地。英国作家肯尼斯·格拉姆（Kenneth Grahame）为人类的这个原始特性下了结论：“每个人都是浪子。”

冒险就是勇敢向前冲，朝某个方向前进，深入其中；冒险是一场发现之旅，旅途中会有新的发现，也会发现新的自己。

如果钻研早期的历史和词源学，就会知道“冒险”的意思不只是“娱乐性活动”，也不只意谓遇到神奇、特别的东西，这一般是指有生命的东西。冒险的意思还包括这个现象或它的本质。冒险是巧遇，也是面对某样事物；面对自己也是一种冒险。冒险是探索，也是刺激。1966年版本的《格林词典》中，用了不下于12页来定义冒险，并把“怪兽”“神话生物”“惊奇动物”列为冒险的同义词，真是荒诞离奇。童话故事中所引用的范例是，在打雷的天空中可以看到“罕见奇观”，甚至是“一个罕见、像鸟的形体”。除了普通楼燕、候鸟，或是绿野山谷的秃鼻鸦以外，还有哪些更适合用来形容鸟类的冒险？让我们可以和它们在心灵里、在梦中一同翱翔的，或许就是《骑鹅历险记》中尼尔斯[13]和他的鹅。

身处于现代生活的框架中，很难接纳那种原始的野外冒险，因此，取而代之的是冒险体验式的度假，或电脑虚拟冒险游戏。冒险讲求的是真实的接触，或者至少尝试接触，而研究大自然的相关职业就能有真实接触的机会。波力兹奇将研究员工作的动力归因于冒险精神：“科学界尽力在推动研究；当人们试图寻找北极，他们找到了。当人们在讨论火星上的生命时，他们已培养出能够在火星上开花的植物，并且展示某只古蜥蜴在撒哈拉沙漠下的蛋。”[14]最重要的是，冒险是发现与研究生物体的所有一切。

冒险不一定是长途跋涉的旅行。与森林和荒野的相遇就是一种冒险，广阔荒野的世界近在咫尺。冒险可以在放大镜或显微镜下进行，也会发生于每天的日常生活中。事实上，荒野仍旧存在于水泥世界的边缘。还有一个属于冒险的领域就是说故事。“每个人心中都藏着冒险家、候鸟和诗人”[15]，都想要诉说自己的冒险故事和人生际遇。只是格林兄弟的故事更多，甚至比他们编撰的词典中的故事还多。

第2章

逆着暴风向上

每个生物，不管是否已知，都保存了大量资讯、图像和历史。这些多样性是我们知识世界的起源。

百骏图（局部）

苏伊士城墙外的骆驼与人

从前，三个兄弟从他们的村庄出发，前往浩瀚无垠的世界冒险，开始他们的野外生活。有一天，他们经过一个蚂蚁丘，两个哥哥想要动手挖掘，观察因受惊而四处乱窜的蚂蚁和它们搬运蚁卵的方法。然而，被他们称为傻子的小弟说："放过这些动物吧！我不忍看你们这样打扰它们。"当他们想要捕抓湖边的鸭子，他又抱怨道："放过这些动物吧！我无法接受你们杀它。"最后，他们来到了一棵树干已空的老树前，里面有个蜂巢，满满的蜂蜜溢出来，流到树干上。哥哥们想要在树下生火熏死蜜蜂，然后取出蜂蜜。傻子阻止了他们，说："放过这些动物吧！我无法忍受你们烧死它们。"

他们接着来到一座灰色的城堡，马厩里立着灰色的石马，不见一个人影。三人穿越灰色的石柱走到了尽头，尽头是一道石门，上面拴着三把锁。格林兄弟在书中写着门是"石制的"。那时，他们还不知道这是水泥。

门里头是一间小杂货店，越过商店可以看见小房间。他们看见房里坐着一个老头子，于是出声叫唤，但是老头子没听见。他们又喊了一声，他还是没听见。然后他们三人一起叫他，老头子这才听见呼唤，走了出来。他一个字也不说，只是默默地招呼他们，并且为他们各自安排一间房间。黎明时分，老头子走到老大的床前摇醒他，把他带到黑板前，黑板上写着开锁必须完成的三项任务。第一项是寻找国王女儿散落于森林沼泽中的一千颗珍珠——至于为什么珍珠会掉落在那里，没有人知道，但如果珍珠没有找齐，即使只少了一颗，他也会变成石头。老大走进森林找了一整天，直到太阳下山时，他才找到一百颗，于是他变成了石头。老二也被指派同样的任务，但是他也只找到两百颗。轮到老三，孤单的他沉重地往森林走去，然后坐在石头上哭了，因为他觉得自己肯定无法找到全部的珍珠。他心想："我不是生来要变成石头的！"此时，蚂蚁国王走到他面前，问他发生了什么事。听完老三的说明后，蚂蚁国王答应帮助他。蚂蚁国王带领五千只蚂蚁，没用多久，这些小动物就找齐了所有珍珠，把珍珠堆成一座小山，一颗也不少。

老三被指派的第二项任务是，在湖中找出国王女儿房间的钥匙。幸运的是，被他拯救过生命的鸭子代替这傻帛鸭子游向湖中，然后潜到湖底最深处，找到了钥匙。

第三项任务——根据格林兄弟的说法——是最困难的：在三位沉睡的国王女儿当中，找出谁在睡前尝了一勺蜂蜜。这时候，先前被老三救了一命、免于被火烧的蜂王来了，它停坐在吃了蜂蜜的公主的嘴边，老三就知道了正确答案……

在灰暗中发呆

在我童年时所阅读的蓝色封皮童话故事集中，就出现过这些故事或类似的故事情节：主角在探险中遇到阻挠，整个世界却无动于衷、灰暗无情，最后是野生动物救了人类。

动物惊人的能力并非人所赋予，却出现在每一个民族的神话、传说与童话故事中。蚂蚁、蜜蜂和小鸟，[1]化身为信息传递者或者意外中的救难者或帮手，成功达成超人般的艰难任务。这样的内容不仅出现在《格林童话》里，在其他文化、作者的故事中也可发现踪影。在希腊罗马古典时代的故事[2]或尼加拉瓜的童话[3]中，都可以看到“救人的蚂蚁”。《安徒生童话》里的“犹太人国王”曾说过：“向蚂蚁学习智慧。”民族学家里欧·弗罗贝纽斯（Leo Frobenius）曾提及，北非卡拜尔童话中形容：“蚂蚁和我们一样，以同样的方式被创造出来。”[4]因此，它们能作为我们的典型与模范。[5]若是把它们的能力形容成魔术，那么，比起传说与童话世界中虚幻无形的鬼魅妖魔，我们更容易认识蚂蚁的能力。生物与我们共享世界，遵从同样的自然法则。将一种生物在童话中拟人化为蜂蜜公主，让她在反手之间将袖子里的珍珠洒落一地，这样的故事情节显得呆板无趣。然而，五千只蚂蚁在有系统的领导下，于森林地面上寻找珍珠，以及鸭子用嘴巴叼出从湖水深处寻获的物品，抑或昆虫停留在小女孩嘴唇上的画面，就显得自然生动多了。[6]

动物与人类都曾经在共同居住的世界中，经历生活中的挑战并设法解决其中与自然科学相关的问题。一直以来，蚂蚁的“群聚能力”[7]让科学家相当着迷——不仅是昆虫学家，也包括数学家与电脑工程师[8]。我们可以观察到蚂蚁在觅食初期是随机移动，并且沿途留下费洛蒙*，而晚些出发的蚂蚁则会选择费洛蒙浓度高的路径前往觅食处（费洛蒙浓度较高，表示蚂蚁往返觅食处与巢穴的速度较快，也就是路径较短），最后使得每只蚂蚁都走最短的路线。[9]这是因为要省力吗？我们可以就此认定群聚能力可以产生高效率吗？而每只蚂蚁都具有群聚能力吗？

昆虫世界中，每一个个体都有自然凝聚为团体的神奇能力。蜜蜂的感官能力不仅超越我们，甚至超乎我们的想象。就连演化历程与我们相似的脊椎动物，也频频带给我们惊奇。

一直以来，人们对于鸟类的认知能力、方向感及其生态、社会知识[10]的了解尚不完整，神经科学家会秉持如同我们持续研究未知领域的精神，持续这方面的研究。我们可以理解动物所展现的童话般的能力，因为这在自然法则中是可能的。如果我们试着去了解它们是如何拥有这些能力，那么我们也可以在可能的范围内试着效法，就像我们可以用人类的声音和语言的音素，模仿动物的叫声，纵使这些行为看似有些笨拙。[11]

以大自然的构造作为范本与模型，运用在人类所制作的机件中，这是工程学中最古老的方法之一。例如，树的分支构造教导人类如何将承载力最合适地分散到物体的各个组成零件。毕竟树和建筑物一样，必须承受同一个星球上同样的物理性力量，接受同样的外在条件，找到同样能解决问题的办法。[12]当然，这也适用于森林本身的自我管理。“问问那些树，它们想要被如何栽培。它们会在这方面教给你们比书本更多的东西。”19世纪的林业学家和林业泰斗威廉·普菲尔（Wihelm Pfeil）如是说。过去和现在的林业教育也是如此教导的。事实上，人们还可以在其他许许多多的事情上向树发问。

---

* 一种由动物体分泌出来且具有挥发性的信息素，它可使同种动物的不同个体之间，通过嗅觉的作用而传递讯息，产生行为或生理上的变化。简单来说，信息素是种交换信息的作用，不同于体内荷尔蒙多是借由血液来传送至作用细胞或组织，费洛蒙则是借由释放至个体以外，在限定范围内影响其他生物体。——译注

蚂蚁的细心

以丹麦生理学家奥古斯特·克罗之名命名的克罗原则（Krogh's principle）说明，每一个生理学中的疑问，都有某种生物最适用于此问题的研究[14, 15]，也有可能是一种非常稀罕、在遥远偏僻的世界意外寻得的生物。例如，黄石公园温泉里的微生物[16]具有能够承受高温的酵素，在分子与生物工程研究的过程中，此酵素让许多研究得以进行。水晶水母具有的绿色萤光蛋白质的基因[17]，是研究基因排列与细胞的蛋白质定位不可或缺的。不知道从什么时候开始，跳蚤体内帮助弹跳的枝节弹性蛋白也成了市面上具有高承载能力的可再生原料。

果蝇和拟南芥属的阿拉伯芥，为现今生物研究中最重要的模式生物（model organism）*，而水母的荧光蛋白质与萤火虫的荧光酶[18]，是分子生物学中不可缺少的工具。杂种杨树因其缺乏抵御土壤杆菌的抵抗力而不被林业使用，但对于树木的分子研究却相当重要。对过去的科学界来说，这些都是意想不到的惊喜。

只要我们不断搜寻，一定可以找到最适合为我们的问题提供解答的生物，或者为某个问题提供生物科技方面的解决方法。它们就在山里、海洋中、岛屿上，或是在家门口前和家乡的山谷里。

如果我们仔细探讨，可以发现动物与植物不仅能提供技术上的解答，也能激发社会科学的发展。[19] 社会生物学、生物社会学、生物经济学，以及其他穿梭在不同学科之间、以荒诞新词命名的学术领域，它们从生气勃勃的大自然中衍生出例子与范本。例如，作为企业内部流程最佳化的例子与范本，可用来解释较为复杂的流程，并且从中得到实践。[20]

特别是像小鸟[21]与具有社会组织的蚂蚁、蜜蜂与白蚁[22]都可作为模范。因为人类经济体系的架构有如大自然的结构，因此我们能够从中找到经济问题的解答，与实现资源运用的最佳化。这些绝对不是《格林童话》里说故事的人所发现的，那些人只是到处撒撒小谎，或者穿凿附会地说

上图 阿拉伯芥

一年生细弱草本。由于植株小、每代时间短、结子多、生活力强等优点，而成为遗传学研究中的好材料，被科学家誉为"植物中的果蝇"。

右页图 圆盘水母

水母，海洋中低等的无脊椎浮游动物，因体内有荧光蛋白质而能发光。

* 指受到广泛研究，对其生物现象有深入了解的物种。——译注

故事。尽管如此，我们仍然能够从真实生活、细胞、蛋白质与化学元素中找到模式。

“蚂蚁从来不会塞车”[23]，因此，它们的运输网被用来作为研究与改善交通混乱的模型，并作为对数构造的基础，使逻辑问题得到最佳的解答。曾观察蚂蚁列队前进的人就能亲眼见证：植物用自身分泌的糖分贿赂蚂蚁——当作是付给它们的运输费——蚂蚁会像在搬运沼泽中的珍珠一样，搬运野生紫罗兰的种子或其他植物的种子。[24] 在它们的高效率之下，这些具有社会组织架构的昆虫，上演了生动的大自然经济学。

人类将从它们身上所观察到的，转变为以人为中心的概念与图像，通常也包括关于战争[25]、奴隶[26, 27]与食人族[28]主题的图画（放心，只是图像而已）。用于解释大自然与人类经济问题的数学函数都是一样的，此说法已经确实获得肯定。因此，以社会地位平等为前提，通过图像、隐喻和类比，来解释大自然与人类的世界，这个说法似乎是合理的。

我们来自同一个星球

生态学在发展的初期被认定为是研究“自然的经济学”[29]。研究自然界与人类的经济生活越久，越显现出两者之间的关联性。英国经济学家杰弗里·霍森（Geoffrey Hodgson）在《经济学中的生物与物理隐喻》[30]（*Biological and Physical Metaphors in Economics*）一书中指出：“比起机械式程序，真实世界中的经济演变，与生物体和生物演化过程之间更有关联，因为经济毕竟与人类事务相关，而非与粒子、力量和能量有关。”经济学中的有机论，仍然能够从科学中挖掘出无尽的潜力。[31] 有机论的伟大时代也许即将来临。[32] 只要我们用正确的方式着手，大自然也许能够提供更多模式，用以促进掠食动物主义与蝗虫潮式的经济发展。

美国诗人盖瑞·施耐德（Gary Snyder）写道：“经济学应被视为生态学的旁门左道。企业、工厂和集团必须用同样伟大与谨慎俭约的精神，来制造产品、行销与消费，像我们在大自然中所看到的景象一样。”[33] 除了森林以外，没有一个地方更符合施耐德的描述。

经济学中所描述的与生物有关的场景与模式不只是隐喻，也表明，大自然与经济活动过程中所涉及的是单一循环中的反应、单一躯体中的新陈代谢反应，以及单一物种的单一形体（有些作家称其为“盖娅”[34]，有些将它简称为世界、我们的环境或共生世界）。

自然经济学当然不是只围绕着金钱——碎纸、金属片、彩色羽毛、贝壳、石轮或电脑荧幕内的虚拟钱币，这些货币的价值并非它本身的价值，而是被设定的，且都是以使用者的协定作为基础。这种协定试图借之紧紧抓住生活激流中的一小部分，并设法让它易于携带。家畜具有生命，也贡献它的生命，家畜的拉丁文“*pecus*”就是从金钱的拉丁文“*pecunia*”演绎而来的。细胞的经济学是一种关于独特且稳定的能量货币，它是“真实存在的东西”，在许多有关生物化学与细胞生理学的著作中，都曾提及“ATP 经济学”[35, 36]。ATP（三磷酸腺苷）是生命系统中细胞内传递能量的载体，一种使细胞存活的分子。它的重要性有如“地球市”与在“地球城邦”中使用的汽油、煤气与电力。然而，ATP 和金钱有什么关系？ ATP 和电力、

从印度水井运水的家养亚洲水牛

在亚洲，水牛主要用来作为劳动力；在欧洲的意大利、罗马尼亚和保加利亚，它被用做奶牛或食用牛。它们作为家畜的一生，就是奉献的一生。

汽油与煤气一样，需要用很多金钱购买。因为金钱本质上只是一连串转换行为与生物化学反应中的一个环节，而在上述各种状况的开始与结束中，ATP 都占有一席之地。可以这样比喻：ATP 可以储存细胞内的能量，而我们必须依靠此能量才能工作赚钱；赚到的钱买来的东西，到最后只是为促成 ATP 生成。事实上，经济也就是物品与资讯交换的系统，一个必然会与“工作”相连的过程，而“工作”就是在消耗能量，所要换取的不外乎是 ATP。

在经济活动中，最明显的就是买卖行为。你最需要购买什么东西？水和食物。所有的化学反应最需要的是，缓和细胞流动并维持生命的构成要素，简单说就是要获取能量，而生物体和人体内的能量就是 ATP。无论是买房子还是买汽车，就算只投资一点点，最终的目的都是要储存或获得能量，有了能量才有工作与行动能力，有了这些能力才能赚钱获得粮食。

一切都是为了获得能量。然后呢？也许你会投资在教育或进修上。这种投资又是为了什么？当然不是没来由地砸重金购买老师教书所需的能量，而是获得能够保障未来的能量，通过高收入、舒适、满足感与安全感而取得。即使为了奢华而付出，长期来看都只是为了能量。

不管是在深思熟虑后决定选择使人类经济最佳化，或者是反对最佳化的决定而终告失败，甚至仅是被大自然演化的力量逼迫前进，其生理的基础都一样。例如，在蚂蚁的城邦里，一切事件的发生都是为了获得能量，和人类经济世界并无不同。理查德·道金斯（Richard Dawkins）[37]在《自私的基因》里曾提到这样的环境关系。

然而，为了自己的基因，为了得到后代子孙基因序列的信息，为了对抗自己基因排列的错误，人类与动、植物特别需要能量，毕竟我们是由同一种物质构成的——我们人类这么说：其他生物“和我们一样，以同样的方式被创造出来”[38]。用同一种“黏土”捏制而成，住在遵守同一项自然法则的同一颗行星，同一个宇宙中的岛屿。[39]我们住在同一个星球上，维持我们生命的物质是一样的，我们由相同的原料制造而成。我们需要能量。

卷入熵漩涡

新古典主义经济学中的数学基础受到古典力学的影响非常大，虽然经济的演变过程是定向的，而且在没有能量耗损的情况下是不可逆的。当旧的货币不再使用后，泰勒钱币（1871 年 12 月德国启用马克以前的通用货币）取而代之开始流通。由于碰触泰勒币后会在手中沾黏上些许东西，所以用过的钱币都不再重复使用，除非是不黏手的伪币。

热力学和泰勒币一样，这里所说的“能量”是一个新的用语、一个新造词：“熵”。要进入主题，最好是用能量守恒定律——热力学的基本原理——作为开场。这是地球上不变的定理：没有能量流失，就没有能量产生，唯一能够改变这个定理的就是“熵”。用非常简单的话来说，“熵”通常被解释为“失调”，也就是能量在过程中消失的状态。为了达成一个低熵但是稳定的系统，必须添加能量。但若是通过燃烧物质释出能量，系统就会产生“熵”。

这在大自然里常常随处发生。在高熵、不稳定的状态下，能量耗损的现象远比在低熵、稳定的状态下明显。一个稳定的系统会在某个时候再次忽略失调的情况，就像每个人都会反复地忽略家里的书桌有多么不整齐，这在每一个生态系统中都会发生。由于熵是系统中用以衡量“秩序”的准则，所以也可以用来描述生态平衡的状态。在此状态下，熵的产生、“将能量加入系统中”以及“负面的熵影响”彼此维持着平衡。如果没有能量进入生态系统，没有人类赖以呼吸与进行发酵作用的阳光、糖分，没有能够制造 ATP 的东西，系统就会大乱而陷入“失调”，也就是高熵的状态。

蓝鲸
最大的鲸类，也是现存最大的动物，迄今为止最大的海洋哺乳动物，属于须鲸亚目。身躯瘦长，背部青灰色。被认为是已知的地球上生存过的体积最大的动物，长可达 33 米，重达 200 吨。一头成年蓝鲸能长到非洲象体重的 30 倍左右。

所有生物，从蓝藻到蓝鲸，从秀丽隐杆线虫到大象，都具有稳定有序、低熵的构造，这一点其实相当令人难以置信。应当说，它们的出现简直是个奇迹。为了维持稳定的状态、一致性与完整性，为了避免失序，每一个生物，包括每一个生态系，都必须持续输入能量。

非洲象

象是陆生哺乳动物，喜居丛林及草原，坚定的素食者。寿命较长，最长可达 80 年。现存非洲象、非洲森林象及亚洲象三个种类。非洲象是现存最大的陆生哺乳动物，性格暴躁；亚洲象相对较小，脾性相对温和。

现今许多的领域都借用生理学的基本定义来阐述“熵”。资讯理论用“熵”来描述信息量。人类学家克劳德·李维史陀（Claude Levi-Strauss）为了具体地解释，在原本的结构中——例如不同的文化之间——如何通过加强沟通交流来维持平和，也引用此定义。他认为，“人类学”（Anthropology）应该改称“熵学”（Entropology）[40]，并且以“熵”最重要的外在形式来研究解体的过程。

还有什么景象会比国王女儿的珍珠散落在沼泽中的故事，更适合用来呈现抽象的熵？要重新找回熵，回复稳定的低熵状态，必须投入更多的能量。故事中的动物提供劳力或者资讯，也回报了它们对人类的感谢之意。不过对它们来说，这些作为其实是一场交易，它们和傻子老三之间像是订立了契约，进行物品、服务与信息的交换。傻子老三救了它们的生命，保护它们免于火烧，或是说避免高熵化；动物则提供傻子老三舒适、快乐，简单来说，给他能量。当然，最终的结果是彼此基于忠诚与信任履行了契约，如果傻子老三还活在自己充满安乐与安全感的小岛，这种老实又天真的人，下场通常会是傻傻地被强盗和海盗卖掉或背叛。

人生中所有的努力与奋斗、所有的困难，都是为了抵抗大量的熵。电影《希腊左巴》中的亚历克斯·左巴说，困难……人生是困难的，只有死亡不是。活着，意思就是挽起袖子，迎向困难。[41]每一次的经验都教导我们不要逃避困难，困难总是不断地涌向我们，压在我们身上，若不奋力泳渡困难之流，就会被吞没。古罗马时代的政治家塞内卡说：“活着就是对抗。”[42]这就是说，逆流而上，对抗强力的熵漩涡，从我们有序的身体系统中创造出无序的高熵的系统。

我们的经济和蚂蚁群体一样都是在追求低熵的状态，差别在于，人类必须在诸多选择中，选出最有效益、获利最多的选项，人类在追求低熵的过程中，还要考虑价值与利益，而对于非人类的生物来说，追求低熵只是经济原理下的生理基本反应。

一切都不是新的：地球成形初期，既荒凉又空无一物。希伯来文中

Tohuwabohu 意思是“慌乱无序”，用来形容这个状态的另一个词则是“高熵的”。上帝创造了天空、土地和宇宙，这些都代表秩序与美丽。根据德文《圣经》的解释，因为上帝不只看到了它的出色，也如希腊语中所说的，看到了它的美。[43] 当然，魔鬼还是来捣乱，造成增熵，造成我们生活秩序大乱，使细胞与身体步入死亡。所有生命都追求低熵，我们也必须对抗潮流奋勇前进。

将生命的所有一切塞进无止尽的历史，是非常的复杂。只有放眼自然、观察其他生命体，才能帮助我们解开生命之锁，避免世界变成“高熵的”、灰色的，而失去生命力。人类一直以来就在进行“放眼自然”的冒险，而且也不断地述说自然里的冒险故事。苏格兰冒险家兼作家伊凡·山德森（Ivan Sanderson）写道：“人类的历史都反映在动物的故事中，从远古神话到未来科学。”[44] 几十万年来，故事中的大自然、动物、天空中的鸟儿、地上的爬行动物都是人类的导师，相遇时，动物会为人类指引方向。如果它们不走向灭绝，就会继续地教导我们。

童话与隐喻

美国作家史提芬·克莱特（Stephen Kellert）解释说，从象征主义的角度来看，人类建立了大自然的一切。[45] 大自然伪装成某一个模式与类型欺骗我们，就像是隐喻之于它本身的涵义。大自然反映了所有我们用言语所理解的一切，特别是“能够”用言语描述的东西，例如：传说、童话或传奇故事。绘画一直都是源自于大自然，呈现的大多是生气勃勃的自然景象。如果没有大自然作范本，我们很难无中生有，画出一幅画。

19 世纪的伟大哲学家卡尔·马克思写道：“人依靠大自然生活，也就是说，大自然是人类的躯体，为了生存，人类必须与大自然不断互动。所谓人的肉体生活和精神生活与大自然息息相关，不外是说自然与人相联系，因为人是大自然的一部分。”[46] 他还补充道：“人不能没有大自然，两者是不可分离的；人不能离开自然界而生存，自然界也需要人去实现其价值。

人与自然和谐相处，共存共荣。”[47]他所指的人不是“人类”，而是“劳动者”。劳动是用以区分人类与动物的一个方式，因此劳动是属于人类独有的特性。推动我们前进的劳动力量[48]只能够取自于自然界，或者是语言文字。

我们每个人都是“汗流满面的”劳动者，或者说我们必须是劳动者。而这里所说的大自然，当然是指有生命力的自然界。

地球上生命的多样性，即为我们所见与能见到的多样性景象的来源，也是我们能够定义多样性的来源。此外，地球生命的多样性，是我们精神世界的源头，也造就我们多样性的历史。我们的历史不断地从世界上所有生动的景象中汲取灵感，并且用不同的语言不断地述说。我们的语言借着文字暗藏的画面与隐喻，也变得极其多样化，因为语言也是地球上的一种生命象征。

我们仰赖多样性而生存，因为我们需要氧和碳，蛋白质和维生素，这些有益的东西就是能量，但我们无法自行通过阳光和泥土制造它们。我们的精神也需要多样性，这样才会充沛有活力。精神与生命紧密相连，如果缺少多样性，我们就会变得单调无趣，我们需要生命围绕在四周，就像“鱼需要水，鸟需要天空”。[49]一些哲学家和自然科学家告诉我们，要爱护生命，某种原因使我们“热爱生命和所有的生物”[50]，他们称这种现象为“亲生命性”[51]。

不描述生命的故事会生动有趣吗？如果生命不具多样性，说故事的人也不多元，如果我们也不去看看外面的世界就把故事说出来，那么世界会有多空洞无趣？自从亚当睁开双眼，找到第一个要开口说出词汇的东西之后，多样性和不断经历的独特新现象，使我们的生活与体验更加特别且充满童话般的冒险。如同历史最悠久的绘画呈现着生物的样貌，最古老的故事也同样叙述着生物的故事，我们的古老传说和艺术品都是参考动物而产生的。还有什么能够激发我们说故事的灵感？早期的故事[52]除了描述伊甸园的生活、天上的鸟、海里的鱼、陆地上的牲畜和爬行动物，还能够描述什么？还有什么比生物更重要？

我们必须让生命继续环绕在我们的四周、继续存活在地球村之中，否则地球村将满是水泥。那时我们能述说什么故事？又该去哪儿找故事？

伊甸园

物种多样性的世界就是人间天堂!

第3章

雾中的长毛象

一种动物在不知不觉中绝种，或者我们仅知道它来自远古时代，如同星星死亡所发出的光芒一样，我们不只失去了一个名词，也失去了认识它们的机会。

长毛象

矮树丛中的雉鸡

碧绿的草丛中，一只大得像车轮的眼睛直直地盯着我。空气中弥漫着一股夹杂泥土、肥料和清新羊毛的味道，大地在热浪中吐纳气息。我坐在一头巨大动物的背上，云雀在天空中鸣叫。那是雨岛的周日。我在田野上漫步，接着爬上山丘。我攀越龙之丘、马之丘，然后爬上白马的背脊上——今日人们是这样称呼那庞然大物的。根据猜测，那动物有好几百公尺长，三千多年的历史。英国诗人吉尔伯特・却斯特顿（Gilbert Chesterton）为它做了一首诗："在创造上帝的上帝之前，看见它们穿越晨光，白马谷的白马，刻印在草坡上。"[1] 自从我第一次见到这庞然大物，就相信这个以白垩在草地上绘成的图形一直都在那儿，用它大如车轮的眼睛注视着谷地。

然而，我不认为现在所看到的图形是一匹马，以前看到的也不是。许多学者也不觉得这图形与马相似，他们侧眼看了一旁的龙之丘，将其归类为一种野生的神兽。根据一名兽医的专业看法，图形上的生物其实是狗。[2] 其他的作家则指出它与猫相似，[3] 当我第一次看到英国奥芬顿村（Uffington）的白马岩画时，也有相同的感想。虽然白马和猫的体型有落差，但是家猫确实都很肥胖。短小的马头与猫头相似，上有两排整齐的利齿，此外还有和豹一样的尾巴。强韧的四肢迈着柔软步履之姿则说明它是猫科动物。旅人从欧洲大陆来到英国岛上，没有样本摆在眼前，他们凭着印象认为这图案也许是巨猫，也可能是狮子。由于它的形状不是被刻凿于石头上，所以不断地被重新描绘、修改。就像传话游戏，层层传递之后，一点点的小差异都足以改变原型。就像生物在演变的过程中，绝种的动物会被后代以完全不同的样貌继续延续生命，也许它正是从狮子逐渐变成马。这只巨兽从未被抹平，也从未完全遭人遗忘，至今仍然能够在它的碧绿草坡上俯视谷地。相反地，旁边山丘上的龙早已被击毙，只剩下名字与草地上光秃秃的痕迹稍可勾起人们的记忆。

白马岩画

奥芬顿白马岩画是英国著名的青铜时代遗迹。这是一个长约110米的白垩岩画，坐落在牛津郡的白马山。该岩画拥有三千多年历史，其所绘的马被公认为是"极简抽象派艺术的杰作"，数英里外就能被人看见。

右页图 欧石鸡
雉科石鸡属鸟类，又叫岩石鸡。分布于欧亚大陆及非洲北部。栖息于山地和丘陵地区多石山坡和岩石草原地区，以及灌木、林木较多的高山。性喜成群，行为机警，行走为主，很少飞翔。

我曾在一条河流绕经的公牛浅滩之市生活了一段时间，那是个历史痕迹遍布的城市。有些痕迹显而易见，例如白马岩画，或是现今灌铸于自然博物馆前草地上的恐龙足迹；有些必须仔细观察才看得见，或者得根据古老记载，在现实环境中推测其位置。从我住的学生宿舍向外突出的窗户看出去，能看见另一座小山丘。[4]很久很久以前，山丘上也有一个庞然大物，但是几个世纪前就消失不见了，完全被铲平、遗忘了。我想，再过几个世纪，也许我们能借着新科技的帮助，重新看到它。就像我们现在利用不久前还无法理解的技术，解读了核酸的信息。山丘上一定还有它遗留下的蛛丝马迹，也许在花园、房子和街道底下的深处，或在混合着沥青与玻璃砂的柏油路、砖块和水泥下方。

我在雨国的另一个城市也住了几年，在另一条河流经过的城市里，我度过了许多时光。由于河道改变，转而流经这个城市，因此城市也更名为“桥之都”。桥之都位于一个命运多舛的平原，从前这里不断地遭洪水淹没。几个世纪以前，来自荷兰的工程师建造堤防和渠道，恢复了它原有的干燥面貌。这个地区的确让人联想到荷兰的低地沼泽，甚至在这附近的河边有个小鸟村[5]，那里也有风车。白天时，顺着河流往下游划船，只要划得够远，就能在远方看到鳗鱼市的主教教堂[6]，像是浅滩上的一艘大船。夜晚时逆流而上，可以看到机场灯光反射，照映在夜空，光害像是玻璃盅一样，笼罩着整个大城市。因为我来自绿野山谷，平坦的平原对我来说一直有些陌生。一点点小隆起、一个高过城市的小山坡，或者南方那排低矮的丘陵地，都像磁铁一样吸引着我。

在一个濛濛细雨的日子，我来到了南边。那里的土壤像口香糖般黏在我的靴子上，道路被铁丝网、篱笆、黑刺李、山楂树夹杂着，有时候我还要驱赶路上的西班牙欧石鸡或中国雉鸡。连绵起伏的山丘上满是欧洲山毛榉，在雨国是多么不寻常啊。山丘那有如天启般的神秘名字使我着迷：戈格马格戈丘（Gogmagog Hill），一个顺着念、倒着念都一样的词，读出来音似马啼声。从前在村子里的小酒馆确实谣传说，山上有个鬼骑士朝一

阿拉伯马

阿拉伯马原产阿拉伯半岛，源于4500年前，是在沙漠气候中演化出的独特马种。体形优美，结构匀称，敏锐而温顺。阿拉伯马在历史上因战争及贸易而由中东散布至世界各地，并且用来混种，差不多现今所有的骑乘马都有阿拉伯马的血统。

匹黑色幽灵马的身上吐了口水。山坡的草丛下埋着一座堡垒，里面有个农庄，一匹著名的棕马在此沉睡。棕马来自北非，后来成为英国境内所有阿拉伯马（Arabian horse）的祖先。草地下还埋着许多马匹，也许还有奥芬顿白马那样又大又白、如今已不见踪影的兄弟。这是一位叫托马斯·勒斯布里奇（Thomas Lethbridge）的人猜测的，他是一位考古学家与大学教授，性情古怪，同时也是奇妙的超心理学相关著作的作者。[7]

一个半世纪前，他手持寻水占卜术专用的探测棒，在山丘上来回翻找。他在地面上寻找较为柔软的地方和底下的障碍物，就像渔夫用铅锤在海底打捞一般。他凭着感觉搜寻，然后在深处找到一些浓密的圆形东西。它的线条看起来像是马的尾巴，随着图形逐渐清晰，可以辨认出是一个女人的身形。她有女神的形体，好像是在山丘上骑马，手拿一个苹果，头顶着高耸的发髻，毕竟是属于15世纪中期的人，女神并不是孤单一人躺在草地。勒斯布里奇在地面上还翻出了巨人、战士、玄月与太阳的图案。在他的一本书里面我找到了他的画像。[8]一个身穿灯笼裤的肥胖男子，旁边站的是一位穿着大衣、戴着小帽子的女士，两人站在草地上，表情看起来像是被针灸的样子。为了把巨人的图形从草丛里翻出来，他们俩的探测棒至少戳弄了山丘三万下。显然地，他对草地里有巨人图形的想象成分多过事实，也因此他后来在大学里被嘲笑。少数支持他理论[9]的人，尤其是一些业余考古学家和热爱家乡的居民认为，在他们居住的土地下一定还藏有东西。然而，勒斯布里奇先生却无法说服那些鼎鼎有名的教授，也许因为当时他进行的地面搜索活动还称不上是一门真正的科学，也可能是因为他对草地的破坏多过实际的收获。因此，他可能只是将年久失传的图案重新绘制出来。如今流传下来的，只剩当地人对这件逸事的淡薄回忆，而回忆也只是关于一个有伟大梦想的冒险家和他的故事，如此而已。

桥之都如今是一个幽灵之地[10]，充满鬼魅与灵气，有时候人们看不见，但是能听见和感觉到它们。这是一个坟墓遍布的地方。在距离我家门前没几步的一个地窖里，就挖出了成堆的骷髅。谁又能知道，黑色沼泽地和山坡草地之下可能还会有什么？

为了寻找曾经被搜索过的痕迹，我经常漫步于山丘。但是早在几世纪前，这些痕迹就被草覆盖过去。女神被蒙上了脸，战神和巨马也被藏了起来。然而，如果一直盯着地面看，如果一直吸着夹杂有泥土、露水和青草的芳香，以及铁丝网和黑刺李篱笆后不知哪儿传来的马匹味儿的空气，就能发现山坡地在吐纳气息，仿佛是一个巨大的动物在草丛里沉睡着。也许这只是我的想象，就像是人们总会记得只在梦里才看见的景象。

某个时候将轮到白象

我们心中还藏有对过去黄金时代的回忆，我们总是想起这些动物生存的时代：长毛象、乳齿象、欧洲野象、巨鹿，或在其他地区出现的长角牛（*Pelorovis*）、非洲西瓦鹿（*Sivatherium*）、马达加斯加的一种狐猴（*Daubentonia robusta*）和巨马岛狸。另外还有体形如狮子般大的剑齿虎、似剑齿虎、刃齿虎、巨大眼镜熊、巨貘、大地懒，以及住在“非常、非常、非常原始的森林”[11]中的舌懒兽、巨爪地懒、神话中的磨齿兽——和大象与它们栖息于树上的两趾或三趾动物亲戚一样大；就像普通狨和山地大猩猩很相似，猴㹴（*Affenpinscher*）曾经和狼很相像——我们对于它们时代的回忆已消失殆尽。在某些地方还留有一些动物的遗迹，例如，长得像驴的南美土著马（*Hippidion*）、居维象（*Cuvieronius*）、星尾兽（*Doedicurus*）、雕齿兽（*Glyptodon*）及其同种亲戚（*Glyptotherium*）。雕齿兽生存于巴拿马陆桥的北方，是“过气的家畜”[12]，跟乌龟、犰狳一样身披盔甲，体型和河马一样巨大，长相却完全不一样。另外，那里还保存着其他动物留下的痕迹：北美洲的拟驼、爪兽，以及生存于史前时代与近代的强壮有力

本页及下页图　已灭绝的史前动物（想象图）

地球早期发展进化的动物，多数因进化演变或者地球气候的变化而灭绝了，而今只能通过化石等看到这些动物的存在证据。博物学家华莱士曾经感慨：“我们生活在一个动物贫乏的世界。在这个世界上，所有最大的、最凶猛的和最奇怪的种类最近都消失了。”

长毛象

乳齿象

非洲西瓦鹿

剑齿虎

刃齿虎

大地懒

舌懒兽

南美土著马

星尾兽和雕齿兽

雕齿兽

拟驼

爪兽

的奇蹄目动物。然而，它们从前的长相与现在漂洋过海到另一个大陆的后代的长相早已不同。

从考古学的发现得知，我们的祖先曾经与它们接触过。在东非大裂谷的洞穴，与其他考古地点中所挖掘到的人骨化石上，我们发现了史前时代的土狼与剑齿虎的咬痕；动物的化石上也有人类啃食过的痕迹，而且是已经烹煮过的。由此可知，人类曾经与这些动物相处过，还猎杀了它们。马达加斯加指猴有硕大的手指，它的牙齿被人类当成装饰品，这证明大约在人类于马达加斯加岛定居后的一个半世纪内，这种动物仍然还生活于当地，[13] 并且遭到人类的猎捕。在长毛象与披毛犀骨头堆中所发现的矛，同样也证明了，人类当时已经认识并且猎杀这些巨兽。[14,15] 现今在南美洲巴塔哥尼亚洞穴所挖掘出来的磨齿兽骨骸，也有遭人类双手折断及切割过的痕迹。经过鉴定后发现，有些骨头碎片上甚至还留有血迹。[16] 在发现磨齿兽骨骸的洞穴中还存有干草残渣，这解释了此地的原始人可能将磨齿兽当作肉畜圈养。[17,18] 智利作家佛朗西斯科・科洛阿内（Francisco Coloane）在一篇短篇故事中，将原始人饲养磨齿兽的情况描述为一场梦境。[19] 磨齿兽与树懒的饲养，可能发展成哪些风俗习惯？衍生出哪些故事情节？其他文化圈是否也有与饲养动物有关的歌谣和传说？ [20,21] 有没有故事与歌曲是

左图 马达加斯加指猴

分布于马达加斯加东部沿海森林，因指和趾长而得名。数量极其稀少，曾一度被认为已经灭绝。

右图 披毛犀

披毛犀，因全身披满厚厚的毛而得此名。披毛犀生存于更新世时期，并成功度过了冰河时期。曾是旧石器时代人类的狩猎对象，其灭绝年代至今只有一万年，是最晚灭绝的史前犀。

在模仿动物的叫声呢？

对于某些故事题材来说，原始动物的文化意义有一定的重要性。我们在今日法国境内胡菲涅克洞穴与佩西莫尔洞穴的岩壁上、马德莱娜洞穴的骨头图案中或者德国西南的弗吉尔赫德洞穴中的象牙雕饰品上，与史前动物邂逅了。在历史最悠久的艺术品中，我们遇见了长毛象、披毛犀、草原牛、野马和野牛。在那之后的某个时间点，白象也加入它们的行列。

毫无疑问，若我们生存的经验世界具有连续性，而壁画上所绘动物的后代亲戚仍然存活，我们自己也能设法紧抓住原始世界所遗留下的最后一缕微光。那么，我们仍然可以透过这些信息认识壁画上的动物。就像是欧洲科学家根据阿尔及利亚阿杰尔高原的塔西利洞穴壁中所绘的撒哈拉鳄鱼，在沙漠中找到相符的脚印和爬行痕迹，因而发现撒哈拉鳄鱼仅存的后代。[22] 它们是独自存活的动物，当同类灭绝时，我们仅能看见它们如星光消殒，最终步入无法挽回的灭绝之路。[23] 此外，有一个非常清晰可辨的洞窟壁画，这种动物还生存于其他地区，但它的图形却是被雕刻在比利牛斯山的三兄弟洞窟中的野牛骨骸上。[24] 直翅目的灶马的绘图也有相同的情况，它是一种在法国已经绝迹，但是在别处仍然存活的动物。[25] 有些原始世界的景象、图画上描绘的动物，是一直到我们的年代才烟消雾散。

顺带一提，岩壁上留下的不只是人类所绘的图画，也包括壁画上所绘的动物所留下的“画作”，它也是灵感的来源。岩壁上一些伸展的线条并不是出自于人手绘制而成，例如肖维岩洞*中熊的前爪印和抓痕。[26] 美国诗人盖瑞·施耐德根据胡菲涅克洞穴中的爪印猜测，这些抓痕、这些具有生命力的生物在没有生命力的石头上留下的痕迹，是最早刺激人类在岩壁上作画的灵感来源。[27] 大自然中存在着绘图摹拟的标本，这些标本不但是岩壁上图画的主题，也是创作的动力。因此，如果没有原始动物世界，就没有艺术的产生。

* 位于法国南部阿尔代什省，因洞壁上拥有丰富的史前绘画而闻名。——译注

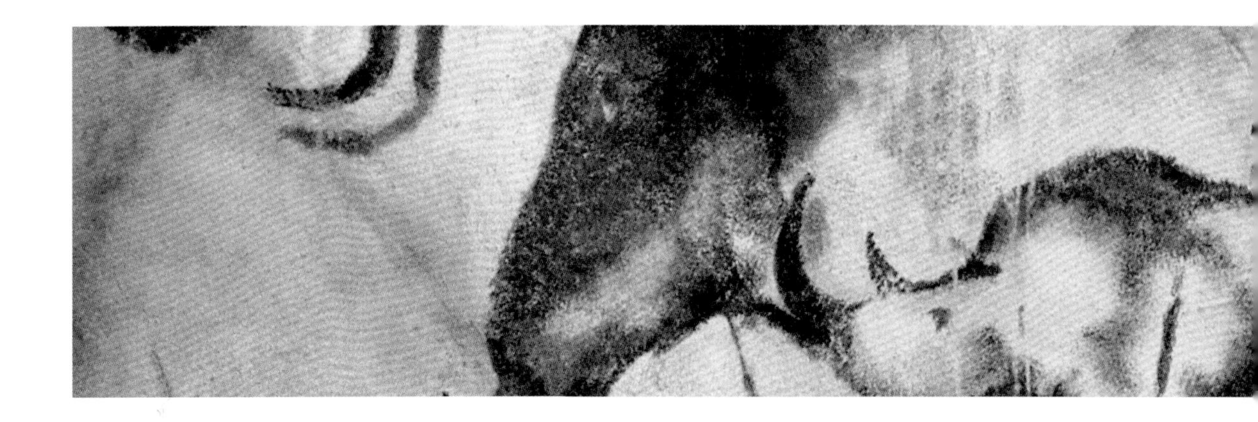

上图　肖维岩洞中的披毛犀岩画

肖维岩洞，位于法国南部阿尔代什省。其岩壁上有30000年至32000年前原始人用赭石绘制的犀牛、狮子和熊，被认为是已知最古老的岩洞壁画。

本页下图及下页下图　阿尔塔米拉洞窟岩画

阿尔塔米拉洞窟位于西班牙北部山区，其窟顶上留有旧石器时代的大量精美的以动物为主的绘画。布满了动物绘画——野牛、野马、野山羊和鹿，还有一些远古人的手形和一些至今没能破译的符号。《受伤的野牛》是其中最著名的。这幅作品绘于窟顶，长达2米，刻画了野牛在受伤之后的蜷缩、挣扎，准确有力地表现了动物的结构和动态。

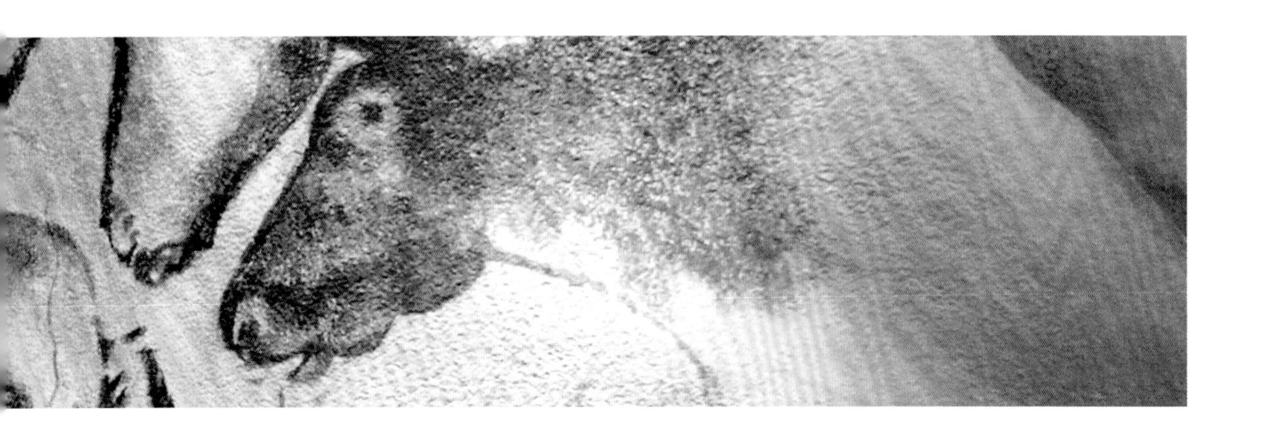

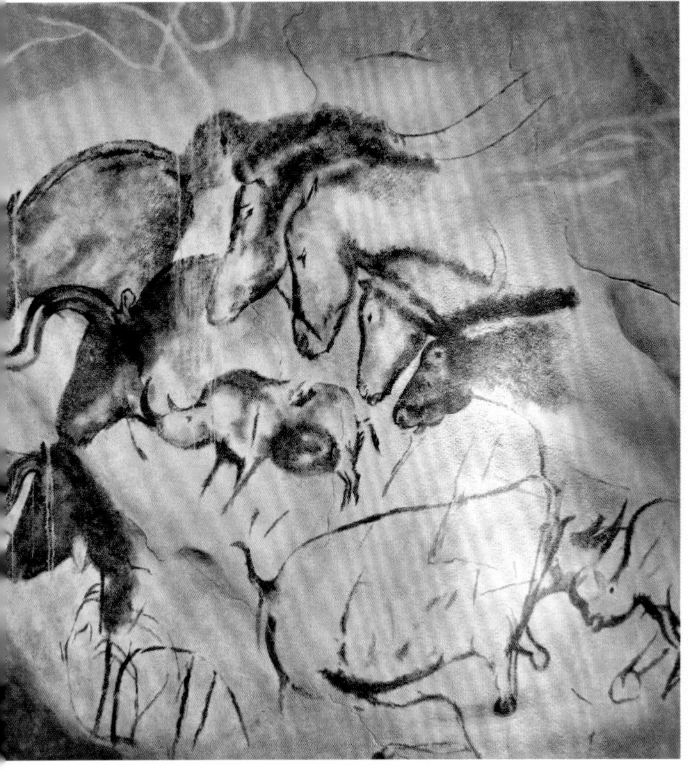

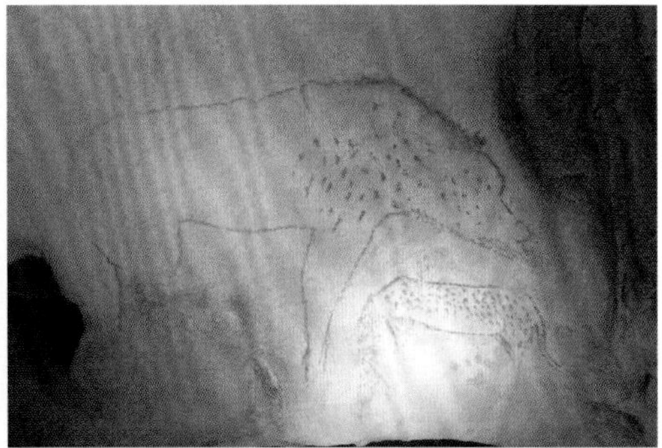

罕见祖先的画谜

我们无法完全理解史前时代的艺术家想通过图画表达什么。图画的表面经过反射后，究竟能透露出什么细节？艺术的自由创作又是从何而起？撒哈拉沙漠壁画中各式各样的牛角形状图案，是否代表牛的不同亚种，或是当地的牛种类？佩西莫尔岩洞中，马的图案上有老虎斑纹，这些动物身上的颜色变化是否成了艺术家的灵感来源？这些图案就是“来自失落之国的彩色马”吗？

马赛附近的考斯科洞窟以及安达卢西亚洞窟中的壁画[28]描绘的是否真的是大海雀[29,30,31]（一种来自北方，冬天则迁徙到欧洲地中海和北美洲的鸟类）[32]？大海雀“虽然是鸟类，却自认比较适合当鱼类，因为它历经多年辛苦的海上迁徙来到佛罗里达，而且还是游泳渡海而来”[33]。难道它是在表演巨型动物如何在海浪中移动，就像出现在大自然景观月历上，可以从海岸边的山丘上看到的一幅景象吗？在我们的时代，这样的景象只剩下模糊不清的记忆，也许是南极企鹅的迁徙，或是仍从遥远北方而来的刀嘴海雀，独自游向地中海的西边。[34]

左图 大海雀

水鸟，外观与企鹅相像，曾广泛生活于大西洋各岛屿。水中游速快，因双翼退化，只能在水面上滑翔，不能飞行，在陆地上的行动也比较缓慢。因人类的大量捕杀，已于 1844 年灭绝。

右图 刀嘴海雀

海雀科潜鸟，黑白色，能直立于地上。成群于近海陡崖突出处及岩石裂缝中筑巢或靠海打洞，分布限于北极、亚北极及温带北部地区，少数种向南至下加利福尼亚半岛（北美洲加利福尼亚湾和太平洋之间的半岛）。

在澳大利亚西北部的洞穴中，有人发现一个条纹四脚兽的图案，事实上是袋狮[35]，但是图案却和法国南部胡菲涅克洞穴岩壁上熊所留下的爪痕一样？故事中被神化的彩虹蛇，是不是根据更新世时期的蟒蛇（Wonambinaracoortensis）[36]长相所描绘而成的？住在今日澳大利亚维多利亚州一条小河附近的原始人，他们在地面上所绘的轮廓是哪一种动物？有一种六到九公尺高、当时的居民不认识，现在的我们也不认识的动物。它是陆地上古代巨型动物群中最后的代表吗？还是从150公里外驱散到内陆的海洋掠食动物？[37]我在沙加缅度西部参加划船训练课程时，在距离太平洋海岸一百二十多公里远、干燥的中央山谷里看见海狮在运河里游泳，它们圆滑的头突然出现在几艘船距离外的水面上。澳大利亚传说的神秘生物本耶普是否就是在类似的因缘巧合之下被创造出来，我们已无法得知。当地的原始人应该要不断地描绘它的长相，并且保护它们，除非它们自行离开，而本耶普也应该和居民和平相处，双方才能共存。有关本耶普最后的描述来自于澳大利亚诗人安东尼·多德（Antony Dodd）：“一个模糊陌生的形体，消失于干涸的小溪边。”[38]如今，神秘生物的图像已经遗失，完全遭摧毁了。[39]

海狮
性情温和，多集群活动，分布于北太平洋的寒温带海域，福克兰群岛、南美沿岸从火地岛向北到巴西的里约热内卢和秘鲁的利马。

巴西卡比瓦拉山国家公园的穿石口遗迹（Pedra Furada）中的洞穴壁画大约有一万多年的历史。[40]壁画上是矮小的人类和巨大的动物，一些人类和动物的身上画有圆点或是细条纹。这些图案的灵感来自幼年貘身上的图案吗？穿石口岩壁上的奇特动物有着又直又挺的长颈，和圆圆胖胖的身躯。这种南美洲的有蹄类动物属于长颈驼属（*Macrauchenia*）吗？长颈驼大约在更新世末期才消失灭迹，谁知道是不是有一些长颈驼存活得比较久呢？在巴伊亚州的岩石上，一个史前时代的南美洲人将长颈驼画成长颈的貘[41]，另一个古老时代的居民则将它画成像骆驼与大象的混种。

貘
食草动物，体形像猪，有可以伸缩的短鼻，善游泳和潜水。在100万年前到1万年前之间曾广泛生存于温暖潮湿的环境。由于环境的变迁，巨貘在大约1万年前灭绝。目前，貘科仅剩亚洲貘等五种。

根据自然科学家赫曼·布麦斯特（Hermann Burmeister）的说法，“长颈驼与马的长相就如同马之于貘，两者差得远了。从比例上来说，长颈驼的头比较小，长长的脖子柔软不僵硬，垂直地挺立着，身体又胖又臃肿，腿的上段出奇地长，中段很短，下段比较正常，这些特征使长颈驼具有非常奇特、不太漂亮的身形。由长颈与朝天鼻可以推测出，长颈驼不在地面上觅食，而是往高处寻找食物，大概像长颈鹿在高处吃树叶的方式”[42]。若是忽略布麦斯特的说法，长颈驼其实是种美丽的动物。人类最后一次观察到它用奇特的动作在树上吃叶子是什么时候呢？长颈驼的最后一个足迹是什么时候被大雨冲刷掉的呢？最后一次描述仍然存活的长颈驼，以及有关它特性的故事或只字片语，出现在什么时候呢？

基什苏美人雕铸的铜像又真的是西瓦鹿吗？[43] 这些在更新世时期某个时间点灭绝的动物一直存活到公元前6世纪吗？出现在拉斯科洞窟*中，有着向前弯曲的角的长颈鹿是什么样的生物？另外，位于多尔多涅河域的加比卢洞穴中，有着“臃肿身躯和厚皮双脚的长颈动物”[44]，又是什么样的动物呢？

出现在拉斯科洞窟，在文学中被称为“麒麟”的动物又是什么呢？[45] 法国诗人何内·夏尔（René Char）的一首诗描述道：“不知名的动物为优美的野兽下了定义，就像是其貌不扬的赛克洛斯。”[46] 一种有犀牛尾巴的长角生物，身体比犀牛还要长，[47] 因为有啤酒肚，所以长相和南非剑羚与黑马羚不一样。

究竟这个出现在西班牙阿尔塔米拉洞穴** 壁画上的动物是什么？看起来像是竖立着三个耳朵，又像刚长出来的耳朵或叉角？它的头不像牛的这么窄，耳朵不像马的这么小，没有鬃毛，在文学作品中被称为“牝鹿”，但是它的脖子又比牝鹿短，而且还有那神秘的耳朵。同在坎塔布里亚区的拉帕西耶卡洞窟（La Pasiega）或寇伐拉那洞窟（Covalanas）[48] 中的动物绘图虽然也被认定是牝鹿，但是它的脖子很长，一看就知道是羚羊的亲属。那么，佩西莫尔岩洞中的羚羊图画描绘的又是哪种动物？我们认为这

* 位于法国多尔多涅省蒙特涅克村的韦泽尔峡谷。——译注

* * 位于西班牙北部的坎塔布里亚自治区，洞内有距今至少一万两千年以前的旧石器时代晚期的原始绘画艺术遗迹。——译注

是羚羊，是因为羚羊是唯一我们能够想得到且相似的动物吗？法国考古学家安德鲁·拉洛伊葛汉（André Leroi-Gourhan）写道："三个向上伸直的脖子，脖子上方是和羚羊一样不大的头，脖子下方连接四个身躯，每个身躯下是犀牛的脚和横条纹的尾巴。至今，这个动物仍然难以辨认。"[49] 因为旧的图案被新的图案覆盖，层层叠叠之后图案就变成上述描述的样子。

拉帕西耶卡洞窟绘画
拉帕西耶卡洞窟，是西班牙坎塔布里亚旧石器时代艺术的最重要历史遗址之一。

史前时代绝种动物的绘图不断地出现，并且证实这些动物在哪里灭绝。然而，图画逐渐失去"生命"与意义，我们只能从中听见从前的艺术家试图告诉我们、传达让我们知道的微弱回响。

幸存，重绘

意大利研究蜘蛛的专家卡波里亚可（Conte Lodovico Di Caporiacco）也认为撒哈拉沙漠岩石壁画中的图案是羚羊，他的匈牙利旅伴拉兹洛·阿马希（László Almásy）在同一幅画中看到的却是牛。然而，事情比这复杂多了。"动物画像是一匹纯洁的牛，是用两种颜色——红色与白色，绘制而成。阿马希一边报告一边继续笔记：'图画的颜色鲜艳，如果把白色部分刮掉，就只剩下又长又纤瘦的一半身躯，还有一颗非常小的头与非常瘦的腿。'"也许他们两个人的看法都是对的，也许原本画的就是羚羊，后来却被白色线条绘制的新轮廓与图案给改变了？

在撒哈拉与欧洲的洞穴壁画中可以找到许多相同的例子。旧图加工有时候是为了使原本的图案更明显，有时候则是刻意地改变动物轮廓的结构，例如把腿加长或者添增鹿角。[50] 多尔多涅河域的加比卢洞穴壁画就有这样的例子：一匹野马后来多了角，就变成了野牛。[51]

也有许多图案是直接覆盖在旧图上面，两者之间没有什么直接关联，也并未在原有图案上增添新的叙事。[52] 那么，为什么这些图画要如此相叠呢？[53] 难道古人也像今日的涂鸦艺术家一样，互相竞争作画空间？还是艺术家利用笔画重现、修改、修复、复绘，试图改善自己的作品呢？或者是因为岩壁缺少适合绘制新作品的空间？还是因为更新画作是一种特定的习俗或神秘的宗教仪式？也或者图画必须因应时事而改变？还是被驯养的牛转移了人类对野牛的兴趣？或者是野牛灭绝了？也许已绝种的动物图画被其他还存活的动物图画覆盖了，旧有的故事被赋予了新的语言，内容也被新的动物取代，如此一来，图画才能继续述说故事，让几乎不见羚羊只有牛存在的世代显得更有意义？图画是否反映出史前时代的环境变化，以及环境变化与生物演变的关系？有可能是因为新的族群迁入，他们不理解或不想去理解这些旧图与故事，使原有的旧文化也失去了意义？壁画是否显示出狩猎与采集文化转变为畜养文化的过程呢？也许一个新的动物图案就能代表一个新时代的转变？

大约在 2500 年前，一个新动物图案开始了一个新时代。西北非马格里布人的新画作描绘了一种新的生物，就连最资深的岩壁艺术家也无法辨认，就像我们也认不出古老时代的不知名动物。一种长腿长颈的四脚动物，没有角，有驼峰，通常被当作坐骑，并且与马交替工作。[54] 大约两千年前，这个新动物因为人类持续地从一个绿洲移居到另一绿洲，所以被迫迁徙到沙漠。如今它成为沙漠的动物代表，从印度河流域到大西洋，从东方到里欧 * 都有它的踪影。不久后它还被引进干旱无雨、只靠薄雾的水气浸润大地的南非，[55] 事实上这里原是瞪羚与沙漠大象的家乡。它也去了另一个住了草原狼与仙人掌的新世界。[56] 大约一个半世纪前，它以稳定的速度成长，定居于遥远的南方大陆。[57] 那里原本是其他动物的家乡，而这些动物只栖息于当地，北半球的人类从未见过它们。

随着文化的发展，人类是否开始转移居住地？或是其他生物开始迁徙？基本上，考古调查结果都显示：看看眼前新的生活，再也看不见大自然带来了什么，只看得见人类带来什么，而人类也就如此适应着新的生活样貌。

* 里欧，地名，位于摩洛哥境内。
——译注

壁画破坏者

改变仍旧持续，而且从未如此快速、激烈。新画覆盖旧画，增添旧画的内容。故事被传诵、内容被改编，这些新的改变却从来不显得暴力或具有破坏性。然而，某个野蛮人在上个世纪或上上个世纪时，在胡菲涅克洞穴中，把他的名字刻在壁画上的犀牛背上，就像一个丑陋的纹身，或是绿野山谷上的水泥道路，让人永远无法遗忘，非但不具任何纪念价值，反而更多的是耻辱。早在几世纪前，尼沃洞穴的壁画就已遭到破坏，出现名字、文字信息，或者新故事的片段内容。然而，这些涂鸦一点也不独特稀有。人们其实可以放心地在旧图案的附近，在其他洞穴或岩壁上写字。这些严重的破坏大约是从 19 世纪中期开始发生，而欧洲与西方世界的某些地方同一时间也出现了巨大的改变，难道这只是巧合吗?

就连在今日，古老独特的遗迹也持续地被画上新图案，被覆盖，被破坏。2007 年与 2008 年之交，联合国维和部队的士兵在西非撒哈拉沙漠六千年历史的壁画上胡乱涂鸦。[58] 如今，壁画被一些东欧和非洲的人名给覆盖，这虽然也是历史的一部分，却完全不属于当地。另一段历史是关于一个突尼斯的导游，2009 年为了报复开除他的老板等人，在利比亚西部撒哈拉沙漠地区的塔德拉尔特阿卡库斯洞窟（Tadrart Acacus）中，随意在壁画上涂鸦，破坏世界文化遗迹。[59] 这也是历史的一部分，但是在世界上每座城市的每一面墙上都可以涂鸦啊！位于阿富汗的巴米扬大佛像、西藏的佛寺或者北赛普勒斯的希腊拜占庭宗教建筑，它们面临的摧毁、破坏都是可以避免的。无助的它们受到毁损，直至“人类文化的彩虹终于沉落于怒火的深渊”[60]。也许这些粗鲁可笑的，试图摧毁壁画、使壁画失去意义的破坏行为之所以发生，是因为人类缺乏这些动物的图像记忆。在他们的思维里，没有对于这些动物的想象，而那些壁画遗迹对他们来说，一点意义也没有。

壁画遭到破坏之后，有时候一些残缺的旧图案能够从新一层的图画之间透视出来，就像是尼沃壁画上几千年来的烧结层。[61] 图画经常会逐渐消失不见，就像是物种渐渐地灭绝。然而，即使再模糊，生命的痕迹仍旧存在。除了人类古老的艺术作品遗迹以及古生物学家挖掘出来的骨骸，其他样式的化石，也能将从前世界仅存的一丝微光渗透到我们的时代。我们常常诉说的与生命有关的冒险故事，就是说书人储存于神话与传说故事中的回忆。[62]

幻想的演变

有些史前时代搭配文字的图画很容易理解，像是洞穴壁画上长毛象与野马的图案。例如北美洲的巨型生物"美洲野牛之父"，有粗犷毛皮的素食主义者，它是大型的食草动物，住在田野，有比野牛大上许多的大脚丫的描述。虽然有本故事集叫作"四肢僵硬的熊"（*Stiff-legged Bear*）[63]，但是"像熊一样"这种形容只有在很遥远的地方，或者当作家不得不找个他认识的巨大动物做譬喻时，才会被提及。双腿不灵活的动物因为无法卧倒躺下，所以只能靠着树干睡觉。这个动物让人联想到《高卢战记》中关于一只麋鹿走进森林，倚着树睡觉的描述。[64] 当然，前面提到的动物也不是麋鹿，因为作者一定认识麋鹿。它是头上长了"第五只手臂"，因此被归类为长鼻目的动物，也是长鼻目中唯一曾经栖息于森林的动物：它是乳齿象[65]或长毛象。它们也许和现代的大象一样，都是站着睡觉。

眼镜熊
南美洲特有的熊科动物，因眼睛周围有一对像眼镜一样的圈而得名，是喜爱果类食物的杂食性动物。

在白令海峡的彼岸，北海道的爱奴人（Ainu）和西伯利亚的居民也有关于巨熊的传说。堪察加半岛的科里亚克族的人说，有一种巨大神圣的熊叫做"甩裤熊"（Irkuiem 或 Irkulyen）[66]。大约一个半世纪前，这种巨型短面熊[67]、南美洲眼镜熊的远亲，生活于阿拉斯加和西伯利亚。这难道是巧合吗？而1920年瑞典动物学家史汀·贝格曼（Sten Bergman）在堪察加半岛[68]发现了不知名的巨熊脚印，他凭着一块熊皮推测这是新的物种，因此命名为“贝格曼熊”，难道贝格曼的发现也是巧合吗？除了在梦里，没有一个科学家和冒险家看过这个巨大生物。

美国东北部属于阿尔衮琴人的蒙塔格尼族（Montagnais）、佩诺布斯克族（Penobscot）、帕萨马科迪族（Passamquoddy）、米克马克族（Micmac）或是马勒塞特族（Malecite）的部落中，流传着一个关于名叫奎毕（Quah-beet）[69]的动物传说。这种动物像熊一样巨大，属于巨型的啮齿目动物，傍水而居，也就是筑巢搭建水坝，引发洪水的巨大河狸。是人类的想象力把“小兄弟”美洲河狸的体型放大了吗？从俄亥俄州的谷地到麻省，流传着巨熊传说的地方到处都有与熊一样大小的巨大河狸，显然他们并非全凭想象创造出故事。大约六千到九千年前，巨大河狸最晚的祖先生活在此地，同一时间，人类最后一次看到巨熊的踪影。[70]传说中，大河狸因为受够了水坝的兴建而被驱逐。事实上，它已经绝种了。

我们只能从传说故事中认识这住在马达加斯加岛上的神秘掠食动物。17世纪中期，法国殖民地总督艾蒂安·佛拉古（tienne de Flacourt）在他的著作《马达加斯加岛的历史》中，曾描述了这种特别的动物：“巨马岛狸是掠食动物，长得像大狗也像猎豹，还会猎食人类。这种动物相当罕见，在某些非常偏远的山区才会发现它的踪影。”[71]根据马达加斯加的神话故事，遇见巨马岛狸是不吉利的。[72]当它在屋子附近叫唤时，就预示了屋内一位住户的死亡。传达如此沉重消息的声音，是像嗷叫、怒号、呱呱叫，还是像咆哮声呢？或者那是一种人类语言无法模拟的声音？也许就连马达加斯加语也无法形容？人们关于来自黑暗的声音的幻想，如能够唤醒恐惧预示未来的狐猴啼叫和猫头鹰的预言，是不是又找到了一个新的载体？巨马岛狸的存在可能来自挖掘出的化石而得到证明？还是说，这种动物有可能就属于已被发现并有化石证明的巨马岛狸（*Cryptoprocta spelea*）

的一种？此物种的灭绝时间我们不得而知。与它有血缘关系的不知名物种的下颚化石，也因为神话故事中的怪兽被称为“马岛狸”（*Cryptoprocta antamba*）。这种动物的声音已经无人知晓，一如原始世界中的其他动物。尽管如此，幸存的音乐曲目中，有一些狸猫的呜咽尖叫声，非常特别。由于狸猫非常害羞，在狩猎场里几乎从来没人看过它们。

马达加斯加人称红色的狸猫为 *Fossa mena*，而它濒临绝种的亲戚黑色狸猫，则为 *Fossa mainty*。它会是红栗色马岛狸的亲戚，或者曾在马达加斯加岛西南部出现，身穿白色皮毛的狸猫吗？也可能只是人类幻想出来的动物？还是它患有白化症，是某种已消失物种的亲戚？

马达加斯加濒临绝种的另一种动物是象鸟，一种混种动物，也许是巨型海鸟与隼形目鸟的混种，也可能就是东方童话中所描述的洛克巨鸟、犹太传说中的席兹鸟，或者中国民间传说中的巨鹏？

象鸟

生活在马达加斯加的一种不会飞的巨鸟，高三米以上，重达半吨。是迄今发现的世界第二大的鸟类。象鸟生活在沼泽林里，食植物为生。到了 17 世纪，马达加斯加岛因人口增长而加快了掠夺自然资源的进度，大片的森林被砍伐，象鸟因此灭绝。

17 世纪，艾蒂安・佛拉古的旅行心得中也有关于象鸟的描述。在他的时代也许还有象鸟的样本，或者有人亲眼见过象鸟？童话中，辛巴达在他的航海旅程中，见证了象鸟的生存危机——鸟巢一被发现，水手们不管肚子饿不饿，马上就将鸟蛋打破。

巴西雨林的原住民在迁徙的过程中，把一种奇特生物的故事带回部落。我们从未见过这种生物，它让人联想到南美大陆逐渐消失不见的巨水獭，或者和大象一样巨大、四个人高的大地懒或磨齿兽。当地原住民把这奇特的生物称为“玛平瓦赫伊”（*Mapinguari*），意思是“咆哮的动物”或“臭味兽”。直到今日，仍有许多诗人视之为灵感来源[74]，并且从原住民的故事中试图找出这种动物的轮廓。玛平瓦赫伊被描述成一种满身蓬乱杂毛，且拥有类似鳄鱼皮般盔甲的动物。那么雕齿兽呢？还有更多生物被神化成为传说故事中的神兽吗？如果这些神话般的动物在被科学家和冒险家抓住前，安然地回到森林薄雾之中，那么故事就会这样描述：沼泽上有奇怪的圆形脚印，像是现代树懒的足迹，也像是它们有着向内弯曲的脚爪、已绝种的亲戚。[75]《纽约时报》的一篇文章写道：“因为玛平瓦赫伊有一种特殊能力，是大部分的人不想遇见它们的原因。是红色鬃毛、猴子般的脸和神秘的化学毒气防御系统，使得敌人都不敢靠近它？或是那能把棕榈树干撕裂成两半、强而有力的下颚和脚？或是因为它的脚掌向后站？”[76]此外，我完全无法理解为什么人类不想碰见它们？为什么一点冒险精神都没有？我是很想遇见它们的。每个人都应该体验冒险，看看这种动物。

玛平瓦赫伊不是亚马逊河唯一的神奇动物。巴西的传说故事中，还有一种巨蛇，人们将大蟒蛇森蚺作为巨蛇形象的化身。2009 年公布了一个巨蛇的化石，它的长度则不可考。[77]是像鲸鱼一样长的蛇，能够轻松把人类吞食的动物。蛇怪引起的莫名恐惧已经深埋于人类的记忆里了吗?

希腊神话中长得像蛇的龙，是以类似的生物当作模型吗？或者更新世时期地中海的鳄鱼是某种非洲巨蛇——也就是巨蟒(Python)——的原型?[78]（希腊神话中）斯廷法罗斯湖怪鸟的防卫方式我们现如今在许多鸟类的身上都能见到[79]，它的原型是哪种鸟类？麒麟的原型是长角瞪羚还是犀牛？世界各地都有关于奇特动物的故事，透过这些故事可以挖掘出一些现存动物的特质。神兽与传说动物的详细家谱已经无从考证，但是能够确定的是，在史前时代，应该有个激发灵感的模型和范本，促使人类杜撰出想象中的动物。

所有传说中的生物，所有出现在动物寓言中，根据我们想象力所绘的图画，都是根据某个生物所塑造而成的。像古希腊罗马时期的喀迈拉（*Chimera*）、半人马和狮身人面像，巴伐利亚餐厅墙上的鹿角兔，或蒙大拿州的怀俄明野兔，我们绞尽脑汁也无法毫无根据地创造出这些幻想中的生物。一定是现实生活中某个惊鸿一瞥成为灵感的来源。如果生物绝种了，又如何能够描述它呢？在缺少目击证人说词的情况下，又该如何描述生物的动作与行为模式呢?

最简单的例子就像是巨水獭没有留下任何亲戚，或者像眼镜熊，虽已绝种，却托小熊座流星雨之福而被继续记得。即使没有留下合适的亲戚

取代从前的物种，历史的记忆也不可避免地会发展成其他生物的图像，有时候不同的生物会和错误的图像混淆在一起。随着误会的增加，随着更长久的想象力的发展，生物某些特定的特征会因此被强调或是掩盖。隐鹮，一种黑得像乌鸦的朱鹭科鸟类，在欧洲已经灭绝了，但是它的样貌却被当作祭坛装饰而保存下来。自从消失后，它就被人误以为混种的鸭科鸟类。大海牛被白令海峡附近的岛民记成海象，因此海象"没有了獠牙"[80]。而在美国北部的居民印象中，长毛象是"四肢僵硬的熊"。

大海牛

珍稀海洋哺乳动物，于六千万年前由陆地上的哺乳四足动物进化而来。形状略像鲸，前肢像鳍，后肢已退化，尾巴圆形，全身光滑无毛，皮厚。以海藻或其他水生食物为食。

已灭种动物的特征就这样慢慢在人类的记忆里消失了。越是不寻常、越是特殊的生物，就与仍然存在的生物形象差别越大，在没有类似生物的情况下，我们也就越难想象它的样貌。现有的观察研究堆叠于古老记忆层之上，像是积满晚期化石的沉积层，像是被新笔迹覆盖旧笔迹的记事本，也像是图画反复重叠的岩洞壁画。就算新图和旧图很相像，呈现的故事也肯定不同。新图案和旧图案越不相像，原本的故事就越容易失传。没有这些图画，故事就越来越难描述，也就失去了生命。

如果一种动物在我们认识之前就灭绝了，那么我们也就没有能力和机会去想象它能和哪个存在的物种做比较。[81]而且这种生物独有的特点，无疑地也会从我们的记忆、经验与理解中消失。我们不认识这种动物，也认不出它们，因此对它们也没有概念。幸存的物种越少，我们的神话动物种类就越单一，所有我们从大自然延伸出或者来自大自然本身的神话与故事，也会变得单调无趣。

海洋动物，从上到下依次为海豹、海象、冠海豹、格陵兰海豹

海象，身体庞大，皮厚而多皱，有稀疏的刚毛，眼小，视力欠佳。长着两枚长长的獠牙。四肢因适应水中生活已退化成鳍状，仅靠后鳍脚朝前弯曲，以及獠牙刺入冰中的共同作用，才能在冰上匍匐前进。

遗失的知识，遗失的只字片语

古时候的人类知道哪些长毛象和披毛犀的行为特征？它们又有什么独特的名称呢？人类在岩洞壁上用红色、白色、棕色或黑色画下长毛象，哪些长毛象种类和颜色样式是他们想要用文字与故事来区分的？今日我们只能借分子生物学上的相关研究认识“金色长毛象”[82]，但是对于和长毛象生存在同一时代的人类来说，金色长毛象是不是像暹罗的白象一样，是一种具有神话色彩，又很特别的动物呢？

那些已经不合时宜的故事和知识，是否曾带领人类进到过去的动物世界？哪些知识是透过语言文字默默地呈现，而只为细心观察的人所知呢？今日仍与未开化的自然世界有密切接触的人类文化，证明了语言因为所处环境的生物多样性，而有不同的发展。例如，爱斯基摩人的古老语言中，描述生物的词汇极其丰富，而且丰富的词汇量不仅仅包括单一生物的描述与名称，在特定的生命阶段与周期中，每个年龄、每个状态下的生物都有其对应的名词。[83] 据说芬兰的拉普兰人没有一个专门的词称呼驯鹿，但是一岁、两岁、三岁，每个年龄层的驯鹿都有不同的名称。[84]《圣经》中，蝗虫每一阶段的幼虫也有不同的希伯来语名称。[85] 北欧人的口语中，骆驼有两种名称：一种代表单驼峰，另一种有双驼峰。阿拉伯文用许多不同的形容词汇来为动物命名，例如：年轻的、老的、明亮的、羊毛的、深色的、温顺的、粗暴的、倔强的。这些在我们的语言里，通常只会是一个对阿拉伯人来说一

上图 单峰驼
因有一个驼峰而得名。原产在北非和亚洲西部及南部，早至公元前 1800 年就已在阿拉伯被人类驯养。现存仅有家畜，野生的早已灭绝。

下图 双峰驼
栖息于干草原、山地荒漠半荒漠和干旱灌丛地带。适应沙漠生存，但更喜欢临近水源、青草茂盛的地方。

驯鹿

又名角鹿。雌雄皆有角，长角分枝繁复，有时超过30叉，蹄子宽大，悬蹄发达，尾巴极短。身体上覆盖着轻盈而耐寒冷的毛皮。不同亚种、性别的毛色在不同的季节有显著不同。驯鹿主要分布于北半球的环北极地区。

点都不复杂的词，或是一个很长的复合名词。在吉尔吉斯文、阿拉伯文或波斯文中，单峰骆驼和双峰骆驼之间所孕育出的各种想得到的骆驼样貌，都有特定的名称。

在某些土著的语言中，也有特别的词汇专门形容鹤鸵走路时来回摇摆着头，以保持平衡的动作。[87]但在没有鸸鹋的语言区，就没有能够准确表达鸸鹋的词汇——语言有地域限制。密克马可语是美国北部最东北部所使用的阿尔冈昆语族中的一支，它是由树名的音调所发展出来的语言，根据秋天时风吹过树冠所发出的声音，[88]而且转译得非常明确。密克马可语就像是秋天日落一小时后，风从同一个方向吹过树林的声音，那是沙沙声，还是簌簌作响有如耳语呢?

词汇多样性和大自然相生相息，今日还了解词汇多样性的人寥寥无几，它是一开始发展缓慢，但是却快速地被遗忘的宝藏。在那些与大自然密切相连的文化中，我们可以观察到它们如何描述特殊的东西，也可以借此理解隐喻的词汇所勾勒出的特殊概念，或者这些词汇如何逐渐消失。几内亚岛上逾百种的当地语言中，光是当地鸟类名称就有上百种的说法。巴布亚皮钦语族中的克里奥语里的小鸟就分成两种： 白天的小鸟和晚上的小鸟。

有些德语词汇是透过动物的动作或叫声来区分同种类却不一样的动物，例如兔子与兔科，鸭和鹅、狗、鸡或马，羊和山羊，大部分还包括驯养的动物。语言若失去了精准度，也可能让表达变得迟钝。

许多名称在现代往往也都随着动物灭绝而消失。卡罗莱纳长尾鹦鹉灭绝后，德拉瓦族的语言中用来称呼它的词汇是“忘了”；同样地，旅鸽的名称也从德拉瓦语中消失了。[89]自从德拉瓦族迁徙到岛内居住后，海洋哺乳动物的名称也跟着被淡忘了。[90]在复活节岛上的当地语言中，随着岛周围的水域的干涸，海豚的名字也消失了，甚至连垃圾坑里都没发现海豚骨骸。[91]

左上图 侏鹤鸵；右上图 双垂鹤鸵；右下图 单垂鹤鸵

鹤鸵又名食火鸡，是世界上第三大的鸟类。其双翼退化，不能飞，时速可达 50 公里。分布于澳大利亚和新几内亚等地。性情孤僻、凶猛好斗，因爪子如匕首能挖人内脏，被列为世界上最危险的鸟类。

右下图 鸸鹋

世界上最古老的鸟种之一。澳大利亚特产，栖息于澳大利亚森林和开阔地带，吃树叶和野果。是目前世界上仅次于非洲鸵鸟的第二大鸟类，以擅长奔跑而著名，时速可达 70 公里，并可连续飞跑上百公里之遥。鸸鹋虽有双翅，但同鸵鸟一样已完全退化，无法飞翔。

有时候，濒临绝种的动物会在最后一刻受到大家的关注。大约在1880年，斯特拉海牛灭种一百多年后，人类在白令海峡上的阿图岛再次、也是最后一次发现它的踪迹（至少目击者认定是斯特拉海牛），并且帮它取了一个新的名字：“kukh-sukh-takh”。[92] 如果那次斯特拉海牛没有现身，也许它的名字就会永远消失。

如果一种动物再也不存在，而且也没合适的动物能与它相比较，那么就无法再描述它，因为人们无法凭空想象它的长相。

有关那些我们再也无法叫出名字的动物的故事或词汇，有多少已经失传了？

罗赛塔的鲸鱼

在某些文献档案中仍然记载着已灭绝生物的名称，然而我们再也无法得知，到底说的是哪种动物，我们又该如何在物种单调的世界中为这些动物命名？例如，《尼伯龙根之歌》中“凶猛的小船”指的是什么生物？在航程中，它全程伴随着西格弗里德的捕渔船左右，身边围绕着野牛、麋鹿和原牛*。它是大角巨鹿吗？还是野马？这个画面原本可以通过这个词、这个名称复原，但也同样石沉大海了。

《圣经》故事中介绍了另一种巨型生物：比蒙巨兽。《圣经·约伯记》中记载：“它像牛一样吃草。”它应该是居住于温带草原和热带莽原的草食性动物，所以也许是巨象？长毛象的栖息地扩及到中东地区和非洲，[94] 它或许是长毛象？[95] 也许以前我们无法把这个动物和它的名称联系在一起，几世纪以后才重新结合？

“它伏在莲叶之下，卧在芦苇隐密处和水洼里。”大象重视水洼，但是绝不将灵活的象鼻靠近泥泞，只是静静地躺在“泥浴”中。而犀牛热爱在沼泽中休息，白犀牛遍及埃及地区。[96]《圣经·约伯记》也记载说：“河水泛滥，它不发战；就算约旦河的水涨到它口边，也是安然。”这段话说

* 原牛是家牛的祖先，体型巨大，双角尖耸，色彩独特，速度超群。无论面对人兽，都不示弱。即便是幼牛，也很难驯服。作为一种颇具传奇色彩的野生牛，估计200万年前起源于印度，并迁入东亚、中东及北非一带，约于25万年前开始转入欧洲大陆，并一度在该大陆盛行。与欧洲野牛不同种。由于人类捕杀、环境破坏等因素，1627年灭绝。
——译注

明了它是大嘴动物。也许《约伯记》指的是河马？从全新世时期直到古希腊罗马时期，河马的分布遍及黎凡特区[97]、圣地巴勒斯坦；而直到19世纪初期，都还有河马栖息于尼罗河三角洲。[98]河马强壮的近亲，史前河马的遗骨在非洲奥杜威遗址[99]和约旦河流域的贝蒂亚遗址[100]中被挖掘出来。根据它的身型以及《圣经》相关的记载，这个代表性的化石被称为“河马贝蒙”（*Hippopotamus behemoth*）[101]。因为圣经对贝蒙巨兽的描述与河马极度相似，因此在许多语言中，例如俄罗斯语、乌克兰语、塔吉克语和哈萨克语中，贝蒙的意思即为河马。除了化石、现存的河马与其他厚皮动物，还有更多物种在争夺这神圣的名称。为了形容神圣生物是多么的强壮，约伯问道：“在它有防备的时候，谁能捉拿它？谁能将它关进牢笼？将绳索穿过它的鼻子呢？”而且还将它比作牛。这巨大的生物会是比被人类驯养的牛更大、更具野性的亲戚吗？还是直到公元4世纪，埃及与米诺斯文明时期，仍住在北非的长角牛？这强大有力的动物是不是和现代的亚洲水牛一样，喜欢享受泥土浴呢？

左图 白犀牛和印度犀牛
白犀牛又叫方吻犀，嘴唇宽平，是现存犀牛中最聪明、最晚出现的。印度犀牛是最原始的犀牛，目前主要分布在尼泊尔和印度的阿萨姆邦。其鼻上只有一只角，所以又称为“大独角犀牛”。

右图 河马
身躯庞大，是淡水物种中现存最大的杂食性哺乳类动物。两栖，喜群居，善游泳，怕冷，喜温暖的气候。白天几乎都在河水中或河流附近睡觉或休息，晚上出来吃食。

接着我们从泥泞游向大海。为什么有些作家不断地把儒艮当作是贝蒙神兽的化身呢？作家描述贝蒙神兽“像牛一样”在海草堆里吃草，而“它的骨头硬如矿石，骨架仿若铁棍”。据说儒艮打架时，它们的骨头确实能发出接近金属的声音。[102]在阿拉伯神话和《一千零一夜》中，贝蒙神兽变成了水生生物巴哈姆特，这种生物长得像是凶猛的鱼，也像是把整个世界扛在背上的一座移动岛屿。[103]不管儒艮曾经或现在是什么，它与水的关系都是不言而喻的。

儒艮
海生草食性兽类，以多种海生植物的根、茎、叶，及部分藻类等为食。觅食海藻的动作酷似牛，一面咀嚼，一面不停地摆动着头部。

《圣经》中的怪兽利维坦（Leviathan）隶属水生生物，现代作家赫尔曼·梅尔维尔（Herman Melville）[104]与托玛斯·霍布斯（Thomas Hobbes）[105]把鲸鱼当作它的原型。在希伯来语中，利维坦的意思是能够扭曲、缠绕身躯的动物，[106]和巨大宏伟的海洋巨大生物不吻合。事实上，《圣经·约伯记》[107]对于利维坦的描述较接近于鳄鱼：“谁能打开它的腮颊？它的牙齿令人生畏。它坚固傲人的鳞甲紧紧闭合。”直到19世纪晚期都还有鳄鱼栖息于巴勒斯坦。[108]圣经中所提及的“龙”（*Tanniyn*）的原型，是鳄鱼还是蟒蛇？是陆上动物还是水生生物？也有可能是爬行动物。也许是栖息于小岛上，如今我们只能从近代早期加勒比海水手的描述认识的海龟？但是，龙也被用来指称另一种强大的生物——也就是曾经迁徙至地中海的鲔鱼。[109, 110]从海岸边的山丘往海上看去时，它们也许看起来像是海平面下唯一的巨型生物，并且令人惊讶的是我们在石器时代的岩洞壁画——平达尔洞穴和吉诺维斯洞穴（Grotta del Genovese）——中再次找到它们。

獾
分布欧洲和亚洲大部分地区的一种哺乳动物，属于食肉目鼬科。主要吃蚯蚓，但也吃昆虫、甲虫和小型哺乳动物。

另一个具争议性的猜测是《圣经》中不合群的生物——他辖（*Tahash*）。他辖的阿拉伯文是*Tuhas*，意思是海豚，有时也代表儒艮。儒艮曾经出现在地中海，现今偶尔会在苏伊士运河游泳穿梭。[111]有些作家认为，他辖可能是海狗、长颈鹿，甚至可能是獾。[112]然而，还有

作家认定他辖是一角鲸。[113]不过，巴比伦《法典》记载着这种动物头上有角，[114]是有着美丽斑点和獠牙的极圈生物，鲜少出现在较南边的水域。[115]根据这一点，上述的理论也就被推翻了。[116, 117]尽管一角鲸曾经在德国的沿海地区出没，[118]也曾闯入德国近海，例如北海和波罗的海，[119]甚至在1986年时，埃及报纸报道有一只一角鲸搁浅于尼罗河三角洲的罗赛塔，也因此被文学作品引用。[120]然而，这则报道有待商榷。[121]也许新闻所说的一角鲸其实是北瓶鼻鲸，如果不是的话，那就是则错误的报道。

以今天的角度来看，把出现在地中海的动物错认为是生存于北方的动物，相当不可思议。然而，我们从中可以得知哪些信息？一千多年前这个动物常出现在北方的海域？它当时如何穿越海洋？在不寻常的地方看见它的机率有多大？三千多年后，五千年后，有可能会发生一次吗？根据《塔木德》的记载，他辖只被看过一次，[122]而且给见证者留下了深刻的印象，有关它的传闻持续不止。

上图上方 一角鲸

一角鲸头小而圆，能上下左右摆动一个喷气孔。雄鲸从左上颚向唇外呈螺旋状突出长牙，长度可达2~3米，因为长得像角，故而得名。大多数雌鲸无长牙。

下图 北瓶鼻鲸

喙鲸科瓶鼻鲸属动物。体型长而圆胖，有显著的嘴喙与高耸的额隆。背鳍可达30厘米高，位于背部约全长三分之二的位置，外观呈镰刀形，尖端通常略微突出。

关于它旧名解释的正确度难以考证，也许就像是古希腊罗马时期对颜色的定义，直到今日都无法找到相符的色调。[123]也许动物的名称根本不是依据我们的客观理解而命名，而是根据我们对不同种动物的主观印象进行分类：爬行的、凶猛巨大的、温驯巨大的、巨大野蛮的、喜爱泥泞的、咬人的、从海浪间探出头来的。有时候同一个名字会代表多种生物，也可能多个名字指的是同一种生物。例如在鸟类的分类学中，鹌鹑在标准德语中是根据它小心翼翼脱逃的行为而命名的，在低地德语中则是根据它的叫声而称它为“瓜克勒”（Quackele），然而在南德德语中，“瓜克勒”有时候指的是灰林鸮。

左上图 鹌鹑

地栖性鸟类，善隐匿。翼羽短，不能高飞、久飞。叫声为响亮、清晰如滴水般的三音节哨音，常在清晨、黄昏或夜晚时鸣叫。被驱赶时发出刺耳的哨音。

右上图 灰林鸮

鸱鸮科、林鸮属鸟类。夜行性，在夜间是以视觉及听觉来捕捉猎物，飞行时保持寂静。

图画上的动物不一定有名字，有时候发现者和冒险家也会遇到他们一无所知的新生物。这些动物常常会被人用旧有的动物名称来代替，例如 15 世纪末期，葡萄牙船夫首次提及南半岛的企鹅，它的名称是“继承”北半球一种只在水里飞行的大海雀，也是阿纳托尔·法郎士（Anatole France）的讽刺小说《企鹅岛》中居民最受不了的鸟类。在冰岛，它被称呼为 Geirfugl。在发现“新”企鹅的 250 年后，尽管肉质应该一点也不美味，大海雀仍然因为被猎捕吃光而灭绝。灭种之后，大海雀的英文名称 Garfowl 有时候被用来称呼刀嘴海雀。此外，大海雀的后代也常借用它的名称。根据记载，曼岛海鸥的英文之所以是 Manx Shearwater，是因为这种鸟类大多住在一个叫做曼岛（Manx Island）的小岛屿上。在 1770 年至 1780 年之间，褐鼠来到了小岛，并且在 20 年内改变了岛上生态，让岛上的鸟近乎绝迹。[124] 鸟被水手和曼岛上英语系的居民称为 Puffin，然而，这个有名无实的名称后来被转移到另一种完全不同的鸟类身上，也就是海鹦鹉（Fratercula）身上。在昔德兰群岛上曼岛海鸥被称为 Baakie craa，在彭布罗克郡被上则被称为 Cocklolly，[125] 在锡利群岛上则被称为 Crew。[126] 鸟类学的专有名词相当复杂，现在却逐渐趋向简单明

下图 曼岛海鸥

即大西洋鹱，脊椎动物鹱形目海鸟，在曼岛绝迹。

了，一方面是因为鸟种类的减少，另一方面是因为名字失传，特别是当地特有的称呼。英国剑桥的鸟类学家迈克·布鲁克（Michael Brooke）在他的著作《曼岛海鸥》[127]中写道：“当我们大家都喝着同一种瓶装饮料、看着同一台电视节目时，本土名称就消失不见了。”

新发现新名称

占领者将新动物引进一个地区和文化区，通常也会让它们有新名称。科萨族语的骆驼（Kamel）是 inkamela，祖鲁族语的骆驼是 ikamela，兹瓦纳族语的骆驼是 kamela。毛利人用英文的外来词 kau 称呼牛，称羊为 hipi，称一种名为 Hottehü 的马为 hōiho。美国的许多民族用源自西班牙文的词汇称呼马，[128]而也有些民族则是不情愿地用某个已确认的动物名称来称呼不知名生物。美国印地安人中的那瓦特人、马斯科吉人、巧克陶族和马萨德高用“鹿”来称呼马，卡惠拉人则称马为“马鹿”（Wapiti），图尼卡人、奇蒂马查人、凯欧瓦人、达科塔人、阿萨巴斯卡人、通卡瓦人称马为“狗”，而库奈特人称马为“猎犬”，[129]也许是因为，狗在那里是除了马以外唯一一种用来协助运送物品的动物。马在澳大利亚大多数的部落中的名字是 Yarraman；此外，Yarraman 也被用来指称大多数的外来种，这分明就是词汇界的抄袭。唯一一个位于悉尼附近的部落，为外来种动物发明了一个新词“牙齿很长的”，经由新移民的传播，这个词也被带到其他部落并且被吸纳。[130]澳大利亚的原住民将骆驼称为“鸸鹋”(Emu)[131]，这也是一个并非出自他们自己语言的词汇，而鸸鹋这个具有葡萄牙语—阿拉伯语词源的词本义是“鸵鸟”。他们利用白人使用外来词的方式把又新又陌生的单峰骆驼拿来和他们当地的鸸鹋比较。鸵鸟和骆驼背上都有肉峰，叫声都显得从容不迫，走动时脖子都会跟着摇晃。

有趣的是，在许多国家的语言中，鸵鸟的意思是“骆驼鸟”。中文就是这样称呼鸵鸟，还有从前的希腊人和罗马人；现今动物学中，鸵鸟的拉丁学名就是“鸵鸟骆驼”（*Struthio camelus*）[132]。

羊对于现代澳大利亚牧农业有更大影响，为它取名字同样也是从熟悉的大自然中取材。在大部分的澳大利亚原住民语言中，羊叫做 Dhimba、Thimba 或是 Dhimbak。这是从澳大利亚英语 Jumbuk 派生出来的吗？或是因为一个浪漫的幻想：Jimba 这个词描述的是在下雨前的薄雾，让人联想到一片毛绒绒羊群的景色？[133] 在巴塔哥尼亚的原住民部落中，羊指的是白色的原驼，[134] 这个词汇是如何借由和其他动物比较而得来的呢？原有动物的词汇是如何与新引进的陌生物种结合的呢？

本土动物的种类越少，能用来为新动物命名的单字也就越少。例如在夏威夷，“狗”这个词被用来代称所有外来引进的四脚动物，尤其是马。[135] 另外有作家表示，其他外来引进、体型更大、更不常见的哺乳动物则被称为“猪”。[136] 在人类居住的波利尼西亚和美拉尼西亚群岛上，到处都是猪。由于猪是当地经济的重要支柱，因此猪在当地文化中扮演了举足轻重的角色。法国人类学家兼传教士彼得·杜普雷（Pater André Dupeyrat）在他位于巴布亚新几内亚的教会学校中试图解释上帝的羊。然而，当时没有羊也没有图片，所以他只好用小猪仔代替羊做说明。[137] 对欧洲人来说，他的做法几乎是亵渎上帝，但是在几内亚，猪是一种神圣的动物。

动物被引进到新的语言或环境中时，需要花很多时间来道尽自己的真实故事。因此，它们需要按照自己的方式演化，这是独特且必需的过程。很明显地，它扮演的会是早已存在的角色，而且会排挤掉旧的演出者。然而，就算它取代了原来动物的位置，也无法取代原始的版本。这种情况就像是一幅被重叠了好多次颜料的画作，原本的图案已变得模糊不清。在大多数的情况下，新生物也会有属于自己的故事。它的故事能否为新的语言与文化所想象，能否像原本没有生存危机但现在却濒临或已经绝种的动物一样，活泼生动、充满色彩地呈现出来，都是疑问，尤其当它以非常相像，或根本就一样的面貌自然地被引用到传说故事中时，更是增添了未知数。全球化的动物也带来了全球化的故事。

我们的眼睛疲乏了

当我们还在回首过去，却不知道物种的取代、灭绝及人类生活环境的改变，对我们有哪些影响时，物种灭绝却仍然不停歇地持续着。美国诗人查尔斯·韦柏（Charles Webb）描述：“一个接一个，就像下了舞台的演员，在一出上演了数年的戏之后。”[138] 这首诗名为“动物正在离去”，由于诗需要营造出令人印象深刻的画面，因此诗中所指的当然是大家熟知的动物。

然而，科学家并不认得大部分的绝种动物，除了透过一些不甚清楚的迹象。美国昆虫学家罗伯特·杜恩（Robert Dunn）[139] 对于还没有名字就绝种的昆虫悲剧做了一个总结：“这些从地球上灭绝的物种、我们失去的大部分昆虫，在它们消失时，甚至连个只有墓碑的空坟都没有……”这些昆虫没有留下学名，也没有世界通用的名称，或者某个文化中的方言称谓。这一憾事让人感到沉重，许多人为此而难过。丹麦作家比约恩·隆伯格（Björn Lomborg）写道：“如果生物学家强调哪些生物会消失不见，特别是昆虫、细菌和病毒，那么采购雨林的企业集团是否还会收到这么多政治援助？”[140] 如果我们一开始并不知道自己拥有什么，如果我们没有为它们命名，那么又怎么会感到遗憾呢？如果是一种小到没有人能够察觉的动物，那么除了科学文献中没有它的名称记载外，我们还会失去什么？其他动物，如长毛象、披毛犀、磨齿兽或是塔斯马尼亚老虎等，都没有留下相关的故事。至今都没有！

如今我们持续书写探索世界、冒险的故事，以及记录下通过显微镜和DNA定序所发现的不知名动物的研究。[141,142] 克罗原则说明，生物学上的每一个谜团，或者说大多数的谜团，都可以从某一种生物身上找到解答。每一个新发现的物种都具有“授业解惑”的能力，即使我们不一定能懂它们所教授的学科，但是总有能够解答我们疑问的，而且还能让我们对大自然产生新的疑问。然而，生物一旦灭绝就失去了科学上的意义，而我们对于大自然可能产生的疑问也因此可能无法得到解答。更糟糕的情况是：有些问题永远不会被发现，因为能够激起人类提出特定问题的生物，可能已经绝种了。通过圣基尔达群岛上的老鼠，我们能学到哪些关于啮齿目动物的演化过程？莱茵河的托比亚石蛾能告诉我们什么关于生态多样性变化的知识？斑驴是所有斑马中最容易被驯服的，我们从它身上又能学到哪些动物驯养的诀窍？

一些我们现在无法想象的科技，特别是生物科技，已经找不到大自然的模板，因此我们当然也无从想象。

我们永远无法清楚地知道，已绝种的南部胃育蛙与北部胃育蛙之间的关联。[143] 谁又能知道，从它们身上能学到哪些有关演化生物学或肠胃病学的知识？

没有了关于这些能够开启神奇造物奥秘的动物的知识，我们永远都无法领悟万事万物竟可以如此相通。

生物学家罗伯特·杜恩在有关已绝种的昆虫种类的论文中写道："我们无法用自己的想象力，重新创造已绝种的生物。世界的多元面向已经渐渐流逝。"[144] 我们再也无法想象已绝种的螽斯怎么开演唱会，同样也无法想象已绝种的渡渡鸟的歌声，[145] 或者胃育蛙的声音。如果一种生物就这样灭绝，我们就没有机会认识它们，那么我们获取知识的可能性也会随着生物的绝种，形状、声音和颜色的消失而渐被剥夺。如果人类将所有看得到的东西都逐步摧毁，那就如同逐渐戳瞎自己的眼睛。

所有的生物，无论是知名或不知名的，微小或巨大的，全面或不完善的，都具有难以计量的庞大信息内容。盖瑞·施耐德说："生命之所以珍贵，是因为在所有生物的不同基因里，都储存着大量的信息。"[146] 然而，生物为我们所储存的信息内容，远比我们现今对于基因学所认识的还要多得多。因为生命可能藏有的启发意义，是我们无法用言语形容的。

每一个被杀害的生物，都代表着信息与启发性的消失。而且大多数都是在我们发现之前就已消失不见。大部分已绝种的生物在秘密被发现之前就已不存在于世上，或是消失于人类的知识世界、文化、歌曲、诗歌或故事中。

杜瓦米希族的部落大首领曾说过："如果所有的动物都灭种了，人类终将因心灵孤单而死去。"[147]大自然的破坏宛如亚历山大图书馆发生火灾，只不过，这部自然的大书不但还没被阅读过，甚至还没被写出来。

那些有关早已消失不见的生物的冒险故事将如何发展？我们为了让生命在烟雾和火焰中盛开，很早就打断对抗熵的发展，那么有什么故事是从来都不曾存在的呢？

我们对于微小事物的观察，是文化发展的一项记录，这些记录在过去是全面地进行着的，如今却已消失于烟雾之中。法国人类学家克劳德·列维-斯特劳斯（Claude Levi-Strauss）解释说："我们所保存的丁托列托或林布兰，每一只鸟、小虫或蝴蝶都邀请我们进入惊奇的观察世界"，"我们的眼睛已经无法冷静地审视"。[148]

尽管如此，求知若渴的人类还是很好奇，还有什么是尚未被发现的，如果世界仍然如过去被人类统治之前那般充满色彩的话，又有什么故事会发生。人类也对原始社会之前就开始的历史感到好奇，也想在未来听到更多的故事——也许故事真的尚未完全结束。

第4章

乌龟之岛

岛屿是世界的缩影，大自然透过加倍放大及提升解析度来描绘简单的图像。它们述说着生命的奥秘。

王岛鸸鹋

陆龟和海龟

“安拉的笑容照耀在乌龟岛上。”阿拉伯民间故事《一千零一夜》是这样展开的。南方大海上的一座小岛住着一群乌龟。一天，乌龟觅食回来时，看见体型不大、活泼且羽色斑斓的鹧鸪，它们觉得鹧鸪长得非常漂亮，开心地说：“它一定是鸟中之王。”也因此对它很友善。鹧鸪白天四处翱翔，啄食谷粒，晚上再回到乌龟身边。渐渐地，鹧鸪也喜欢上这些乌龟，每天都因为必须和乌龟短暂分开而感到伤心。于是，乌龟们开会讨论：“得想个法子，让鹧鸪一直待在我们身边，这样我们白天也能讨它欢心，不用担心它哪天出门和别的鸟跑了，永远离开我们。”其中一只乌龟说：“我来想办法。”

鹧鸪
杂食性鸟类。奔跑快速，飞翔力亦强，常作直线短距离飞行，受惊时即飞向高处，隐蔽在灌丛深处，不易发现。

那一天晚上，鹧鸪回来时，这只乌龟来到它身边道晚安，然后在它面前亲吻土地说：“你给了我们无限的爱，也用你无限的爱保佑我们。如果失去你，我们将无法拥有幸福。我们相处的时光如此短暂，这多么令人难过。”此时，鹧鸪开口说话了：“在你们身边我很快乐，但是翅膀逼迫我飞翔，使我们分开，我该怎么办好呢？”乌龟回答：“如果翅膀让你不得安宁，那就抛下它，专心待在我们身边，好好地在这享受幸福。”“我该怎么做呢？”鹧鸪问。乌龟说：“把你前翼的羽毛用鸟喙全部拔掉就好了。”鹧鸪毫不迟疑地听从建议，把所有前翼的羽毛都拔光。“好啦！”鹧鸪说，“现在我再也不用飞翔了。”

“鹧鸪……”山鲁亚尔国王在睡椅上打盹。“这一定是个隐喻。”“不是的，陛下。”国王的新娘山鲁佐德回答道，“它只是一只鸟。接下来发生的事情宛如命中注定：有一天它在海岸边撞见一只貂，貂还没看清楚鹧鸪，就立即扑过去。失去前翼的鹧鸪无法飞翔，最后还是被貂吃了。”“保重，

黑貂
貂为食肉目鼬科动物。大部分貂属动物都居住在树上，主要食物是鱼类。

美丽的绿色小岛。”鹧鸪用最后一丝气息说，“我怎么会这么笨，自己把羽毛拔掉……”亲眼看见事情发生经过的乌龟，无不同情地落泪。

“唉！”其中一只乌龟叹气说，“我们怎么会这么笨。”所有乌龟都伤心地点头。“我们应该明白，上帝赐给每种动物不同的特殊才能，无论是羽毛或龟壳，都不应该轻易放弃。”[1]

在我们读过的童话故事书中，类似的情节不断出现。[2]长大后，我从一套四册的故事集《一千零一夜》里再次读到这个故事。这个故事源自波斯，在10世纪末期，就已经出现由梵文和波斯文翻译成阿拉伯文的故事书版本，[3]最后也收录到《一千零一夜》故事集中。哥廷根大学童话百科全书的主编说：“《一千零一夜》中的故事绝对不是童话，而是事例、警示寓言、具有教育意味的故事。书里所有的故事都没有童话应有的特色，而是充满神奇色彩的故事情节。因此，我们应该称这些故事为神话。”一个故事中，动物作为可供学习之物出场，这可不是童话。

为什么呢？中东的水手最后如愿踏上冒险之旅，展开真实的海上生活。他们大开眼界，亲身体验。在桑吉巴尔到巴斯拉之间沿途的小酒馆内，他们不需要杜撰故事。有时候他们可能用像阿拉伯式的装饰花纹，帮海上冒险故事加油添醋，但是没有一点事实根据是不可能办到的。他们确实没有虚构故事。

在萨桑王朝3世纪到7世纪之间，阿拉伯和波斯的水手相继航行前往同一个海域，和其他国家进行商业贸易。10世纪时，波斯的海上贸易商抵达莫桑比克海岸[4]，北至锡兰，南至苏门答腊岛和马达加斯加，他们跟随着海里的鱼、天空中的鸟与大自然的指标航行。早期的东方水手小心翼翼、仔细观察，学习船员在海上的应对方式，然后在港口与小酒馆里述说该如何当一个旅行家。他们的故事就这样从港口和小酒馆，一传十、十传百，传遍了整个世界。直到今日，《一千零一夜》的童话故事仍然描述着水手们所见的奇观，像马达加斯加岛上象鸟的化身、巨鸟洛克，或者乌龟岛上的居民。

水手们一定是把西印度洋上的岛屿当作是海上沙漠的绿洲，他们认识塞舌尔群岛、法奎尔群岛，以及如今还使用阿拉伯文名称的阿尔达布拉群岛（Aldabra）。他们也认识荒漠岛、东方岛、西方岛。毛里求斯岛、罗德里格斯岛和留尼旺岛，是由后来从贝伦、荷恩或马赛等地造访小岛的水手命名。[5]

四爪陆龟
又叫草原龟。生活于海拔700~1000米的黄土丘陵草原半荒漠地区，常在在蒿草丰富、土质湿润、螺壳较多的阴坡凹地栖息。

他们在所有的岛上，包括南边的马达加斯加岛和留尼旺岛上，都发现了乌龟。乌龟在绿色的岛上祥和地居住，不受人类猎捕之扰。在这里，它们可以大量繁衍后代，演化成体型巨大的乌龟，比波斯的四爪陆龟还大，也比水手想要在东非见到的豹纹陆龟还大。除了体型之外，数量也极为惊人。1691年法国胡根诺新教徒想在罗德里格斯岛上建立自己的国家，原本计划中的国名是“艾登”。当时岛上还能看到两千到三千只巨龟，行走在它们背上像是在会移动的山丘上走路。[6]巨龟的数量多到让水手们无法上岸，他们无一不为庞大乌龟群的景象目瞪口呆。印象太深刻了，因此，虽然他们应该要保守秘密的，但从桑吉巴尔到巴斯拉的小酒馆内，他们无法忍住开口述说海上冒险故事的冲动。

岛上不只有巨大的乌龟，水手们在岛上还看到其他稀奇罕见的生物，比如成千上万的鸟。毛里求斯是名副其实的鸟岛，除了会飞的鸟，岛上也有不会飞的鸟。[7]其中，有一种不会飞的小型鸟，体型比非洲鸵鸟或已灭绝的亚洲鸵鸟更小。最早描述这些动物的是水手，他们用与其他动物比较的方法来描述鹧鸪，毕竟在他们自己的分类学当中，尚未出现这些动物。例如白喉秧鸡，一种小型、活泼、漂亮、充满好奇心、身穿棕色羽毛衣的小鸟，喜欢蹦蹦跳跳地行走，有时会急速拍打翅膀——但是不会飞。[8]

水手小心谨慎地观察，得知被他们当做鹧鸪的阿尔达布拉秧鸡，与阿尔达布拉巨龟共同生活。乌龟在某处休憩，或者日正当中时在某个庇荫处，一只叠着一只，紧紧挨在一起乘凉，或者在某个岛上享受泥澡浴时，一定也会有所谓的“鹧鸪”在那儿。好奇心旺盛、和善的秧鸡常常爬到这些巨型爬行动物背上，从这只乌龟身上跳到另一只身上，也四处寻找种子和乌龟所吃的食物中其他可口的残渣，甚至啄食乌龟背上和身上的寄生虫。[9]乌龟们甘之如饴，看到“鹧鸪”就马上让路。[10]当阿尔达布拉群岛的生态系统仍然完好如初时，“鹧鸪”和乌龟形影不离。[11]

动物之间的友情吸引了观察家的注意，鼓舞他们搜集题材编成一则则故事，例如鳄鱼和小鸟之间的危险关系：鳄鱼鸟把尼罗鳄咽喉中恼人的东西叼出来，小鸟敢进出巨兽口的故事，[12]就像他们诉说牛的故事一样。

即使水手们没有从岛上带走新奇物件，他们也会带走一样东西：故事。他们在海上慢慢编构故事，上岸后就在家乡，在桑吉巴尔到巴斯拉沿途的港口小酒馆里说给大家听。每一个水手、诗人、寻宝者和科学家都知道一件事：岛屿是相当独特的，因为岛上有许多故事。[13]

鳄鱼鸟和尼罗鳄

鳄鱼鸟即埃及鸻，也叫“牙签鸟”。据说它们是鳄鱼的牙科医生，会飞进尼罗鳄的嘴里去啄食鳄鱼牙缝间的肉屑。没有它们的帮助，鳄鱼的牙齿就会坏掉。

岛屿的故事

岛屿对今日的研究人员和探险家来说也是非常特别的，尤其是对生物学家，或者“仍然遵循探险家的传统，到世界尽头探险”[14]的人而言。仿效华莱士和达尔文的科学家们，从岛屿和岛民身上学到了许多东西，他们在世界上许多物种的起源地开始学习，并且研究生物多样性是如何建立、如何继续发展下去的。[15]科学家、旅人和水手们也小心翼翼、仔细观察，向独特的生物学习，或者向他们觉得不寻常的事物学习。他们在岛屿上寻找有助于理解生物多样性的范本与模式，观察它们如何建立、消失，并且寻访世界各地，以求丰富人们的生活。

岛屿动物展示了生态学与经济学的基本面貌，岛屿也向我们展示了个体经济学在大自然中运作的景象。岛屿可以说是世界的缩影和生态系统的模型。在研究范围和物种数量都受限的“简易版”岛屿生态系统中，我们较容易观察环境变化和物种之间的相互影响。若将克罗原则运用在生态学上，岛屿是最适合研究有机体、生态系统或生物的地方。

如果无法从世界上、海洋中挑选出单一的生命故事与历程，作为单一情况的例子和样本，撇除其他的外在条件，将之视为孤岛，那么许多细节的内容都无法被揭开。在岛屿上，我们能够看到许多精挑细选的生态景象集锦，比起“较富裕”的大陆，岛屿的生态景象很少相互重叠。某些程度上，我们所见到的岛屿生物演化过程过多也过快。大自然在岛屿上绘制的图画较为简单，所以在放大和高度解析之下，不会有太多的背景杂音。透过像素、线条细致度的挑选，展示岛屿演化过程的图片也就更为清晰。即使颜色种类不多，仍然会是一幅对比度高、色彩锐利的图片。与其说它是附加解说的图片，不如说它是相片；与其说它是空中摄影图，不如说它是地图；与其说它是市区地图，不如说它是大众交通工具路线网的图示；与其说它是卫星照片，不如说它是街道地图集；与其说它是自然主义的油墨肖像画，不如说它是黑白卡通漫画，毕竟卡通是由点构成的图画，就像岩洞壁画是由简单的线条组成，因此能够保持清晰可辨，直到被新图覆盖。

岛屿使我们的学习和生活更加轻松，因为这里不但能观察到动物如何演化、适应环境、发展新的习性，也能看到它们如何舍弃不再需要的旧习性。在永远昏暗的洞穴中，谁还需要视力和皮肤色素呢？生活于深海洞穴中的鱼通常都看不见，也没有皮肤色素。在水中生活，哪还需要长腿和蹄呢？早在几百万年前，海豹、海牛、鲸鱼就已经抛弃长腿和蹄了。在大洋的海岛上，谁还需要害怕敌人入侵呢？谁还需要飞行能力呢？岛屿不仅能够保卫生命，也使生存更加容易。

就像在赫布里底群岛上，一个连门都不需要上锁的地方，又怎么会需要浪费资源来抵御外敌呢？奥克尼群岛和昔德兰群岛也是，那儿没有人会把羊关在栅栏里。就像米诺斯文明时期的克里特岛，或者过去的日本；[16] 就像威尼斯或者像阿兹特克人在大海中央种植芦苇，建立首都特诺奇提特兰，他们根本不需要城墙，也不需要士兵保卫国家。或者像斯巴达也不需要城墙——有它的战士守卫，还需要城墙吗？[17] 几万年来，大多数水手都不会游泳[18]——如果有一艘好船、安全的小艇和优秀的舵手，为何需要学游泳呢？如果没有需求，何以要浪费资源和能量呢？这就是人类从大自然中学到的道理。大自然躬行节俭，为的是储备资源，这在岛屿上特别显著。由于岛屿远离了革新的热潮，置身于度外，免于陷入冷血的竞争压力之中，因此岛上的生物演化和少数的岛民能够寻找新出路，就某些特定的问题发展独特、非同一般的解决办法，或者任意发展出特别的习性，例如不会飞的小鸟。

飞行是一项昂贵的娱乐。为了飞行，肌肉得经过精心设计，还要补充营养和妥善照顾。这些都需要能量。如果平常很少或者从未使用翅膀，那么飞行时所需的能量就更多了。不仅是飞行，翅膀尽管处于休息状态，也需要大量的大自然货币，也就是化学中能量的载体 ATP。翅膀中的肌肉会消耗“资产”，而这些资产将被投资于繁殖后代子孙，并且有助于保存鸟类的遗产，在物竞天择的自然中取得优势，在洪水中能逆流而上，

左图 褐拟鹑
拟鹑科的代表种类，稀有，分布于马达加斯加东部的热带雨林地区。翅膀短而圆，几乎不能飞行。在地面进食，但在矮树上筑巢。

右图 白胸拟鹑
拟鹑科鸟类，背部红褐色，腹部白色并带有黄棕色的带纹，仅分布在马达加斯加西部和北部的五处森林中。因栖息地减少、火灾及人类的狩猎而濒危。

大自然失序时能够保有自己的基因型。许多海岛上的鸟类胸肌退化，例如个子娇小的棕色阿尔达布拉秧鸡，以及它栖息于七大洋*上岛屿的亲戚。

有些鸟类不想保留飞行能力，比如，故事中自己拔掉前翼的鹧鸪。解剖报告显示，褐拟鹑和白胸拟鹑的羽翼绝对足以飞行，但是从来没有人见过它们飞，[19] 就连马达加斯加岛南方[20]的本氏拟鹑也是如此[21]。也许在演化过程中，丧失飞行能力对它们来说是最佳选择，也许它们仍然能够在迫不得已的情况下，正确且笨拙地飞行一小段距离。但是，在小岛上，很少发生这样的情况。

掠夺者

事实就是如此：有很长的一段时间，岛屿不单只是告诉我们物种如何诞生、生命如何以不同的形式和颜色展开，岛屿甚至还告诉我们物种如何消逝。在岛屿上，生物灭绝的进程也相当快，并且让我们更明确地认清了破坏的威力。直到一切都已经来不及了，人们才伤心地回忆起岛屿的脆弱性，才会想起海盗把他们不会游泳的首领丢进大海，然后升起另一面新旗帜的故事。

* 七大洋（Seven Seas），为历史痕迹显著的地理概念，在本书中作为地球所有水域的总称。
——译注

每座岛屿都曾在某个时候被海盗造访，他们像乌龟岛上的貂，捕抓无法飞行、无法脱逃、无法自我防卫的动物。冒险家布鲁斯·查特文（Bruce Chatwin）认为：“岛屿是个陷阱。”[22]但是，只有当岛屿变成陷阱时，它才是陷阱。当海盗登上岛屿时，不会飞行的鸟儿像是火堆上的鸽子，纷纷飞进他们的口中。于是他们大开杀戒、狼吞虎咽，像是在极乐园享乐。此外，海盗去到哪儿都是一个样。

人类将岛屿上不会飞行的鸟类的命运编造成神话故事，这些神话是早期的东方水手为岛屿生态系统的入侵生物学所下的第一个定义。而关于七大洋上海岛的自然历史，他们多半已能猜出第一出悲剧的预告。水手们只是岛屿的过客，从未定居于印度洋上的乌龟岛。为什么呢？没有人知道。难道是岛上有鬼魂或魔鬼，让船员就算被压榨也不敢叛变或逃跑吗？难道这里的资源太少，没有一样东西是贸易商感兴趣的吗？没有香料，没有奴隶，没有象牙，没有毒品，没有珍珠，没有犀牛角，没有檀香木，也没有黄金，或者是，岛上没有可以进行交易的人？在这里，岛上的宝藏不会轻易变成商品出售。

如果岛屿早期的变化没有被后来的故事痕迹覆盖到面目全非，那么偶尔登岛的东方水手也不会造成岛屿生态系统毁灭性的破坏，因为没有征兆显示出东方水手曾大规模地破坏动物世界、灭绝鸟类或者动了巨龟一根寒毛。也许在前伊斯兰时期，爬行动物不是 halal（意思是这些爬行动物是不纯洁、不符合犹太教义的食物）？也许是因为以前曾经有过今天已被遗忘的某些戒律？就像马达加斯加岛射纹龟之所以能够存活下来，是因为它是 fady（意指“禁忌”）[23]，这个词汇在欧洲语系找不到相符的词汇翻译，因此借用波利尼西亚的外来语来表达。一些比较小的岛屿被人类发现后，宛如进了虎口，人类踏入大自然，不懂得什么是禁忌，而这些新生物没有伊斯兰的戒律保护，失去了神圣性，也都被视为伊斯兰教义允许吃的东西。

更糟糕的是，当唯一被海浪卷上沙滩的貂抵达了乌龟岛时，它遇见了

左图 罗德里格斯秧鸡
身体呈灰色，喙、双脚及眼睛呈红色。肥胖，不能飞行。在没有掠食者的环境下演化，因而不怕人类。早期的殖民者垂涎它们鲜橙色的脂肪，以挥动红布的方式诱捕它们。最终于1761年灭绝。

右图 红秧鸡
毛里求斯的特有种。全身羽毛呈红褐色的绒毛状，尾巴不可见，双翼几乎消失，不能飞。在被发现后的一个世纪内因人类的诱捕和引进外来物种（猪）而于1700年左右灭绝。

新的船只，从贝伦港、拉罗歇尔港或者霍伦港来的船只。顺便一提，建造这些船只所使用的木头通常都是来自绿野山谷周围的森林。貂遇到了新的水手，而且他们个个饥肠辘辘。在欧洲水手的分类学辞典当中，陆地上只有两种动物：能吃的和有毒的。两相见面的结果都是一样的，能吃的动物都被捕杀了，就连有毒的也遭猎食，因为岛上的动物不知道什么是害怕，水手甚至可以徒手捕捉没有羽翼的渡渡鸟——一种几乎曾经栖息于西印度洋每一座岛上，长得像鹧鸪，不会飞行的鸟类。还有罗德里格斯秧鸡、红秧鸡和白喉秧鸡，它们都是富有好奇心的鸟类。红色似乎能够激起搏斗的精神：只要挥动红布，隐恶或者罗德里格斯秧鸡朝红布直冲，[24]结果步入陷阱。更糟糕的是，一只鸟受伤了，它像《一千零一夜》中第九百二十四夜的故事所描述的，大声呼叫求救。[25]也许它只是因为恐惧而喊叫，它哪知道什么是呼叫求救？在岛上哪需要呼叫求救？故事中的鸟出声呼叫，越来越多听到声音的鸟因为好奇纷纷跑来，然后森林里的求救声四起，直到一切归于寂静。

侵略者

19世纪时，一名英国作家将毛里求斯岛称为“红秧鸡之国”，但是当时红秧鸡早已灭绝。[26]越来越多的人陆续乘船来到毛里求斯岛。第一个来到岛上的人应该是个海盗，[27]他带来许多动物：有老鼠——船上瞎眼的乘客与小船魔*，还有用来捕捉老鼠的狗、猫和白鼬。[28]这些动物在天堂般的岛屿上挣脱了束缚，给岛屿造成极大的伤害。水手们也带来了本来就不属于岛屿的动物：猪、山羊和兔子。他们带来的动物基本上可以分成两种：第一种会猎食岛屿上的动物，第二种主要是吃岛屿上的植物，但有些是动、植物都吃，而且几乎全部吃尽。原先的乌龟岛变成了充满人类和跟随人类而来的动物的岛，除了猫、老鼠、狗、猪、山羊，还有上百种其他的动物。这是古老历史的一个篇章，至今历史仍未终结。他们也带了两种外来的植物到岛上，一种能够自行回避自然植被，另寻地方生长；另一种是为了茂盛生长，首先得铲除原有的自然植被，例如甘蔗，这种经济作物是甜毒品的来源，几个世纪以来，促使人类像无情的火球一样压榨奴隶。移民来到岛上建立村庄，蔗农和农夫也来了。奴隶贩子也带来了从外地缚来的人，天堂般的岛屿因此坠入地狱和陷阱，成为种植外来植物获取利益下的牺牲者。有时，甚至整个岛屿都遭到“杀害”。塞舌尔群岛上所有的植物都因人类要收集海鸟粪和种植椰子树而被铲除，[29]活生生的躯体被扒下了绿色的毛皮，而在毛皮上生存的所有动、植物也都被毁灭了。

西印度洋岛上的动、植物世界彻底改变，许多有特色的生活形式也被剥夺。虽然马斯卡林瓣蹼鹬味道尝起来非常可怕，仍然因为被过度捕食而灭绝。同样的状况发生在留尼旺岛秧鸡、留尼旺岛紫水鸡或者罗德里格斯岛上的罗德里格斯秧鸡身上。整体而言，西印度洋海岛上除了白喉秧鸡外，不会飞的鸟类全都灭绝了。鸟类学家这样定义白喉秧鸡：“印度洋上最后一种不会飞行的鸟类。”[30]也因此吸引了许多观光客。[31]很幸运地，它栖息的阿尔达布拉群岛远离贸易航道，而且岛上没有太多当时热门的贸易物

* 海员迷信，船遇此怪有沉没的危险。
——译注

左图 马斯卡林鳚䴉䴉

一种大型鸟类，又名马岛白骨顶。曾生栖于马斯卡林群岛的毛里求斯及留尼旺岛上。飞行能力有限。过度猎杀。及殖民所导致的栖息地减少是它们于 18 世纪灭绝的原因。

右图 留尼汪岛紫水鸡

已灭绝，我们只能借助一些旅行者的记录来猜想其外形特征。

品，在 19 世纪被认为是“没有价值的小岛”。[32] 因此这种鸟能幸存下来。

留尼旺岛巨龟和罗德里格斯岛上的圆背巨龟、鞍背巨龟都已经灭绝了。达尔文来到毛里求斯岛时，看见了隆胄巨龟和高背巨龟，应该会联想到加拉巴哥群岛的动物，然而他只字未提，如今它们都已灭绝了。印度洋海岛上的所有巨龟都消失无踪，除了阿尔达布拉群岛的亚达伯拉象龟，塞舌尔岛国的塞舌尔象龟似乎也绝迹了。然而，根据分子生物学家的研究，是否完全灭绝尚未定论，[33] 也许在某个人类看管的地方，某个人造但是安全的岛上还幸存着这些动物。鸟类学家卡尔·琼斯（Carl Jones）在一篇文章中写道：“毛里求斯的森林里，仍旧缭绕着鬼魂，自人类首次登岛后的四百多年来，所有已灭绝的动物和植物的鬼魂……今日，毛里求斯的森林几乎沉寂无声，许多原始树林都死亡了。”[34]

然而，印度洋上的乌龟岛只是许多例子之一，还有委内瑞拉旁的拉托尔图加岛和佛罗里达旁的干龟群岛、海地附近的托尔蒂岛和托尔蒂岛附近的加拉巴哥群岛，以及七大洋上海盗们曾在某个时候踏上海滩的岛屿。过去的几世纪以来，世界上不会飞行的鸟类大多死亡了，而且几乎都是在岛上灭绝的，其中包括许多一直不会飞行、被外行人误认成鹧鸪的秧鸡。大

左上图 留尼旺岛巨龟

留尼汪岛特有种，50 厘米至 110 厘米长，在 17 世纪和 18 世纪早期时仍然数量众多。后遭欧洲水手大量捕杀，19 世纪 40 年代灭绝。

右上图 圆背巨龟

罗德里格斯岛特有种，印度洋中最小的巨龟之一，长约 40 厘米，重约 12 千克。由于大量捕杀和外来物种入侵，于 1800 年左右灭绝。

中图 毛里求斯停泊处

左侧远处显示出了两种毛里求斯巨龟（隆胄巨龟及其亲缘物种高背巨龟）

下图 高背巨龟上的荷兰水手

本图描述了荷兰水手猎杀灰鹦鹉及渡渡鸟的情形。像许多岛屿物种一样，隆胄巨龟和高背巨龟非常友善、好奇而且不怕人。荷兰人抵达毛里求斯之后，为了食物和油脂而大量捕杀巨龟，致使它们于 18 世纪上半叶灭绝。

西洋特里斯坦—达库尼亚群岛*的特里斯坦水鸡、圣赫勒拿岛的圣赫勒拿岛秧鸡、阿森逊蜥蜴和阿森逊秧鸡也消失了。[35]这个家族只剩下伊奈克塞瑟布尔岛**上的荒岛秧鸡（*Atlantisia rogersi*），因为难以到达，这个岛才能保有原貌。

加勒比海地区也许因为第一批移民的涌入，而失去了安地列斯秧鸡[36]，但是鸟类学家亚历山大·威摩尔（Alexander Wetmore）认为，这种动物直到近代仍然存活着，也因此我们能够获得一些有关它的图片。当它的羽毛因朝露而变得又湿又重时，相当容易被人徒手捕抓。[37]人类对它最近一代族群的称呼应该是Carrao，如今这个名称被用来称呼另一种动物——秧鹤。

自从人类出现在夏威夷，至少七种不会飞行的秧鸡、两种不会飞的亚科鸟类，以及许多不会飞的鹅都不见了，曾出没于大溪地的马克萨斯群岛秧鸡也消失了。它们最后一次出现应该是在上一世纪。高更的画作似乎保存了它的样貌，[38]在他名为“穿红大衣的马克萨斯人”的画作中，可以看到一只蓝绿色眼睛、长得像是秧鸡的小鸟躲在画作角落，几乎不被看见，像偷偷溜进画作中似的。这幅画甚至象征了这种鸟类灭亡的时刻，神秘的小鸟被狗抓住，也许被猎食了，没有人能够再画出它活着时候的样子。

左图 特里斯坦水鸡
不会飞。曾经数量众多，1873年左右变得稀少，19世纪末因狩猎、引进物种、栖息地破坏而灭绝。

右图 荒岛秧鸡
小型秧鸡，体重在30克左右，身长平均17厘米，也是世界上现存最小的不会飞的鸟，以蚯蚓、飞蛾、浆果、种子等为食。特里斯坦群岛的伊奈克塞瑟布尔岛因为人迹罕至，没有天敌引入，所以荒岛秧鸡能在这里自由生栖。

* 特里斯坦—达库尼亚群岛（Tristan da Cunha），是南大西洋上的火山群岛，英国的海外领地之一。是世界上最偏远而又有人居住的离岛，距南非2816千米，距南美洲3360千米。——译注

** 该岛的英文名是Inaccessible island，原意即为“难达岛”。——译注

穿红大衣的马克萨斯人

1891 年 3 月 5 号，厌倦巴黎生活的高更从马赛出发，独自一人来到南太平洋的大溪地，在这里，高更重新找回了绘画的激情和冲动。1902 年，高更创作出了《穿红大衣的马克萨斯人》，画中右下角疑为现已灭绝的马克萨斯群岛秧鸡正在遭受小狗的抓捕。

因为狗的出现，豪勋爵岛的罗德豪紫水鸡和麦觉理岛秧鸡都消失不见了，查塔姆群岛上的呆秧鸡、查塔姆岛秧鸡也失去踪影，尝试人工饲养也只是白费工夫。自从毛利人来到新西兰，除了夜间活动的鹬鸵和非常稀有、曾经灭绝过一次的南秧鸡，所有不会飞行的鸟类都灭绝了。[39] 国王岛上黑色的王岛鸸鹋、袋鼠岛鸸鹋和塔斯马尼亚鸸鹋都已经绝迹了，[40] 这些动物都很容易捕捉，与罗德里格斯秧鸡和红秧鸡有相同的行为模式，[41] 因而遭到了相同的厄运。幸存下来的秧鸡看到挥舞的红旗也会朝那跑去，直直地奔向死亡。

左图 罗德豪紫水鸡

又名新不列颠紫水鸡，是澳大利亚豪勋爵岛特有秧鸡。像紫水鸡，但体型短，双脚强健。身体呈白色，有时会有一些蓝色的杂色。1804年，英国移民的到来，给岛屿上的紫水鸡和其他水鸟带来了灭顶之灾。1834年，该种灭绝。

右图 麦觉理岛秧鸡和查塔姆岛呆秧鸡

麦觉理岛秧鸡是红眼斑秧鸡的亚种，呆秧鸡是新西兰查塔姆岛特有种，均已灭绝。

查塔姆岛呆秧鸡

新西兰查塔姆岛特有种，体羽棕色，有斑纹。大约在 1840 年后不久，因狩猎和入侵的掠食者而灭绝。

查塔姆岛秧鸡

主要分布在新西兰查塔姆岛上。夜行性鸟类，不会飞，善于游泳，曾经数量很多，终年栖息于河流、湖泊附近或繁茂的湿地草丛中。因人类的捕杀和大面积围湖造田，1842 年灭绝。

袋鼠岛鸸鹋和王岛鸸鹋

袋鼠岛鸸鹋又名倭鸸鹋，生活在南澳州袋鼠岛，较澳大利亚大陆上的鸸鹋细小。由于狩猎及频繁的火灾，大约于 1827 年间灭绝。王岛鸸鹋生活在澳大利亚及塔斯曼尼亚之间的王岛上，因被狩猎及烧林而灭绝，是体型最小的鸸鹋。图中大的为袋鼠岛鸸鹋，小的为王岛鸸鹋。一说为袋鼠岛鸸鹋的雄鸟和雌鸟。

塔斯马尼亚鸸鹋

一种大型鸸鹋，栖息于澳大利亚塔斯马尼亚岛。被当做有害物种而遭到大量捕杀，此外，引火烧荒破坏了其栖息地，大约于 1850 年前后灭绝。

能飞，不能飞

天堂般的岛屿被侵占后，不仅不会飞行的鸟类成为敌人接收岛屿后的牺牲品，其他不会飞的动物也都难逃罗网。然而，仍然保有羽翼的动物也未必能够逃脱命运。印度洋西部的昂儒昂岛上的昂儒昂岛鹞具有飞行能力，但也灭绝了。罗岛蓝鸠、牛顿鹦鹉[42]、毛里求斯鸭、毛里求斯蓝鸠、毛里求斯灰鹦鹉、毛里求斯雁和留尼旺岛雁能够飞行，但是它们也都消失了。留尼旺岛红织雀具有飞行能力，也被捕杀殆尽，就连博物馆里也没有标本。

左上图 昂儒昂岛鹞
印度洋昂儒昂岛特有种，样子像鹰，比鹰小，捕食小鸟。由于过度捕杀及栖息地丧失，到 20 世纪 50 年代数量极其稀少，一度被认为已灭绝。

右上图 牛顿鹦鹉
又名罗德里格斯环颈鹦鹉，是罗德里格斯岛特有种。中型攀禽，呈蓝灰色，栖息于森林中。1875 年前后因栖息地丧失及过度猎杀而灭绝。

左下图 毛里求斯蓝鸠
毛里求斯的马斯克林群岛森林中的特有蓝鸠，以水果、坚果及软体动物为食。与人类共存了 200 年，大约于 19 世纪 30 年代因森林砍伐和捕食而灭绝。

右下图 留尼旺岛红织雀
留尼汪岛特有种。曾经数量众多，被当地人当做破坏庄稼的害鸟。最后被人目击到是在 1672 年后不久。

1648 年的版画，描述 1602 年荷兰水手在毛里求斯屠杀鹦鹉（底部）和其他动物。

如今，留尼旺岛的新移民是生活于大西印度洋其他岛屿和圣赫勒拿岛上的马达加斯加红织雀，它已取代了独一无二的岛屿特有种。栖息地仅有十公顷大小的阿达薮莺也会飞行，[43]但同样灭种了。这样的例子在七大洋的岛屿上比比皆是，这些鸟类都有羽翼，应该具有飞行的能力，却无法躲过猎食者的魔爪。它们能够飞行，却难逃灭绝的命运。

澳大利亚豪勋爵岛位于距离新南威尔斯州海岸一百公里远的南太平洋上，该岛上有两座大山和许多岛屿特有种的动、植物，是岛屿物种灭绝的教学范本。[44]20世纪前，由于人类开始定居于岛上，岛上那些可能不会飞行的动物，例如罗德豪紫水鸡，会飞行的动物如豪勋爵岛鸽、豪勋爵岛红额鹦鹉（一种额前为红色的绿色鹦鹉）和豪勋爵岛猫头鹰，以及豪勋爵岛长耳蝙蝠都消失了。1918年年初一艘货轮在岛屿附近翻沉，黑鼠从沉船上逃出来游向陆地，攻击岛上的动物，造成豪勋爵岛鸫、硕绣眼鸟、豪勋爵椋鸟（又称为*Cudgimaruk*）、豪勋爵岛扇尾鹟和豪勋爵岛刺莺等消失灭迹——即使能够飞行，它们仍然成了遍布全世界的啮齿动物的盘中餐。[45]

上图 马达加斯加红织雀
马达加斯加的小型鸟类，广泛生存于林中空旷地、草地和田野中。已被引入印度洋的其他地区，如毛里求斯和留尼旺等。

左下图 白喉林鸽
白喉林鸽为鸽属鸟类，分布于太平洋诸岛屿。豪勋爵岛鸽为白喉林鸽亚种，存于豪勋爵岛，19世纪50年代灭绝。

右下图 豪勋爵岛红额鹦鹉
豪勋爵岛特有种，中型绿鹦鹉，红额。曾经数量众多，后因侵扰早期定居者的庄稼地和花园而遭到捕杀。最后被记录是在1869年。

左上图 豪勋爵岛猫头鹰

豪勋爵岛特有种，生活于原始森林中，偶尔造访人类的定居点。已灭绝。

右上图 豪勋爵岛鸫

豪勋爵特有鸟，岛鸫亚种之一，被岛民称为医生鸟、乌鸫。早 1906 年还很常见，到 1913 年逐渐减少。1918 年 6 月货轮翻沉事件之后，沉船上的黑鼠在岛上大量繁殖，这种在地面筑巢的鸟类在六年内灭绝。

中图 硕绣眼鸟

曾经大量生息于豪勋爵岛，因被 1918 年入侵的黑鼠掠食，最终于 1923 年灭绝。

左下图 豪勋爵岛扇尾鹟

又名浅黄褐胸扇尾鹟，为新西兰扇尾鹟亚种，已灭绝。

右下图 豪勋爵岛噪刺莺

曾大量栖息于豪勋爵岛，在岛屿森林的冠盖层筑巢。由于 1918 年黑鼠入侵，1928 年后再无记录。

查塔姆岛屿是位于新西兰东南方、面积不大的群岛，也是上演类似的物种灭绝悲剧的舞台。在欧洲人登陆前，本是波利尼西亚一族、如今已绝迹的莫里奥里人（Moriori）就已经长期居住于此地。在他们的占领下，一种天鹅，一种秋沙鸭，一种属于新西兰绿耳鸭的亚种，查塔姆岛黑水鸡，一种比我们的黑水鸡大两倍的巨型黑水鸡，一种天堂鸭的亚种，一种类似花凫的圆尾属鸟类，当地特有的、属于鸮鹦鹉科的卡卡鹦鹉，又大又灰且不会飞行的查塔姆岛鸭都消失了。然而，这只是开始而已。没有人知道，到底是哪艘欧洲货轮把老鼠带上岛屿，把岛屿特有种逼入绝境，例如查塔姆吸蜜鸟等小型动物和巨型动物都同样遭受波及，难逃一命。霍金斯查塔姆巨秧鸡[46]、同样很温驯的查塔姆岛秧鸡，以及查塔姆蕨莺都因此灭绝。1868年新西兰的自然科学家查尔斯·崔尔（Charles Triel）在芒哲雷岛首次发现查塔姆蕨莺，却用石头将它砸死；1895年罗特叙德爵士射杀的一只查塔姆蕨莺，成为目前博物馆仅有的标本。爵士让他的猎物在世界上存活的时间与灭种的大海牛一样短暂。

人类从鸟类的脚下和翅膀下夺走了为它们量身打造的岛屿、安全无虞的家乡，使它们像被冲到大海中的陆上动物一样等待溺毙的命运；或者像中国的麻雀，政府下令捕杀，[47]它们吵着想要降落时，就从天空中被射落下来。[48]

左图 查塔姆吸蜜鸟

吸蜜鸟科新西兰吸蜜鸟属的鸟类，由于老鼠、猫及标本收集者的登岛而灭绝，最后被观察到是在1906年。

右图 查塔姆蕨莺（上部）；查塔姆鸲鹟（左下部），斯蒂芬岛异鹩（右下部）

查塔姆蕨莺为查塔姆岛特有种。因林火，过度放牧山羊和兔子，以及老鼠和野猫为害，大约1900年灭绝。

岛屿和平

这场灾难发生的关键是，生物生栖在安全的岛屿上，其生理构造与行为模式也持续地改变，并且丢弃了不需要的习性。人类无法为孤岛带来什么好处，那为何又要“带走”动物的习性和行为模式呢？如果岛上没有人类、老鼠与猫，动物怎会发展出新的习性和行为模式呢？

我们从描述大鹏的图画可知象鸟的警觉性很高，大多时候都与巨马岛狸对抗的它怎么能辨认出人类呢？怎么能认出要抢夺它的鸟蛋、觊觎它火鸡般大小幼鸟的敌人？在没有老鼠和猫的岛屿上，岛上的鹦鹉和不会飞的秧鸡，又怎么会知道要把鸟巢盖在远离猫和老鼠的地方呢？如今，鸟蛋和小秧鸡再也飞不起来了。柏林生物学家理查德·塞蒙（Richard Semon）[49]认为，鸟类在清洗身体、筑巢或脱逃时，所展现出的与生俱来的行为模式或动作，是基因记忆的一部分，他以掌管记忆的缪斯之名，将此命名为“记忆基质”（Mneme）。他用这个词汇来定义动物体内基因编码的信息：诸如翅膀或背上演化出甲壳所需的已消失“基因”，或者岛上一些无形、无法用基因序列描述，若没有演化上的优势就无法传承给下一代，进而消失的行为模式。

鸟类应该如何重新唤起能够让它免于被捕杀的记忆基质呢？大自然懂得节约，但是大自然无法预卜未来。当需求出现、进化的压力再次产生时，原本多余而遭抛弃的习性才会慢慢地重新建立、养成。与人类相比，岛屿动物行为中的记忆基质演变得更为明显。在人类与其他掠食动物长时间未接触的岛屿上，岛屿动物会缺乏对陆地动物的危机意识。每一次的逃跑只会造成能量的耗损。如果住在一个不需要恐惧的岛屿，怎么会需要有应对惊吓的反应与行为呢？“不必要的逃跑造成不必要的能量耗损”[50]，恐惧也会因为压力而变得“昂贵”，而且造成不必要的能量耗损。大自然就像是人类的经济世界，不必要的害怕会造成不必要的浪费。因此，在安全无虞的岛屿上，动物不会演化出“反抗基因”。不会飞行的岛屿动物和不常飞行的动物，就是以这种方式适应着岛屿生活，并且被拴绑在和平的天堂般的岛屿上。自然文学中用“天真”来形容那些将逃跑距离降到微乎其微的岛屿动物的这种明显的无知。同样，许多原住民也被侵入者和占领者视为“天真无邪”的族群。而谁是岛上安全的人，谁就是“天真”。乌龟岛上哪还需要压力？哪还需要恐惧？哪还需要逃跑呢？岛上一片祥和，原始的祥和。如果没有人类的闯入与占领，如果没有海盗上岸，一切都将安全无虞，“警戒灯维持在绿灯”，岛屿是充满和平与温驯动物的绿色天堂。

自从人类来到岛屿后，岛屿的发展便开始改变方向。动物开始学习“恐惧”，变得害羞怕人。达尔文早就观察到，和过去相比，加拉巴哥群岛的鸟类变得更加胆怯。[51]岛屿动物透过另一种方式“赢得”了新的记忆基质，或者只是重新唤起原本就存在于潜意识里的记忆基质。

于是，黑板被擦干净了，纸上的铅笔笔迹被擦掉了。然后，全新的图画被画上去，产生了一幅跟所有岛屿几乎相同的画作。

一切都是岛屿或世界群岛

岛屿动物不只生活在岛屿上。岛屿的特性是安全、隔离的生活环境，而不仅仅是被水域环绕的陆地碎块。然而，哪个大陆不是这样呢？反过来说，岛屿的特色是被陆地包围的水域。但是，哪个水域不是如此呢？岛屿特性还包括高耸入天的山峰，空气中的微分子，还有岩石中的水滴、凹洞和山底下的气孔。不论是高过树冠的“胜利者”，或是树海中“一枝独秀”的树，有树的地方就有岛屿，它们不是高耸参天，就是根深柢固。

岛屿是能量、物质和信息流的综合体。物质、能量和信息都经过筛选，因此，一段时期足够发展一种本土生物，形成的因素也相当稳定。没有一本科学书或者研究著作提及上述理论。我发明这个理论，是为了能够用文字表达究竟为什么到处都有岛屿，岛屿动物如何栖息于各地。肉眼无法看见的小型生物通常都栖息于不易发现的地方，我们只能寻求典型的岛屿动物的帮助，才能认识它们。岛屿可以很迷你，也可以很脆弱。因为我们自己也是生物，也是能量、物质和信息的综合体，所以常常是我们还没踏上岛屿，岛屿就已经被践踏坏了。只要轻轻一碰，就被破坏了，就像是阿拉伯童话中的巨鱼丹丹，和人类一接触或者听到人类的声音就马上死亡。[52]

生物自身往往也是一座岛屿，在岛屿上，另一个生物能够找到它的生态系统。有时候生物岛屿上有另一座生物岛屿，就像是相叠着的乌龟。有些拥有非常多生物的岛屿：它们的岛屿是由许多小零件组成的，就像是一座桥得由许多柱子搭建而成；或者有些生物体内极为重要的蛋白，是由许多单位组成的。就像鹧鸪或者秧鸡，从这只乌龟背上跳到另一只乌龟背上，来来回回，跳来跳去。也像是候鸟，从这座岛越过海洋飞到另一座岛上，有时候倚靠着浮木游泳或者仰泳，有时候则在海龟背上休息。大海、陆地和天空上都有活岛屿。[53]就生态学的意义来说，大陆也是岛屿的集合体，两者之间只是大小区别而已。彼此之间并排、重叠或者一个接着一个，不像期待中的标准模式这么井然有序，而且比起华莱士和达尔文观察学习的海洋岛屿，大多岛屿都界线不明。

当一个微小却重要的部分被丢弃——比如某种功能性的蛋白质因为点突变（point mutation）而被夺走，或者唯一一个港口泉源被破坏——岛屿就会大幅地缩小，人类的岛屿集合就会走向没落。这一点就像如果唯一一间小酒馆关门，村庄就失去了生命力；或者当船体出现一个细小的洞，船就会沉没。

澳大利亚曾经是属于袋狮、有袋类动物*、本耶普、双门齿兽、巨大的奔鸟、古巨蜥和卷角龟的岛屿，直到人类突然手持火把与矛，带着猎犬踏上岛屿，一大块岛屿就此沉没消失。南美洲岛屿曾经出没着大弓齿兽、巨型地懒、磨齿兽……但谁又知道它们是否真的存在过呢？

古老世界的大陆是人类的摇篮，我们在哪里居住得最久呢？就连这块大陆也曾经是所有居民和原始人类的岛屿，直到另一个东西来到岛上——使用火、武器与弓箭的文化。这个文化缓缓地四处传播，使陆地上的比蒙

* 有袋类动物是哺乳类动物中的一种，其特征是没有发育完全的胎盘，早产；早产儿会待在母体之育儿袋里吸奶长大。该类动物以其口袋状之育儿袋得名。育儿袋是一层包裹乳头的皮肤。现今存活的此类动物有袋鼠、考拉、袋鼯等。图见下页。——译注

左上图 袋鼯
树栖有袋动物，偶尔到地面活动。前后肢间生有翼膜，能在树间滑翔，滑翔时长尾巴能起到方向舵的作用，因而被誉为“有袋王国”澳大利亚里的“滑翔家”。

右上图 考拉
即树袋熊，澳大利亚奇特的有袋目树栖动物。从它们取食的桉树叶中获得所需的90%的水分，只在生病和干旱的时候喝水。每天18个小时处于睡眠状态，性情温顺，体态憨厚。

左下图 昆士兰树袋鼠
树袋鼠是生活在树上的袋鼠科动物，分布在新几内亚、昆士兰极东北区及邻近岛屿的雨林。大部分树袋鼠都因猎杀及失去栖息地而被列为濒危。

右下图 尤金袋鼠
属袋鼠科有袋类，体型较小，分布在澳大利亚南部岛屿及西岸地区。

巨兽都退到了“新岛屿”，并且学会了逃跑与斗争。然而，不是大家都能学会如何进入新时代或者新岛屿。即使巨型猸羚、巨疣猪或者巨型斑马曾经在非洲与人类一起经历了共生演化，它们终究因没能够跟上变化而消失。陆地上的巨型鸟类和一些巨型食草动物，因为能够及时地发展出自己的记忆基质，学会逃跑并且存活下来。借助新的基因，它们能够迅速奔跑，并且用有力的腿和喙保护自己，而它们逃跑的距离也成为人类与岛屿动物之间的一道新鸿沟。

然而，过去五百年来，这道鸿沟已经逐渐缩小。尤其是当侵略性强的人类来到岛上时，动物无法逃出人类的手掌，因为到处都是人类，现在甚至跨越界线滥杀动物。开普狮[54]、蓝马羚[55]、斑驴和草原斑马[56]都是大陆上的“岛屿动物”，它们在全世界都遭到捕杀直到灭绝。

开普狮

又称为好望角狮，狮子亚种之一。原分布于非洲南部的好望角，栖息地主要位于南非开普省。1858 年，因栖息地破坏，荷兰、英国定居者及猎人的过量猎杀而灭绝。

蓝马羚

生活在南非东南海岸的大草原，在冰河时期的分布更为广泛。雄羚有青灰色美丽的皮毛，奔跑速度快。17 世纪时，欧洲拓植者为了获得它们美丽的皮毛，以及改造农地而大量捕杀稀少的蓝马羚。约于 1800 年灭绝，是非洲最早消失的大型哺乳动物。

斑驴

斑驴，产于南非，是草原斑马的变种之一。前半身像斑马，后半身像马。现时科学家通过克隆技术，期望能够把这种已灭绝的动物重现世上。斑驴由于肉质鲜美，一直是非洲人主要猎食的对象。19 世纪初期，欧洲人垂涎斑驴亮丽的皮毛而对其展开大量猎杀。1883 年灭绝。

草原斑马

草原斑马的南部亚种，曾大量繁殖于非洲平原。野生种群于 1910 年消失，最后一只被捕获的个体 1918 年死于柏林动物园。

单调的南海

如果从前的水手今日从东方启航，航向塞舌尔或者马斯克林群岛，他们将再也找不到有关乌龟和不会飞行的鸟的故事。冒险故事中的动物已经离开了舞台。动物在用自己的形象带给我们意义之前就被猎杀了，它们还来不及叙述自己的故事就被打死了。物种的灭绝使我们能够体验、感觉、叙述的冒险变得稀少，也剥夺了我们能够感受、闻到、看到、体验与学习的机会。人类不但失去了越来越多的隐喻和图画，也变成了缺乏感情、思考和想象力的生物。失去了岛屿与生俱来、为未来而产生的原料、能量和信息流机会的本质，人类与过去那拥有大自然宝藏、具有创新想象力的岛屿间的关系，变得越来越薄弱。

如果从前的水手今日从东方启航，再度回到塞舌尔，他们再也得不到乌龟和不会飞行的小鸟的故事，也无法讲述有关这些动物的童话。也许他们能够再次找到故事，而这个故事将会有点像是美国人派翠克·刘易斯（Patrick Lewis）为全世界所有已灭绝的动物所作的悼词《天鹅之歌：已灭绝动物的诗》[57]。也许他们还能在被破坏的岛屿中，在已消失动物的数量中，找到一些故事。然而，故事不再是属于土生土长的原始岛屿，因为这些故事在任何一个岛屿上都可以上演。它们残酷的单调重复性，使故事变得令人震惊且忧心。

银灰色的罗德里格斯秧鸡容易被诱惑，
今日罗德里格斯秧鸡灭绝了。
罗德里格斯渡渡鸟的骨骸站立在剑桥的厨窗后面，
罗德里格斯的金色宝石已经灭绝了。
阿桑普申岛曾是鲜艳的、不会飞行的棕色秧鸡的家，
白喉秧鸡的亚种（Canirallus cuvieri abbotti）已经灭绝了。
留尼旺岛上的留尼旺孤鸽——埃及鸟神的表兄——也灭绝了。

我们只能从图片认识的白色渡渡鸟——留尼旺岛上的神奇动物——也灭绝了。

棕色巨鸟渡渡鸟——毛里求斯的渡渡鸟——灭绝了。

与乌龟一同生活在毛里求斯的红秧鸡也灭绝了。

鹦鹉界身材最大的蓝色惊奇鹦鹉——毛里求斯鹦鹉灭绝了。

棕色的马斯卡林鹦鹉最后独自住在慕尼黑，它也灭绝了。

羽毛鲜艳、吵杂的绿色鹦鹉……

“够了！”山鲁亚尔打了个哈欠，水烟筒早已熄了，为拯救无辜而嫁给国王的山鲁佐德也累了。想法前卫的暴君山鲁亚尔渴望听到更多的故事，而决定不赐死山鲁佐德，这样她才能继续说故事。我们都住在同一座岛上，我们每一个人都很独特，都是独一无二的，也许这就是山鲁佐德设法靠近这位先进独裁者的方法。因为整个世界是一座岛屿。然而，如果有一天岛屿上再也没有乌龟岛，那还看得见安拉的微笑吗?

罗德里格斯渡渡鸟

罗德里格斯岛特有种，不会飞行。因遭受人类和入侵动物的猎杀，于 18 世纪晚期绝迹。

留尼旺孤鸽

属鹮科白鹮属，是留尼汪已灭绝的特有种。独自生活在森林中，吃蠕虫及甲壳类等无脊椎动物。若受到威胁，它们会奔跑逃走，以双翼滑翔一段短距离。最后记录留尼旺孤鸽的时间是 1705 年，估计约于 18 世纪初灭绝。

白色渡渡鸟

留尼汪岛特有种。时至今日，由于在留尼汪岛上找不到相应的亚化石标本，我们只能借助皮耶特·霍尔斯特恩（Pieter Holsteyn）创作于 17 世纪中叶的画作想象其存在。

棕色渡渡鸟

毛里求斯特有种。由于食物充足、少有捕食者，因而丧失飞行能力。17 世纪初遭受荷兰水手、家养动物及外来物种的捕杀，最后被人目击的时间是 1662 年。

上图 毛里求斯冕鹦鹉

一种体型很大的鹦鹉，马斯卡林群岛中的毛里求斯特有种。雄鸟壮如棕树凤头鹦鹉，雌鸟则细小。尾巴很长，但飞行的器官则很细小，估计不善飞行。喙很大，但相对较脆弱，适合咬碎果实。它们身体呈蓝灰色，有细小的前冠。人类的猎杀，入侵的猪、长尾猕猴及大家鼠的掠食导致其于 17 世纪 80 年代灭绝。

中图 马斯卡林鹦鹉

分布于非洲马斯卡林群岛中的留尼旺岛。最早被提及的时间是 1674 年，之后活体被带到了欧洲。灭绝日期不详。

下图 绿鹦鹉

鸟体大部分为绿色。世界上有很多种绿色羽翼的鹦鹉消失了，我们甚至还来不及为它们命名。

第5章

在苍翠的街道上

人为因素导致植物全球化——世界各地的草都长得一样，于是冒险家便失去了遇见新品种的机会。

朱槿

夹竹桃

我在金色大地的房子是用红杉木建造而成的。从罗斯福时代开始，墙面就被刷上一层又一层白色和黄色的油漆。有些地方补了一块，有些地方的油漆抹得不均匀，以致于底层的墙面闪闪发光，有些地方油漆剥落，从微小的坑洞中还能看见木头的本色。

我用相当低廉的价钱把其中一间小房间租给一位不太可靠的隐士。房间里有一根梁柱，在右边的角落竖立了将近一个世纪，角落有一扇装饰低调而奢华的门通往花园，外头的杏树枝桠敲打着由蜘蛛网点缀的窗户。浴缸架放于狮爪上方，水管管线逼逼作响。在干燥时期，热气将墙内阴森的水气逼了出来，屋子角落住了一只黑寡妇——一个身穿华服、身涂黑色烤漆的小动物，背上有红色沙漏的图案。

每天早晨，一只蓝色小鸟在窗前唤醒我，它的叫声只有一个上扬的长音，带有疑问、近乎责备的口吻，仿佛想要说些什么急事，还是在说终于有人要倾听它的呼唤。你听！就是现在！它似乎在对我喊叫。就是现在！声音听起来有点沙哑、疲惫，不过依然清脆高昂。

年迈的老猫玛莉踮着脚尖姿态高雅地走过暗室，灰色的小猫奥斯卡则在花园里游荡。奥斯卡的耳朵上有激烈打斗后留下的痕迹，它还带回吓人的战利品——一具沾满鲜血的鸟尸。有一回的战利品是一只啄木鸟——身穿花斑点羽毛肚围，头上插着几撮红色羽毛的美丽小鸟。另一回的战利品则是每天早上把我唤醒的蓝色丛鸦，结果当天我就迟到了。

屋顶下方住了一窝蜜蜂，我想象着蜜蜂拍翅的细微振动穿过木墙的感受。光是市区里就有一打蜂巢，几乎每天早晨，我都去探望胡桃树中的一个蜂巢。它就在我常去用餐和写作的咖啡馆附近，另一个蜂巢则在我们实验室的屋顶下。公园里粉蝶振翅飞翔，有时候还有凤蝶，一种其幼虫只吃当地的加州马兜铃的黑色蝴蝶。

“灯芯草之地”是以当地已灭绝的语言来命名的。[1]公园里长满了世界各地品种的棕榈树——智利的棕榈树、地中海的枣椰树、来自中国的棕榈、叶片上长满绒毛且有橙红色核果的亚洲构树，以及当地雍容高贵的蓝

色丁香。

房子旁边有棵高大的梨果仙人掌，具有肥大、将近一世纪之久的蓝色肉质茎，每年仍然开花结果。强壮的龙舌兰手拿武士刀，与带有绿色刺刀的丝兰并肩站立，形成一座城墙，围绕着公园。以前我认为墨西哥植物是典型地中海自然景观中的一部分，也许是因为墨西哥植物是我看到雅典卫城时第一眼看到的景色；也或许因为它不断地出现在我的希腊文课本中的希腊古典建筑图片上。而且因为我曾经去过地中海，“近几世纪以来，龙舌兰不但在这里找到了新家，也完全变成了这里的特色植物。这绝对是植物界的诡计！如果伯里克利（Perikles）和普林尼（Plinius）今天仍然在世，他们会看到与家乡截然不同的陌生景象，古典景观的雄伟植物早已不复存在”[2]。虽然这里是植物的原生长地，但如今的景象让人惊奇。

龙舌兰的鳞根是龙舌兰最值得骄傲的部位，鳞根就生长在篱笆后方，像是倒在联合太平洋铁路堤坡上的电线杆。自从 1869 年，邻近城市行驶于海岸间的火车路线被关闭，造成货物贸易经常中断之后，这一大片龙舌兰墙的后方就行驶着来往海岸间的火车。右边是通往海岸山丘和旧金山海湾的铁路，左边通往谷地两旁山坡，尽头是齿状山脉。每半个小时，行驶的火车就使得房子、公园和整个谷地摇晃，宛如地震一般。火车在一大片龙舌兰之间穿梭着，货柜上的字不断出现：中国海运——中国海运——中国海运——中国海运——中国海运——中国海运——中国海运——中国海运。某个时候也会出现另一种字体写着：汉堡南部。然后又是中国海运——中国海运——中国海运……还有一个透明到几乎看不见的灰尘云，一个像是飘逸长裙的灰霾跟随在一旁。

晚上有时候会听到一阵晃动、撞击的声音渐渐靠近，轻声但又刺耳，那是咕噜咕噜和搔痒的声音。当我从门口偷窥，想知道究竟会是什么惊喜时，却发现一只又矮又胖、一脸狂妄的浣熊

左页图 丛鸦
鸦科鸟类。羽毛蓝色。分布于北美地区，包括美国、加拿大、格陵兰、百慕大群岛、圣皮埃尔和密克隆群岛及墨西哥境内北美与中美洲之间的过渡地带。

本页图 浣熊
浣熊，原产自北美洲。眼睛周围有一圈深色皮毛。因常在河边捕食鱼类让人误以为它在水中浣洗食物，故名浣熊。夜行性动物，喜欢生活在潮湿的森林地区，但也可以生活在农田、郊区和城区。

盯着我看，它正向我房客丢弃的猫食铝罐进攻。我可以对天发誓，它在灵活地把一袋猫食拖下楼梯之前，用中间的爪子向我比了个不雅的手势，而我就这样纵容了它做坏事。

每天早晨，三只有礼貌的母鸡在大街上遛达，捡拾路上四散的食物残渣。

几步开外就是墨西哥风格的火车站，这里是学术考察和冒险的出发地，也是通往齿状山脊的火车之旅的起点。通往满是白冷杉、西黄松、杰佛瑞松树或者北美翠柏的山林，不多久，我就学会了根据气味去辨别这些树木。从火车站出发也能通往海边，一路上经过田地和草原。宽广无际的草原上有许多正在吃草的牛，草原另一端是种满农作物的谷地，谷地周围还能发现一些本土植物和野生动物。"加州罂粟*有绚丽如火的颜色——不是橘色也不是金色，如果纯金是流动的液体，将它凝结而泛起的金色泡泡，那或许就是加州罂粟的颜色。"[3]一位住在附近的诗人曾经这样形容这本土植物。

我在水上和运河上度过了许多时光。运河的水从海洋、海湾向内陆流经谷地，流遍整个港口区。来自香港、爪哇、智利和上海的货轮停靠在港口，货轮上装载着许多铝制货柜，上面全都写着：中国海运。从小船上能看到鹈鹕和其他鸟类，有时候也能看见水獭和海狮。一棵孤单的枣椰树站立于海堤旁，像是杂草中的地标，让人联想到非洲大草原。西边可以看到原住民的圣山——迪亚布罗山的山峰。教练透过扩音器大喊了一声"注意！"，我的目光又拉回到了前方。

水獭

水獭，鼬科动物。多穴居，白天休息，夜间出来活动，善于游泳和潜水，主要栖息于河流和湖泊一带，尤其喜欢生活在两岸林木繁茂的溪河地带。

* 一般指火罂粟，为毛茛目、罂粟科类生物，生长在灌丛、林地，罂粟的子房会发育成为开裂的蒴果，干了的柱头会盖在其上。分布于美国加利福尼亚州、旧金山湾区南部的滨海县。——译注

神秘巨鸟的国度

金色大地令人最惊奇的莫过于鸟类。天空中可以看到红头美洲鹫翱翔，路旁的灌木丛中可以看见红翅黑鹂，它的羽毛颜色是代表德国国徽的黑、红、金三色。有时候也能看到白尾鸢。这里也有蓝色的丛鸦，它是早晨之鸟，每天叫我起床，还有本地最早的居民——金翼啄木鸟。此外也有新来的移民，例如欧洲的野鸽、麻雀或者紫翅椋鸟。有一棵树为一大群晚上聚集喧哗不休的动物提供了住处，它是市区里最吵杂的树。每天早上三只动作优雅的棕色母鸡在街上巡逻。市区附近，位于火车路线上的一座农场饲养了火鸡，火鸡蛋被送到市区里每周一次的农夫市集兜售。植物园里可以找到非洲来的珠鸡，而一群来自大陆东边的火鸡大摇大摆地穿越市区的街道。有一次我有幸参加冒险体验团，看到了当地最大、最稀有的鸟类——加州神鹫。加州大瑟尔地区的一名佛教僧人知道正确的方位和时间，便带我去看。

红头美洲鹫
美洲鹫是体型较大的猛禽，分布于中、南美洲，头颈裸露而有肉瘤，以腐肉为食。其中，红头美洲鹫是美洲鹫中分布最广、数量最多的，因其秃头及深色主羽像雄性的野生火鸡，又名土耳其秃鹰。

这个地方被称作金色大地，因为来自欧洲的入侵者除了黄金之外，对其他东西都不感兴趣。黄金，冰冷又无生命。事实上，这里是蓝色丛鸦、金翼啄木鸟、巨耳兔、小猫头鹰和鹿的家，也是大角羚羊和偶尔游到遥远内陆的海狮的居住地。此外，金色赛牡丹和神秘巨鸟也住在这里。这里是为这些居民量身订作的国度。[4] 其实以前的地理学家把这里称为岛屿，它确实位于乌龟岛上。

红翅黑鹂

全身黑色，肩羽红色，附有白色斑块。是拟鹂科最繁盛的物种之一，大都生活在北美沼泽地带。红翅黑鹂凶猛好斗，极具攻击性，通常会在暮春时节袭击人类。

金翼啄木鸟

又名北扑翅鴷。中大型的啄木鸟，翅膀金色。分布于阿拉斯加、加拿大、美国、墨西哥、危地马拉、萨尔瓦多、洪都拉斯等地。

紫翅椋鸟

又叫欧洲椋鸟、欧洲八哥。头、喉及前颈部呈辉亮的铜绿色；背、肩、腰及尾上复羽为紫铜色，而且淡黄白色羽端，略似白斑；腹部为沾绿色的铜黑色，翅黑褐色，缀以褐色宽边。分布于欧亚大陆及非洲北部，印度次大陆及中国的西南地区。栖息于荒漠绿洲的树丛中，多栖于村落附近的果园、耕地或开阔多树的村庄内。

加州神鹫

又名加州兀鹫、北美神鹰，是北美洲最大的鸟类，分布于美国西部加利福尼亚。头、颈裸露呈红色，具膨胀的喉囊；幼鸟呈黑色。喜栖息于能产生上升气流的峡谷和山腰地带，利于飞行。食腐肉。繁殖力低，因被认为会危害家畜而被捕杀致濒临绝种，为世界上最稀有的鸟类之一。

在绿色龟壳上

我们所有人都住在乌龟岛上，这一点不只是说出一千零一个故事的山鲁佐德知道，诗人、萨满、药师、巫婆、祭司、旅人、牧羊人、水手、书记官和世界上不同文化的探险家、大人和小孩都知道。他们在蒙古包、梯皮（Tipi）、洞穴和印地安人村庄、树屋、集合板块建筑（Plattenbau）、茅屋、皇宫里，用自己的语言叙述有关乌龟岛的故事。经典童话故事《耶普克斯的岛屿》[5]描述背着海岛的乌龟——亚里曼特——的故事；卡尔梅克人和蒙古人流传着背着世界的乌龟的故事；印度人知道他们的上帝毗湿奴第二次化身时，变成了神龟库尔马，神龟在牛奶海中游泳，而且背上扛着一整个世界。乌龟背上还有什么呢？当然，像是老生常谈的轶事[6]中，一个老女人告诉天文学教授，她再次站上乌龟，“直到乌龟完全下沉”。

梯皮
北美原住民的圆锥帐篷。

但是她把整件事情想得过于有条理，或者说过于简单，缺乏多方面的引证。她做日光浴的时候，从未看过一大群水龟，不像人们能够在城市铁路旁的水道中或者山谷中的水池里，看到一只一只相叠紧靠的大小水龟，但要仔细观察，才能辨认出哪颗头和哪个龟壳相连，哪只左前脚与哪只右后腿属于同一只乌龟。如果其中一只扭动身体，或是其中一只被干扰而失去平衡，水龟们就会晃动身体，有时又几乎感觉不到晃动，会以为是幻觉。大多时候只不过是其中一只水龟脚痒，就造成剧烈的骚动，然后所有的水龟就跌入水中。它们需要很久以后才会再次潜出水面，新的排列队形也可能不如从前。

南部非洲民族贝专纳人小屋
贝专纳人住在草原地区，从事畜牧业和农业，住屋有传统的圆形草顶单间房屋，也有长形多间结构、波纹铁皮顶的房屋。

在几内亚流传着一个故事：岛屿的存在要归功于一只勤劳的乌龟。为了打造这座岛屿，它潜水到原始的海洋深处，从海的最底端带回岩石、海砂和其他需要的东西，直到岛屿“浮现”出来。在我们今日所称的北美洲大陆，也有类似的故事。印地安奥吉布瓦族、艾尼什纳布族、易洛魁族、阿帕切族、切罗基族、怀恩多特族，以及万帕诺亚格族、德拉瓦族、麦都族，加州的帕特温族[7]和北美洲许多其他的民族，都是“岛屿的人民”。因此，他们将自己居住的大陆称为“乌龟岛”。勤劳的动物把海底的岛屿建材从深处挖出来，堆叠在乌龟的背上。有时候是乌龟自己动手，有时候是其他的水中居民，例如河狸或者牙虫。动物就是岛屿，它们创造了岛屿，并且在此居住。所有的生物，所有长脚、鳍或者翅膀，所有透过肺、鳃、气管或者皮肤呼吸的动物，全都住在生意盎然的乌龟岛上。岛屿生活意味着，透过岛屿上的生物，我们知道自己将何去何从，我们的所见所闻，每一个变化都造成乌龟岛上绿色背壳的改变。

漫步到惊奇世界

“启程吧！”年老的首领说。他张开手臂，村庄里的年轻人跟随着他的手势，穿越干涸的大地，往高山前进。

这项测验内容是：独自穿越炎热的沙漠地带，爬上绿洲中最高的一座山。一直以来测验都是这样进行的。也许先祖们早已明白，若要了解你生活的土地，就必须认识那里的山。“尽你们所能，到达最远的地方。”首领说。他回忆起好久好久以前、五百次月亮盈缺之前，他是如何对抗沙漠的高温，中午时高山持续散发炙热，夜晚则温度骤降，而他又是如何成为唯一一位在一年内抵达山顶，然后连日连夜地返回村庄的成功者。另外他还说：“如果你们不行了，再也无法撑下去时，就看看四周的环境，找一个能够让你下定决心的返程点，然后回来。摘取那里的植物、树木或草，并且把它带回来。”接着，首领把路让开，所有的测验者启程。不到几个小时，第一个人就蹒跚着爬回村庄，他手中蓝色厚实的仙人掌刺闪闪发光。首领看到那是狸尾仙人掌，一句话也没说。这个年轻人未曾穿越谷地，也没有到达沙漠冒险，就直接放弃转头回到村庄。下一个测验者带回一根深色树枝，但是叶片却闪烁着银光，首领知道这是生长于山脚下的新蒿。“没错！测验是很辛苦……”他试着用勉励的口吻说。“的确很辛苦，”他一边说一边心想，“但并非不可能。”同一时间，下一个人回来了，他拿出带有树叶和红色树皮的加州鼠李树枝。“你最远去到了山上的陡坡，这还不算差。”

“这是从山上泉水旁取来的。”下一位到达的人拿出一根白杨树的嫩枝时，首领这么说。“很好！”然后他心想，“但是，若能饮用那里的泉水，在那里的绿色草坪上稍作休息，应该可以完成旅程。”烈阳高照，小鸟在沙漠上盘旋。下一个回来的人递上西黄松长长的针叶，他点头表示满意，因为他知道西黄松生长于半山腰。大约在日落猫头鹰要开始出来活动之际，一个几乎登顶成功的青年回来了，他身上的乳香味随着他飘进了帐篷。“差一点啊！”首领心想，“就差这么一点点！”天色逐渐昏暗，还有一位测验者没回来。猫头鹰的活动时间到了，当首领每年都在思考重复的问题时——这种测验的方式是否合乎时宜？测验的危险性是否太高？他是不是应该要召集搜救队了？——他察觉到了动静。果真，最后一个抵达的青年站到了他面前。当然，首领没让人发现他顿时放松的神情。“让我看看你带回什么东西？”年轻人把手伸了出来，他的双手满是尘土和被芒刺刮伤的痕迹，手中却没有任何东西。翻越山岭的年轻人说：“首领，山的最顶端没有树，没有灌木，没有青苔，没有草，也没有苔藓。我很仔细地看了四周，但是没有找到任何一株植物，我只看见我们的谷地和沙漠。我站在山顶上，就像是站在一座岛屿上，岛屿弥漫着东边森林大火的烟雾。在太阳沉落的远方，我能看见夜晚的光芒照映在河面上。”[8]

我已经想不起来，这个故事或其他类似的故事怎么会出现在我的绿色笔记本里。这些故事又是从哪来的？也许是碰巧听到就记录下来，没有任何历史文献，没有资料来源，也不是按照金色大地居民述说故事的方式。但是，因为某种原因，这则故事和几个关键字被记录保存了下来。在我的想象中，故事中的植物大多是树木，而首领使用的是植物的学名。如此一来，故事中的测验听起来就像是森林学或林务学的大学考试，或林务员的森林知识测验一样。

即使故事不是由加州居民或美国人所说，当人编造这个故事时，也说明了，对于每个旅人或漫游者来说，在旅行中遇到动物和植物，都是旅程的一部分。植物能让我们辨别自己身在何处——就好像在旅行社的海报上分别有棕榈树海滩、巨型仙人掌或樱花林。因此，新地区的名字最好根据当地的生物命名。

一直到现在，发现新植物、动物，或者其他不知名的东西，都让人惊喜。这些东西在科学家和艺术家的旅行报告中，扮演了相当关键的角色。邦普兰（Bonpland）和洪堡（Alexander von Humboldt）感受到的激动，至今仍深深影响我们。洪堡自南美洲回来后写道：“看看那些树！椰子树

左图 青年洪堡

亚历山大·洪堡（1769—1859），德国著名博物学家、自然地理学家，19 世纪科学界中最杰出的人物之一。一生志趣广博，尤爱旅游，走遍了西欧、北亚、南北美。洪堡一辈子独身，并且耗尽几乎所有的财产用于科学探索和科学研究。有人打趣说，他跟科学结了婚，而且这有可能是世界科学史上最为成功的婚姻。

右图 洪堡和邦普兰在钦博拉索火山脚下

洪堡早年赴南美考察五年。1802 年 6 月，他和法国植物学家邦普兰深入奥里诺科河流域的丛林深处，凭简陋的装备攀登到钦博拉索山 5762 米的高度，创造了当时人类登高的最高点。

大约是五十到六十个脚掌的高度！一棵爪哇木棉可以做成四艘独木舟！还有那小鸟和鱼的颜色！甚至还有天蓝色和黄色的螃蟹！我们像是傻子一样四处乱窜。不断搜集新奇物品，难以取舍。邦普兰深信，如果这些惊奇的发现再不停止，他一定会抓狂。”[9] 邦普兰当时陶醉于发现的喜悦中。

从旅途当中带回家乡的植物，述说着我们曾经去过的地方，也述说了我们的发现与体验。因此，每一座公园或花园都像充满冒险故事和探索经验的书本。任何一个人都可能曾经在远方未经研究的森林里发现陌生的植物，然后远渡重洋将它带回来，当作是与森林和野生动物故事有关的生动插画。至今，欧洲植物园里来自世界各地的树木，都述说着冒险时代植物采集者的故事——有辉煌的也有悲壮的，也有些冒险家空手而返却带回许多故事。

绿色足迹

从远方沿途带回来的东西不只是植物而已。如同穿越森林的蚂蚁会顺便带出紫罗兰的种子，让行经的路线长满了紫罗兰；我们带着植物漫游世界，也让它在经过的路径上滋长。

旅人常常把新东西带到乌龟岛的背脊上，在土壤里，在隆起于海底的地面上栽种新东西，也在乌龟背上用外地的建材搭建新的村庄。辟建公园和牧场时，种植的不是本地原生种植物，而是飘洋过海来的绿色植物。

有时候是刻意的计划，例如拿破仑沿着军队大道两旁种植白杨树；又如 20 世纪时，为了巩固铁道旁的边坡[10]，美国人将非洲的番杏花引进到加州，这些花使得金色大地的海岸满布黄色、紫色和白色，还有其他的植物点缀其中，但是它的生长区域蔓延到高速公路，因此又被称为高速公路番杏花（Highway Ice Plant）。[11]

那里也流传着一个开头不甚吸引人的故事，说的是罗马士兵在衣服内装着牛蒡翻越阿尔卑斯山，或者土耳其军队扛着藏在马饲料内的种子来到维也纳的城门前面。种子随着牲畜、小鸟和鱼的饲料漂到世界各地。出现在英国的异国草类，大部分是随着羊毛进口，从南半球引入岛内的。[12] 丝路蓟绝不是源自于加拿大，真正的加拿大蓬也许是不小心从鸟类标本中掉落到欧洲土地上的。[13]

左图 丝路蓟
多年生草本植物，又名田蓟或加拿大蓟，是一种分布在欧洲及亚洲北部的蓟属，并且广泛引进到其他地方。虽然在北美洲一般称它为加拿大蓟，但是并非来自加拿大。

右图 加拿大蓬
菊科杂草，原产北美洲，现在世界各地广泛分布。由于能产生大量的瘦果，借冠毛随风扩散，蔓延极快。

左图 月见草

为柳叶菜科月见草属下的一个种。适应性强，耐酸耐旱。原产北美，早期引入欧洲，后迅速传播世界温带与亚热带地区。外高加索和远东牧区，早在 20 世纪 50 年代初，即已用作优良草种进行人工草场建设。

中图 菊苣

菊科菊苣属，多年生草本植物。耐寒，耐旱，喜生于阳光充足的田边、山坡等地。广泛分布于布欧洲、亚洲、北非。

右图 节毛飞廉

菊科飞廉属植物，二年生或多年生。生于海拔 260 ~ 3500 米的山坡、草地、林缘、灌丛中、或山谷、山沟、水边或田间。广布欧洲、中亚、西伯利亚及东北亚。

当然，这些植物尤其常出现在贸易路径的边缘地区。德国作家赫尔曼·伦斯[14]将月见草称为“真正的火车植物”。“明亮的月见草，有如蒸腾而起的一抹明黄”[15]，它们在绿色山野的谷地中，沿着火车铁轨绽放。它们是植物界的惊奇，只有在开花时才能看见它们的真面目。自原始时代开始，菊苣和节毛飞廉与车前属植物一样，一直都是散步时常见的陪伴者，它们移居到美洲与澳大利亚已经很长一段时间，一开始都是生长在道路两旁，后来脱逃出公园，恣意地在古老的土地上生长。有时候，整片大地就消失在长满新种植物的地毯中，例如，加州大草原就是如此。

“乌龟岛”是一个被征服的国度，跨掉派诗人盖瑞·施耐德的一首诗说：“北美洲、乌龟岛，为征服者所占领，征服者引起全世界的战争。”[16]美国诗人亨利·朗费罗（Henry Longfellow）[17]注意到欧洲香草遍布于道路和铁道两旁的现象，于是他画了一幅征服者的脚踩在新的岛上，同时也踏上了陌生生活的画：“他们往哪里走，哪里就长出一朵陌生的花，白色的足迹在花朵盛开时出发。”[18]

草地全球化

宽叶车前

车前属植物，可食用及入药。原生于欧洲，在殖民时期被无意中带到美洲。能够在坚实的土壤中生长，包括从前筑路时被夯实的泥土路，常见于道路的两侧和自家后院的小路旁，所以在英语又名 "roadweed"，意思就是“路上的野草”。

宽叶车前在我们的每一个步伐间，忠实地陪伴我们前进，从它的德文名字就能得知：Wegerich。在其他地方，它又叫路的踪迹（Wegtritt）、路的叶子（Wegeblatt）和推车踪迹（Cart track Plant）。如今，它也出现在澳大利亚、新西兰、南非、马达加斯加、美国南部和夏威夷。[19]“它是向全世界宣战的征服者”，必然在全世界都长得一样。

然而，不是所有的植物都像诗情画意的宽叶车前，跟随着步伐慢慢前进。有些植物是快速夷平，一次进攻一个大陆。风和鸟是先锋，宽叶车前将绿色大道延伸出去，使大地变得不再新鲜有趣，减少了冒险与遇见未知事物的机会。欧洲第一位探险家探索了加州内陆，在彻底被遗忘的地区，看见了满是欧洲牻牛儿苗属（Erodium）的紫色小花，或者欧洲野生燕麦的麦穗[20]和其他草类。加州未经改变的原生植物景观已不复见。

中央谷地和沿海丘陵的草原以前是遍布着上万个小岛的海洋，像是大陆背脊上的漩涡状皮毛，因为这里的原生草原大多是簇绒团块地生长。例如，加州茅草或密穗赖草在中央谷地尚未改变样貌前，就生长在此地的干燥地区；还有在沙丘和锯齿状山脉前端的紫针草；以及一种在加州被称为鹿草的草种。温顿族和米沃克族的妇女知道如何用鹿草编织成篮子，再用金翼啄木鸟的红色羽毛或丛鸦的羽毛做装饰，篮子的编织细密到足以盛装水。人类也用鹿草的种子来进行小屋里的祈雨仪式，它也是野生动物赖以生存的植物吗？[21]

加州臭草能够生长到数公尺高，因此大多时候，隐身于其中的加拿大马鹿和叉角羚仅能露出角在外面。然而，从前大角羚羊和小鹿吃原生蓝禾草的地方，成千上万头动物有如紧紧抓住一只巨大动物的鬃毛似的，在草原上奔驰。如今，各地放牧着的牲畜及它们所吃的牧草都渐渐全球

左图 马鹿

马鹿是仅次于驼鹿的大型鹿类，因为体形似骏马而得名，身体呈深褐色。雄性有角，一般分为6叉，最多8叉。生活于高山森林或草原地区。喜欢群居。分布于亚洲、欧洲、北美洲和北非。

右图 叉角羚

雌雄均具永久性的角，在角的中部角鞘有向前伸的分枝，故名。体型中等，植食。是美洲大陆奔跑速度最快的兽类，也是地球上奔跑速度仅次于猎豹的动物，最高时速达100千米。善游泳，喜群居。

化，例如源自于欧洲和亚洲的香草——黄花茅能让我们想起夏日干草堆散发出的香气。有些植物学家[22]称它为世界草，因为在欧洲、亚洲和地中海地区，甚至澳大利亚、新西兰和美国南部都能看到这一大片的禾本科植物。多毛的绒毛草因为生长在英国北边多雾的城镇，而被称为“约克郡浓雾”[23]。如今，它沉醉于加州旧金山和旧金山湾区又湿又冷的雾气，形成一片茂密的草原。与绒毛草相像的多年生黑麦草能够将整片区域铺上厚实一致的地毯，让世界上许多地方都能够打高尔夫球、板球或者踢美式足球。加州居民的前院或道路两旁也常种植源自美国南部、现今澳大利亚和非洲都有的百喜草，或者源自于古老时代的狗牙根。还有一种毛雀麦，也是“世界草”，同样也出现在美国北部、南部和澳大利亚的家中。夏天时，它的叶子泛黄得特别早，带领山丘从绿色转变为金色。六月来临时，草逐渐逝去，转变为咖啡色，山丘也被渲染成一片棕色。事实上，那不是咖啡色，而是金色、如番红花般的黄色和红色——一种无法形容的颜色，[24]约翰·斯坦贝克（John Steinbeck）如此形容它。

草的全球化使我想起一本内容相当精采离奇的科幻小说《比你想的还绿》[25]，书中描述了一种魔鬼般的异种草怪——显然是狗牙根——在美国四处滋生，最后蔓延世界，以致无法居住。作者用绿色的冰河和巨草墙做

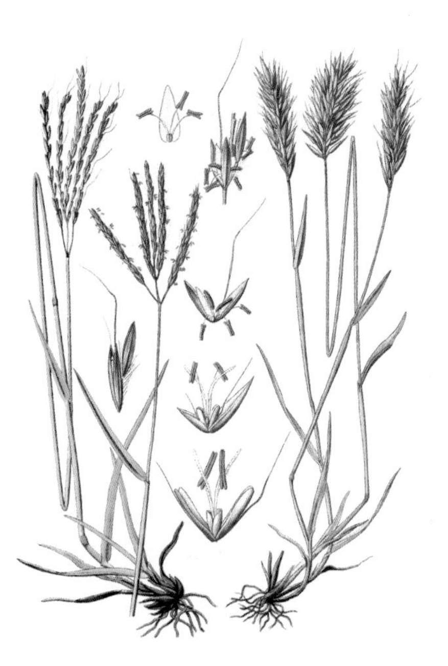

左上图 黄花茅

禾本科、黄花茅属多年生植物，具细弱的根茎。秆丛生，细弱，叶鞘常疏生细毛；叶片两面疏生柔毛或下面较少。圆锥花序呈穗状，成熟后金黄色，具短柔毛。

右上图 多年生黑麦草

早熟禾科黑麦草属植物。丛生，根系发达，秆直立，叶狭长。喜温凉湿润气候，宜夏季凉爽、冬季不太严寒地区生长。

左下图 狗牙根

禾本科狗牙根属，广泛分布于温带地区，其根茎蔓延力很强，广铺地面，为良好的固堤保土植物。

右下图 毛雀麦

禾本科、雀麦属一年生植物。

左上图 芦竹
禾本科、芦竹属多年生植物，具发达根状茎。喜温暖，喜水湿，耐寒性不强。生于河岸道旁、砂质土壤上。亚洲、非洲、大洋洲热带地区广泛分布。

右上图 肉豆蔻
常绿乔木，重要的香料、药用植物。原产摩鹿加群岛，热带地区广泛栽培。

左下图 丁香
桃金娘科蒲桃属热带植物，原产于印度尼西亚的群岛上，是重要的香料、药用植物。

右下图 月桂
樟科月桂属的一种，为亚热带树种，原产地中海一带。常绿小乔木或灌木，树冠卵圆形，分枝较低，小枝绿色，全体有香气。

比较，这样的场景，正如同今日另外一种全球化的草种——芦竹。我在马尔他群岛、意大利、葡萄牙、巴西和加州，都曾见过难以穿越的芦竹丛，仿佛一条填满整个山谷的绿色冰河。

玉米也是草本植物，今日不仅在绿野山谷、金色大地，而且早期在乌龟岛的草原上以及其他大陆，都有大片玉米田覆盖大地的景象；而在地球另一端的国家，是甘蔗使整个岛屿串连在一起，看起来相当惊人。

世界上各地区不仅因为草的影响而面临巨大改变，而且跨越大洲和大洋在自然生态上看起来也存在相似性。摩鹿加群岛*上的一棵树促成格瑞纳达岛国成为“肉豆蔻岛”，并和印尼的班达群岛共享这个名称；“丁香岛”，印尼的香料之岛，变成了桑吉巴尔**，[26]和摩鹿加群岛中的安汶岛齐名；“月桂岛”指的可以是锡兰，也可以是日本的一个小岛（Katsura Shima）；留尼旺岛和马达加斯加岛都是“香草岛”；此外，社会群岛的塔哈岛变成墨西哥兰花岛。[27]在一定气候条件的范围内，以植物命名的岛屿几乎随处可见。

* 印度尼西亚东北部的一组群岛。古时即以盛产丁香、豆蔻、胡椒闻名于世，被早期印度、中国和阿拉伯商人称为香料群岛。香料生产和贸易繁荣到16世纪。欧洲殖民统治者占领后被摧残殆尽，现在仅有少量香料生产。——译注

** 世界上最美的岛屿之一，像一颗璀璨的宝石一样镶在印度洋广袤的水面上。以出产丁香闻名于世界，素有“香岛”之称。——译注

似曾相识

在"红树大地"，每天早晨，黄色的小鸟啾啾地叫着"Bem te vi!"，把我唤醒。"Bem te vi!"的意思是很高兴见到你。它是大食蝇霸鹟，打招呼的叫声非常亲切，只有三个音节有旋律地振动，就像当地人的语言。"Bem te vi！"，仿佛在说："欢迎来到我的国家，欢迎踏上我的小岛。"它栖息在非洲琴叶榕低矮的树枝上，树干上长出香草植物。那里是我相当陌生的国度，一切都如此新鲜，令人兴奋，我迫不及待地观察公园和路旁生长些什么植物。

这里有大王椰子树，它原生于古巴，如今在热带区域随处可见；还有来自亚洲和太平洋区域的黄槿，也许早在波里尼西亚小船来到夏威夷时，就已移居到热带新世界。它又是什么时候被引进的呢？这里生长着西印度群岛的螯蟹百合，空气中因此弥漫着香草芬芳。

大食蝇霸鹟
霸鹟科鸟类，广泛分布于美洲大陆。嘈杂喧闹，在有高树的开阔林地或耕地、人类的住所旁繁衍。

这里还有来自印度洋和太平洋海域的木麻黄，以及来自印度的孟加拉榕——我第一次看到这种树是在里斯本的旧植物园，后来在西班牙也看过，因此我确信，只要气候条件允许，孟加拉榕几乎随处都能生长。对我来说，原生于马达加斯加的凤凰木和旅人蕉，在我们的植物园里属于非常神秘的植物，然而在热带地区却随处可见。这里也有梨果仙人掌，以及同样来自加勒比海地区，白色花朵中间有黄色点缀的圣诞星星——墨西哥鸡蛋花。当然还有气候温暖的地区都有种植，红色的包叶中有密集的淡紫色花朵的加州南部九重葛。

最后，我还发现了一些美国热带地区的原生植物，例如马缨丹，它多分布于热带地区，但是我在地中海区也见过它。还有仿佛戴着游泳充气手臂圈，在金色大地的运河间练习划船的布袋莲，我在佛罗里达、巴西以及几乎所有气候温暖的地区都看过它的踪影。它在某些地方是装饰

左上图 大王椰子树
属于棕榈目棕榈科。单干，高 15 ～ 20 米，高耸挺直，平面平滑，羽状复叶，小叶披针形。原产于古巴、牙买加、巴拿马一带。

右上图 孟加拉榕
枝叶茂密，气根众多，一棵榕树最多可有 4000 多根直立的气根，远望如林。是世界上树冠最大的树，其树冠可以覆盖一个半足球场那么大。

左下图 黄槿
常绿大灌木至小乔木，被星状毛。主干不明显，高可达 3 ～ 4 米。喜阳光。生性强健，耐旱、耐贫瘠。抗风力强，适合海边种植。

下中图 螯蟹百合
别名蜘蛛兰，百合科萱草属。

右下图 马缨丹
马鞭草科直立或蔓性灌木。原产于美洲，现分布于近五十个国家，被列为 Ⅱ 级危害程度的外来入侵植物，也被视为世界十种最有害的杂草之一。

植物，在某些地方却是令人头痛的杂草。另外，也有气质非凡的蓝色牵牛花围绕在我绿野山谷家的窗框上。

令人相当惊奇的是，这片大地过去一百万年来所生长的热带植物已毫无踪影。几个世纪以来，热带地区的植物毫无阻碍地互相窜流，几乎每个潮湿的热带国家都有这样的情况。例如，毛里求斯的植被主要是由热带区域搜集并引进的植物种类所组成，当地的原生植物却极其稀少。例如，马斯克林群岛上所有椰子属的植物在它们原生的地方都已经灭绝，它们的果实曾经是猪的绝佳饲料。然而，它们转变成全球化的观赏植物后，反而得以在南非、佛罗里达或巴西存活下来。

黄色的小鸟鸣叫着“Bem te vi！”，再次提醒我身处何处。这里是黄色小鸟与红色树木的国度。

在几个世纪前，也许在意外的情况下，还会遇到一些熟悉的物种，体验遇到类似“很高兴见到你”般的惊奇。例如，20世纪30年代，德国记者菲德利希·徐那克在马达加斯加报导南半球出现了特别的北方物种：“总督把他的回忆倾泻于植物和花卉中——他把地中海地区和古北界地区丰富的植物种类带来，窄小的草坪上出现了茂盛的法国雏菊，显得很奇怪。还有紫罗兰和玛格丽特仍然能在北纬二十二度以南的地方生存，公园里有白杨和玫瑰，绿地上的茉莉花和金雀花丛里有温和带斑点的变色龙爬上爬下。”[28]

正如一个世纪以前，达尔文在新西兰一座拥有种植欧洲植物花园的英国农庄中所描述的：“花园里的英国蔬菜生长茂盛，农庄越来越有英国味了。”[29]“我们在无法居住、荒芜且毫无用处的国家跋涉了这么远，突然发现一座英国农庄和照顾良好的农地，农庄和农地像是被魔术变出来的，真是太令人高兴了！”[30]他接着写道：“山坡上满是麦穗，还有马铃薯田和苜蓿。我无法描述我所见的一切，那里有很大的庄园，里面有英国来的蔬果，也有许多来自南方的作物。我只能列举几个，例如芦笋、红豆、小黄瓜、苹果、梨子、无花果、桃子、杏桃、葡萄、橄榄、灯笼果、红醋栗、啤酒花、欧洲荊豆，英国橡树被用来作栅栏，还有许多不同的花，庄园中还有禽鸟和猪同住，就像是英国的农庄。”[31]

达尔文对于英国农庄的描述可以直接套用在加州的任何一个农场。金色大地的果园类似波登湖，葡萄园仿如德国凯萨施图尔，橄榄林与意大利翁布利亚一般，杏仁树好像葡萄牙的阿尔加维，稻田犹似北意大利。加州沿岸被南非的龙须海棠覆盖着——一种奇妙鲜艳的景象，让人想起好望角的海岸——满是番杏花多汁的果实。[32] 在马尔他和其他地中海国家的海岸边也能随处见到龙须海棠。加州有许多桉树林，树林里制作松节油的树、蓝色渐层的叶子和彩色斑点的树枝，呈现了像是澳大利亚灌木林的幻觉。有些树是年高德劭的神木，有一次，我亲眼看见一棵原本应在火车铁道旁或道路上的蓝色巨木，一步步地被砍倒在地上。一个矮小的人高坐在树干上，像是一个淘气鬼，用电锯谨慎地执行斩首任务。红色的木屑像红色喷泉般喷洒出来。不久，蓝色树皮的巨木就被锯成一块一块，横倒路旁，就像海滩上被捕鲸船切割成块的海洋动物。这就像是澳大利亚大陆掠夺史故事中后置的场景。蓝色巨木的美丽容易让人忘记，大面积种植桉树的地方，原本应该是哪些植物生长、飘香之处？如今在热带和亚热带地区随处都能看见桉树的花盛开。甚至，一家大型生物工程公司，目前正在研发耐冷的桉树，希望能将满是桉树的景致复制到远方较寒冷的地区。

植物的名称不再代表它的来源地：龙蛇兰科的黄边万年兰现在又叫毛里求斯万年兰，其实来自于美国的热带区域；飞机草，又叫暹罗草（Siam weed）或老挝草（Herbe du Laos），来自佛罗里达；西班牙或意大利的芦竹应该是来自于亚洲；灯笼果广泛种植于好望角，但是从拉丁学名可知，它来自南美洲。狗牙根被称作巴哈马草或百慕达草；将草坪撕裂的草地早熟禾在英语区国家被称为肯塔基蓝草，然而这两种草类绝对来自于欧洲与北非一带。丝路蓟虽然源自于南欧和中东地区，但是在某些地区被称为加州蓟。今日在澳大利亚、新西兰、巴西、美国各地和加拿大都能看到它，有时候它也被称为丝路蓟，而“丝路蓟”更名副其实，因为路旁随处可见。许多植物确切的原生地早已不可考，例如，定居于东亚某地的朱槿，来自太平洋区域的红穗铁苋菜，源自地中海或中东地区某处的夹竹桃，应该是东非来的蝶豆。莎草则是来自于中非的史前时代，如今在各地温暖的气候区都能遇见它。

在植物全球流通之后，大地是否变得更美丽、更丰富了呢？圣赫勒拿

左上图 灯笼果
又名酸浆果，属管状花目，茄科多年生草本植物。夏季开花结果，花丝及花药蓝紫色，浆果成熟时黄色。主要分布于南美洲，中国广东、云南等地。

右上图 草地早熟禾
多年生草本植物。根茎繁殖迅速，再生力强，耐修剪。适宜气候冷凉，湿度较大的地区生长，抗寒能力强，耐践踏。

左下图 夹竹桃
常绿直立大灌木。花大、艳丽、花期长，常作观赏。原产于伊朗、印度、尼泊尔，现广植于世界热带地区。

右下图 蝶豆
豆科蝶豆属的植物。花大呈蓝色，酷似蝴蝶，广东人称蓝蝴蝶。

岛在1501年被发现时，岛上具有60种香草，其中只有三四种同时出现在非洲大陆。19世纪时，当地已具有750种植物种类，[33] 几乎引进了所有别处也能找到的植物。今日一定更多。

阿森松岛原先有25种原生植物，在过去一个世纪中，增加了约300种外来种。[34] 加拉巴哥群岛现今约有750种的外来植物，与近500种原生植物相抗衡。新西兰约有45%的植被是“新”的。[35] 夏威夷的“新”植

朱槿

又名扶桑、佛槿、中国蔷薇。常绿灌木，原产地为中国。花大色艳，四季常开。在全世界，尤其是热带及亚热带地区多有种植。

物占有 47%；[36] 另一项推测是夏威夷有 900 种原生植物，4000 种外来植物。[37] 然而，并非所有种类的植物都具有侵略性和改变景观的能力。在太平洋东南方的德斯温特德群岛上，植物的种类从 21 种增加到 44 种；复活节岛从 44 种上升到 121 种；在《鲁滨逊漂流记》中所述的胡安·费尔南德斯群岛，原有的 201 种植物种类，则增加到 413 种。[38]

很明显，世界变得多样化了——然而，这样的误解只是以偏概全而已。圣赫勒拿岛、加拉巴哥群岛或加州原有的真实面貌已经被外来的植物给抹灭了。生物学家盖理·纳卜汉（Gary Nabhan）写过，一位仍然记得夏威夷原始景象的夏威夷人，如今再也无法认出他的岛屿。[39] 奥地利科普作家亚历山大·尼克李确克认为："如果伯里克利和普林尼现在活生生地出现在自己的家乡，他们会身处完全陌生的景象。"我认为，如果一个古老东方的船夫今日再度来到马斯克林群岛，他一定无法认出这个地方。一个来自长毛象、大羚羊时代的加州人，一定对他的家乡景色感到陌生。就连绿野山谷从前的居民，即使闻到黄杉和玉蜀黍的香气，也无从辨认出他的故里。

自从欧洲帝国开始扩张以来，旅行家就在世界各地探索观察。现代旅行家又再度开始四处探索，然而所能观察到的也只不过是早已认识的物种。真实、原始、新鲜的冒险已不再受到重视。难道人类不再想要冒险了吗？难道他们疲乏了，只想看熟悉的东西？

当植物学开始蓬勃发展、广为人知，当人类开始意识到土地的重要性、物种发展障碍的严重性，当有足够的例子显示将生物体转移到新生态系统中会导致重大后果时，对有些人来说，把新植物移植到新的地方，仍然是件有趣的事。[40] 根据从前流行病学对"涂抹"的定义，这个行为就像是将植物"涂抹"到新地区。19 世纪末德国柏林的工程师兼作家汉尼希·赛德在柏林散步时发现铙钹花（*Linaria cymbalaria*），这是一种由白色和淡紫色组成、来自地中海地区的小花，[41] 便将此发现记录下来。赛德试图培育这种花，他知道植物学家一定会相当生气。即使他的尝试没有马上成功，他的决心也绝不受动摇。1889 年他首次尝试用少量的铙钹花撒种种植，

铙钹花

又名蔓柳穿鱼，为柳穿鱼属玄参科植物。生长在多荫的岩隙和林地，可做岩石园和墙壁观赏植物。原产欧洲地中海沿岸，现被世界范围内广泛引种。

但是失败了。然而，隔年赛德的尝试换来了丰硕的成果。那一年是1890年，从那时候开始，整个春天和夏天他不停地在柏林和其邻近地区撒下铙钹花的种子。“我可以保证，我的成果没有消失，铙钹花如今在柏林某些地点和邻近地区可以说是本土植物。”他骄傲地写道。他还记录着自己想要在地球上留下一点绿色小足迹的心愿。他的确是成功了，因为今日铙钹花在柏林随处可见。有时小花在运河旁的灰墙上闪烁光芒，是石头、沥青和水泥间闪耀的小生命。然而，赛德先生不是唯一一个为了自身愿望，将自己对植物的记忆植入景观当中的人。这样的人比比皆是。

20世纪时，植物学家在萨伏依地区的温泉区艾克斯莱班找到了更多外来的植物，尤其是来自北美洲的植物。很显然，是一名来自美国而非本地的女士希望在温泉区通过花卉而留下永久的印迹。[42]她可能是加拿大人，毕竟这里许多新出现的植物种类来自于北美洲。然而，跟着这些绿色足迹并不一定能追溯到播种旅人的家乡，因为她可能从任何一个地方将种子带来。艾克斯莱班神秘的散步者是否恰巧就是同一时间，在巴黎周边枫丹白露森林中撒下美国植物种子的女士呢？[43]

她是因为想念家乡？还是抱持着雄心壮志，要在这个旧世界建造植物大熔炉呢？她是否想要像在岩石壁画上覆盖新作品的人们一样？或者是想和在柏林撒种的赛德先生一样，在大地上留下足迹？如今，她的足迹逐渐消失在更多故意或不经意间所留下的植物下。绿色足迹越来越多，四处都是，不知道从何而来，又将往哪儿去。植物，再也不能指示方向。

如今，部落的长者会如何测验年轻人呢？测验者一定能够找到植物并且带回村庄，首领会观察植物，然后带上眼镜说：“这是南非来的食用日中花，还是欧洲来的白花草木樨？是澳大利亚来的蓝桉，还是地中海地区来的太阳矢车菊？”年轻人会带回杏仁树树枝、核桃、番茄和苹果，还有无花果、豆柿和橄榄。或者是来自欧洲、亚洲和南美洲的草类，以及一些没人认得的植物。首领会摇摇头，为乌龟岛的转变感到惊讶。如果乌龟岛上有越来越多入侵者，那么还有什么会被保留下来呢？那些跟随着早期占领者的脚步而来，在岛屿上繁殖、排挤其他生物的新植物，会让原本的生活环境变得崭新又陌生，岛上的居民会看见越来越多不一样的景象。

外来的新花卉，终将成为历史的一部分。

左上图 食用日中花

番杏科、日中花属多年生草本。茎有角棱，叶对生；花单生。果实大，肉质，可食。原产非洲南部。

右上图 白花草木樨

白花草木樨，蔷薇目、豆科、草木樨属草本植物。在中国西北、华北、东北有悠久的栽培历史，现世界各国均有栽培。适合在湿润和半干燥气候地区生长，耐瘠薄，不适用于酸性土壤，耐盐碱，抗寒、抗旱能力都很强。

左下图 蓝桉

大乔木，叶和果实入药。原产于澳大利亚东南角的塔斯马尼亚岛，中国广西、云南、四川等地有栽培。

右下图 黄矢车菊

多年生草本植物，属菊科，耐寒力强，喜肥沃及疏松土壤；喜阳光充足；能自播。欧洲、高加索及中亚、西伯利亚及远东地区、北美等。模式标本采自欧洲。

第6章

绿色的羽翼

全球性的蜜蜂实验对各地的本土昆虫和鸟类带来灾难性的后果，也呈现出原生种和外来种之间岌岌可危的平衡。

有绿色羽翼的鹦鹉

卡罗莱娜长尾鹦鹉

春天百花齐放，万兽齐出，大地精力充沛，绿意盎然。绿鹦鹉在暴风雨中伫立着，直到精疲力尽。春天是最美好的季节。春天时，必须要搭建一个鸟巢，才能讨挑剔的绿色母鹦鹉欢心。趁森林还是古老的原始林，还是真正的春天时，绿鹦鹉和其他的鹦鹉一样，一定要找到一个筑巢的位置——原始森林中的老树洞里。在美国东北部有许多原始森林——或者应该说，曾经有过。

数天以来，它寻遍森林却徒劳无功，那些粗壮高大、能够在里面筑巢的老树在哪里呢？这里的树木都很年轻，表面光滑，而且形状一致。其他的树木都在哪里？动物在哪里？鸟儿振翅的声响又在哪里？绿色小鸟的光芒又在哪里？小鸟飞行在树冠层底下而显现的滑翔阴影又在哪里？为什么绿鹦鹉独自在这儿，而森林又如此荒凉空旷？当它飞过宽阔的水域时，就像是被诺亚方舟派遣去寻找陆地或岛屿。然而，那里没有岛屿，也没有能够返家的方舟。

绿鹦鹉
鹦鹉是典型的攀禽，对趾型足，两趾向前两趾向后，适合抓握，鸟喙强劲有力。其种类繁多，形态各异，羽色艳丽，不少鹦鹉羽翼以绿色为主。随着人类足迹的延伸及工业化的推进，这些美丽的鸟种群锐减，一些种类已经灭绝或接近灭绝。

突然，绿鹦鹉看见了它：一棵真正的树，一棵老树，就像是绿色树海中的一座岩礁。它应该是一棵榆树或者美国橡树。令人无法置信的是，它有一个距离地面很远的树洞，既安全又具有吸引力。绿鹦鹉停在树洞前，伸头一探，猛地又转身飞走。又是它，又是它们，到处都是它们的踪影。绿鹦鹉不知道它是什么，它们又是什么。绿鹦鹉在找到的树洞里看到新来的陌生人。它的大脑无法理解究竟发生了什么事。对于这里曾经发生的一切，它一点印象也没有。但是何必记得呢？在乌龟岛上……这里已经不能称为一座岛屿了。面对岛上已不存在的事情，大自然还没帮它做好心理建设。在这里，它的胆量与生态学知识已无用武之地。新来的不知名物种占领了乌龟岛的森林，它听着合唱团发出隆隆的陌生声音，然后逃走。

大约一个世纪以前就已经发生了，今年的春天它应该无法孵育幼鸟，下一年也是，下下一年也是。也许，在找到能够筑巢孵蛋的树洞或者绿色

老橡树

鹦鹉和老树洞

母鹦鹉之前，它就死去了。这是18、19世纪时不断上演的悲剧。据称，1918年时，这种栖息于北美名叫卡罗莱纳长尾鹦鹉的绿鹦鹉就消失了。

羽毛色彩缤纷，在乌龟岛的森林里吵杂群居的绿鹦鹉，今日已经灭绝……

绿鹦鹉只有见过前两个世代的人类。有两个亚种，*carolinensis* 和 *ludovicianus*，后者又称为路易斯鹦鹉（*Louisianasittich*）。这两种鹦鹉的亚种分布区域被阿帕拉契山脉分成两半，两个岛屿肩并着肩，而两种鹦鹉今日都已不复存在。

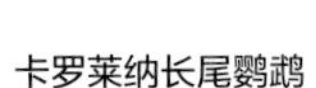

卡罗莱纳长尾鹦鹉
美国东部唯一的本土鹦鹉品种，生活于俄亥俄谷至墨西哥湾一带，一般居住于河流或沼泽旁的柏树及槭树上。一个世纪前绝种。

目击证人的记录呈现了过去时代的面貌。1877年，一个名叫葛特·古柏，定居于密苏里的德国移民将他的回忆记录下来了[1]：“这是一件小型的艺术作品。它们大小如鸽子般，羽毛是绚丽的亮绿色，头部是橘黄色。”詹姆斯·菲尼莫尔·库柏的女儿苏珊·奥古斯塔[2]也赞叹不已：“真是漂亮的鸟！”这是在北半球温带气候区唯一一次目击记录。

弗吉尼亚州的大西洋沿岸能找到它们的大量踪迹，它们分布的范围延伸至阿利根尼山脉的北边。它们出现在俄亥俄河河岸边和圣路易斯区，甚至在伊利诺伊州和往北直到密歇根州的海岸都能看到它们。它们成群齐飞，吵闹不已，羽毛有绿有橘，头上还有红色的阴影。

它们成群出现时，景象非常壮观。鸟类学家兼艺术家约翰·詹姆斯·奥杜邦（John James Audubon）写道：“它们颜色饱和的羽毛、优美的飞行方式和叫声，为我们最黑暗的森林和最偏远的沼泽施了魔法。”[3]

约翰·詹姆斯·奥杜邦
（1785－1851），美国著名画家、博物学家。先后出版了《美洲鸟类》和《美洲的四足动物》两本画谱，对后世野生动物绘画产生了深刻的影响。

葛特·古柏（Gert Göbel）附和赞同道：“鹦鹉确实是冬天光秃秃森林中的最佳装饰品……尤其当上百只鹦鹉在梧桐树上栖息，鹦鹉的绿色因为树皮的白色更显突出，为数众多的金黄色鹦鹉头看起来就像是灯泡。

“这幅景象总让我想起家乡的圣诞树。圣诞节前，人们把桦树的树干放到装水的桶里，在温暖的房子里放置一段时间后，小树干就会冒出嫩叶。平安夜时，用漆了金银色的苹果、果核和灯饰做装饰，看起来就和鹦鹉栖息于树枝上没两样，只是和桶里的小桦树相比，森林里的圣诞巨树看起来更令人印象深刻。”

然而，接下来鹦鹉突然消失不见了，就像是假期结束之后，圣诞树上的装饰品被取了下来，换成东方三博士。苏珊·库柏和葛特·古柏记录下对它们的印象后，这种鸟类中仅存的一只就死亡了，再也没有人看过那样的鹦鹉圣诞树。

19 世纪上半期奥杜邦先生就已经发现这种鸟类衰亡的迹象。1844 年，他提到，这种鸟类的数量只剩下十五年前的一半，当年的数量也许还足以繁衍后代。

“极度受限的环境使它们数量锐减，毫无疑问，绝种只是时间早晚的问题罢了，也许寿命和这一代的人类一样。”1874 年，鸟类学家瑞爵威、贝尔德和布鲁尔如此预言。[4]1895 年，德裔美国人查尔斯·本代尔（Charles Bendire）[5] 写道：“再过几年，卡罗莱纳长尾鹦鹉就会面临完全灭绝的问题，本世纪末将有可能是它们的末日。”

“文明与这种鸟类无法和平共处，而且它们会吃农作物，造成损失，因此遭到全面扑杀也是可预期的。它们的命运就如同野牛和野鸽一般。”1900 年，鸟类学家罗伯特·威尔森·舒尔菲特（Robert Wilson Shufeldt）[6] 对此文章片段评论道，“相当不足为奇的预言。”所言甚是。他还补充道：“毋庸置疑，世界上所有鸟类都踏上了灭绝之路，其中一些会更早面临这样的命运。”

紧接着，一切进展得非常快速。也许，物种多样性的式微是存在已久却不受瞩目的问题。也许，最后一批看起来仍然健康的鹦鹉其实已相当年老。鹦鹉很长寿——毕竟小说《金银岛》中的鹦鹉弗林特活了两个世纪——但是我们很难验证它的真实年龄。[7] 当某些被鸟类视为天敌的物种（如掠食性鸟类）减少时，或者当人类种植了一些鸟类容易啄食的农作物时，它们的生存机会确实能够提高，但是营造出的物种族群完整的画面不过是个假象罢了。

史上最后一只卡罗莱纳长尾鹦鹉名叫印卡斯，是由人工饲养的。它与母鹦鹉“珍小姐”同住一个鸟笼达32年。1918年，珍小姐去世半年后，它在辛辛那堤动物园结束了一生，也终结了卡罗莱纳长尾鹦鹉的历史。[8]

鲜艳的新居民

近几个世纪以来，不断地有亲眼看到卡罗莱纳长尾鹦鹉的消息传出，但都未经证实。目击者可能看到绿色的鹦鹉，不过那应该是在20世纪时外来的鸟类，例如和尚鹦鹉。和尚鹦鹉源自气候舒适的南美洲亚热带地区，在北美洲是外来种，然而它早已是美国许多城市的街景之一。[9]我在布鲁克林见过它的鸟巢，路灯、电线杆上都有，不禁让人联想到乌鸦鸟巢，横行霸道地争夺人类所占领的区域，并且用叫声来宣示主权。我曾在芝加哥寒冷的冬天里，以及在迈阿密热情的阳光下看过和尚鹦鹉。它不是唯一取代卡罗莱纳长尾鹦鹉生活在此的鹦鹉，或者是在其他地方唯一取代其他已绝种亲戚的鹦鹉，也不是唯一一种展现羽毛颜色和热带鸟鸣音乐的鹦鹉。

在佛罗里达州的城市中，例如迈阿密，和尚鹦鹉在其他来自南美洲的鹦鹉旁筑巢、孵蛋，例如橙翅亚马逊鹦鹉、黄翅斑鹦鹉、金丝翅鹦鹉、栗额金刚鹦鹉[10]或一种特别容易融入新环境的新移民南达锥尾鹦鹉。和尚鹦鹉也在失去本土种锥尾鹦鹉的波多黎各岛屿上及波多黎各鹦鹉为生命奋斗的亚马逊河流域附近，与南达锥尾鹦鹉、金丝翅鹦鹉、红冠亚马逊鹦鹉以及黄冠亚马逊鹦鹉为邻，筑巢繁殖下一代。[11]在失去本土种瓜德罗普长尾鹦鹉的瓜德罗普岛上，人们可以再次看见红领绿鹦鹉以及南达锥尾鹦鹉。它们诉说着一个与本土种鹦鹉截然不同，也和自己的家乡大相径庭的故事。

美国西岸一些原先没有鹦鹉的地方，如今也有越来越多种鹦鹉定居繁衍。南达锥尾鹦鹉栖息于马里布，查普曼米特雷锥尾鹦鹉*和红额锥尾鹦鹉在西雅图生活。如同雨林中的鹦鹉一样，在这些湿冷多雨的城市，它们

* 一种红耳绿鹦鹉。——译注

看起来也经常受寒。我在圣地亚哥看见红冠亚马逊鹦鹉，在贝克尔斯菲市看见红领绿鹦鹉，在旧金山看见金丝翅鹦鹉和红面锥尾鹦鹉。令人难忘的一次经验是，当我穿越能够看到海湾景色的公园，沿着楼梯爬上电报山时，突然听到陌生而野性的声音，仿佛是由华丽的绿色曲调，搭配着红色与黄色音符所组成的交响乐。

为了鹦鹉，我一次又一次地爬上山丘，感受大海与城市的气息。在美国，气候温暖之地的鸟类世界呈现着热带的鲜艳色彩，姿意地大放异彩。而在安达卢西亚的海岸，野生的鹦鹉快速地穿梭于印度无花果树和美洲木棉的树冠之间，以至于我无法仔细地辨认其种类。它们也许是我在布鲁塞尔田布须公园，或者在汉诺威、威斯巴登[12]、斯图加特[13]、伦敦、罗马、鹿特丹和日本的一些城市[14]看见过的和尚鹦鹉，或者是它濒临绝种的近亲毛里求斯鹦鹉所住的毛里求斯岛上[15]也有的红领绿鹦鹉。

夏末的一个晚上，我在威斯巴登看见红领绿鹦鹉。在火车站的附近有许多适合它休憩的梧桐树。树枝看起来光秃无毛，我在树下总算找到了一根绿色羽毛。某个晴朗的秋日，我在海德堡火车站的附近遇到一群个头娇小的亚历山大鹦鹉。当然，我是先听到鸟叫声，然后才在我头上焦糖般的金色梧桐树叶间看到“合上绿色翅膀”的它，然后我在柏油路上捡起一根亮绿色的羽毛。不久后，我在月台上看到一群乌鸦，刹那间，我感觉就像是色彩缤纷鲜艳的新移民们在这群黑色老鸟的热带声音兼爵士音乐会中演唱。

这些鹦鹉同样也带给我们许多故事，但是和其他生物的故事完全不一样，它们是本土种鸟类，不属于全球化村庄里的故事。鹦鹉全球化的故事告诉我们，独一无二的自然景观一旦消失，再从地球上其他角落引进类似的生物，依旧无法取代已失去的原有景观。如今，鹦鹉不再象征充满惊奇和冒险的陌生国度，因为它们的踪迹随处可见。

和尚鹦鹉
又名灰胸鹦哥。完全自己筑巢，不需树洞就可繁殖。原产南美洲，也在美国的加州、芝加哥等地繁衍。

橙翅亚马逊鹦鹉（雌鸟）
亚马逊盆地体型最小的鹦鹉之一。头顶有黄色羽毛，翅膀中间有橙色羽毛，脸颊也有着橘黄色羽毛。

橙翅亚马逊鹦鹉（雄鸟）
橙翅亚马逊鹦鹉通常成对活动，有时候会聚集数百只的数量在栖息的树木休息，整群聚集飞行的时候相当嘈吵。清晨从栖息的地方出发以及黄昏回巢的时候会整群飞过天空，非常壮观。

金丝翅鹦鹉
原产亚马逊盆地的小型鹦鹉，羽色淡绿色，有淡黄色翅斑。人工笼养放生后在美国众多地方生存得不错。

波多黎各锥尾鹦鹉
产地在莫娜岛及波多黎各。喜欢群集，因而容易遭到射杀。19 世纪 80 年代灭绝。

红冠亚马逊鹦鹉
头冠红色，羽毛大部分是绿色。筑巢于枯木树洞中，也会筑巢在啄木鸟放弃的树洞中。大部分栖息在墨西哥的东北部，冬天时有部分可能会迁徙到美国得克萨斯州的南部。

黄冠亚马逊鹦鹉
头冠顶为黄色，羽毛大部分是绿色。

瓜德罗普长尾鹦鹉
加勒比海瓜德罗普岛的一种小型鹦鹉，除头顶有少许红色外，几乎纯绿。温驯可爱，善学人语。已灭绝。

红领绿鹦鹉
长尾的绿色鹦鹉。颈基部有一条环绕颈后和两侧的粉红色宽带，从颈前向颈侧环绕有半环形黑领带。适应力强，在许多非原生地的地区也能存活繁衍。

亚历山大鹦鹉
一种长尾鹦鹉，分布地区广阔。据说亚历山大大帝将这种鹦鹉从旁遮普引入欧洲和地中海的许多国家和地区，将其奖赏给皇室、贵族和军阀。

由绿色、黄色以及血色组成的烟火

伴随着卡罗莱纳长尾鹦鹉的灭绝，美洲又失去了一个物种，这是欧洲殖民者抵达后灭绝的数百个物种之一，也是人们自猛犸时代穿过白令海峡移居到南北美洲大陆以来灭绝的数千个物种之一。

现在，这些鹦鹉只能在博物馆陈列柜中，瞪着玻璃制的假眼，沉默呆滞地看着参观者。特别是在德国，人们能够看到大量由19世纪的猎人和收藏家所遗留下的鹦鹉标本。如斯图加特的罗森斯坦城堡博物馆、威斯巴登、哈尔伯施塔特的海涅*时代博物馆和德累斯顿的动物学博物馆中都有收藏。在布伦瑞克，人们可以在自然历史博物馆中看到这种鹦鹉标本与大海牛、大海雀和旅鸽的骨架置于同一个屋檐下。这些卡罗莱纳长尾鹦鹉标本依旧拥有耀眼而斑斓的羽毛，可想而知，这些飞鸟当初曾经如何因自己绚烂的色彩吸引了观察者的注意，这是一团团由绿色和黄色组成的烟火——还有血色，因为这烟火通常产生于枪支。这种鹦鹉曾被人密集射猎，农场主们也因为它们偷袭果园和农田而不喜欢它们。也有人们以用罕见的羽毛打扮自己为喜好，因此夺去了大量鹦鹉的生命。

当卡罗莱纳长尾鹦鹉的数量逐渐减少时，剩余鹦鹉的捕猎者一下子就不仅仅是农场主、羽毛商人和那些尽管它难吃还要吃它肉的食客，科学家也加入其中。“我不保护鸟类，我杀死它们。”[16]这是鸟类学家查尔斯·B.科里的一句名言，也被大多数19世纪的鸟类学家所遵从。他们当时除了对已死的鸟类进行解剖、将其制成标本或是顺利地描画下来以外，也别无他法。如此一来，精美鸟类图鉴的绘制者奥杜邦也就成了“自古以来屠杀鸟类最多的人——他为了创造美而摧毁美”[17]，美国作家罗伯特·佩·华伦这样说道。况且奥杜邦所绘制的图象的美，绝不可能赶得上为此被屠杀的原形的美。要是我们能将它们换回来就好了……

苏格兰裔美籍鸟类学家亚历山大·威尔逊[18]也因射杀了大量的鸟类——卡罗莱纳长尾鹦鹉已被驯化的同类——而良心受谴。他在文章中写道，他

* 雅各布·戈特利布·费迪南德·海涅（Jakob Gottlieb Ferdinand Heine，1809—1894），德国鸟类学家和收藏家，是19世纪鸟类标本私人收藏最多的人之一。哈尔伯施塔特的海涅时代博物馆（Museum Heineanum）便以其藏品为基础建立起来，是德国最大的鸟类博物馆之一。

——译注

观察着一群鸟如何为了从泥土中收集矿物质粘土而如同一块彩色的地毯一般瞬间盖住了地面。他看着它们如何紧接着，如戈培尔所描述的一样，在一棵树上安家。他描述自己如何为这幅图景所倾倒，以及他之后如何——令人难以置信地——开始射击、射击、射击。[19] 当鹦鹉“如雨滴般坠落”[20] 时，他观察到了这种鸟类灭绝的一个重要原因：一些鸟受伤时，其他鸟儿绝不飞走，而是簇拥在死去和受伤的同伴身边，不断哀嚎——直到它们自己也被射中。奥杜邦写道，正因如此，农场主们可以一直射杀这种鸟，直到只剩下极少量的鸟，不再值得为此使用弹药——或是直至一切恢复平静。

当这种鸟数量减少、售价上涨时，射杀带来的回报就会越来越高。这样，射杀者就越来越多，落下的鸟就越来越少，一直这样循环往复，直到最后到处都是一片寂静……

人类的捕猎对于任何种群来说都绝不是在帮忙[21]，但子弹和火药恐怕也不是鸟类死亡的唯一原因。比如，环境变化就给那么多的地方造成了巨大的影响。鹦鹉是生活在森林里的鸟类，自欧洲殖民者抵达北美洲以来，这里的森林形态发生了巨大的变化。[22, 23] 一方面，美利坚合众国的历史从一开始就是砍伐森林的历史，这无疑导致了鸟类生存空间被毁。[24] 而即便随着19世纪林业经济的发展，美国东海岸引进了新的造林技术，大面积推进重新造林，对于保护鸟类也助益甚微。被伐光的森林和最后的林木进一步变成了大面积被清理过的林木种植园，树木组成的绿色荒野，无论从哪一面看都是一模一样。但卡罗莱纳长尾鹦鹉需要的是森林，不是种植园，是树木，不是木材。而这样非常密集而规范地推行林业经济的地方，已经再也没有鸟类生存的空间了。这些鸟筑巢所依赖的是古老的空心树木。这一解释乍看之下似乎并不令人满意，因为鹦鹉同样会在没有为林业所用的地区灭绝，从“最幽暗的森林和最难以到达的沼泽”中消失。所以很有可能是因为这种大面积连在一起的、古老原始的、不是在造林中形成的森林对于鸟类生存来说是必不可少的，以至于人们所认为的“大面积树林”对于鹦鹉来说，好比是乘船遇难者手中的稻草，作用微乎其微。他们所需要的是一个岛屿。余下的森林和退耕还林的区域所组成的“岛屿”，从人类的角度来看已经很大，而对于鸟类来说却极其微小，并且由于鸟类无法独自生存而更显得微不足道。鸟类需要族群，而族群必须迁徙，因此这样的“岛屿”事实上可以说是一片大范围散开的群岛，是迁徙路径的网络中的枢纽，一张即便只是少数几个重要枢纽遭到破坏也会崩塌的网络，就像是血液循环会因仅仅一个重要静脉的断裂而崩溃。

假使在一些地区还存在个别大的——真的很大的——由陈年老树组成的古老森林，它们也已经无法再给鹦鹉提供家园。因此可能还有另一种解释，这与还有什么摧毁了鹦鹉的森林有关——或者更准确地说，是谁摧毁了森林。

可能是同样群居的人，住在大面积居住区的人。很多的人。拥有“翅膀”也能翱翔天空的人。将一种新的声音带入森林，不久便将其定为规范的人。带着武器，为自己赢取生存空间的人——和绿色鹦鹉争夺生存所必须的资源的人。将它们从龟壳大小的岛屿上继续赶尽杀绝的人。

金色喧哗

我们无从知晓，欧洲的蜜蜂是在什么时候迁徙到美国的。也许早在16世纪就随着西班牙船队横渡大西洋，然后从加勒比海登陆美国。1536年佛罗里达森林被描述为“富含蜂蜜的”[25]，然而，这里所指的蜂蜜是否是西方蜜蜂（*Apis mellifera*）所酿制的，已经无法考究。英国的蜜蜂最晚是在1617年被引进到百慕达群岛的。[26] 根据1621年的记载，英国蜜蜂是随着一艘英籍船只进口到美国弗吉尼亚州的。[27] 欧洲人并不是独自一人落脚定居，他们绝对不会少带经济动物和经济农作物，也绝对不会忘了从老家顺便携带些东西来，而蜜蜂也一定会跟着上船。

种植新的植物就像是插立旗帜、占地为主的举动。美国总统杰弗逊不但关心国家事务，也对社会性昆虫感兴趣。他在著作《弗吉尼亚州记》（*Notes on the State of Virginia*）[28]中记载：“蜜蜂不是我们国家的原始居民……印地安人同样也认为蜜蜂是从欧洲引进的，但是我们不知道引进者与引进时间。一般来说，蜜蜂比移民还早地扩散至整个美国，因此印地安人称之为白人的苍蝇，并且视它们为白人开始定居美国的预兆。”

白人的“苍蝇”——印地安人除了用已知的本土昆虫来代称，不然还能怎样称呼这种陌生的小动物呢？——齐佩瓦族语中的蜜蜂是Ahmo或O-jeb-way[29]，夏安族语中称蜜蜂为Hahnoma[30]，德拉瓦族则称蜜蜂为Amoe[31]，这些名称在所有语言当中的原义都是“蜂”，或是表示本土蜂种。

美国诗人朗费罗为新移民的带刺伙伴和他们的开路先锋献上了几句诗词：“它们往哪儿去，往它们的前方。带刺的苍蝇阿默（Ahmo）群聚一起，造蜜的蜜蜂蜂拥成群。”[32]它们是欧洲裔移民的先锋，领头踏上前往西方的路，不断地往西边扩散：“向西方前进，进入森林，阿默簇拥成金色蜂群，蜜蜂——蜂蜜的制造者向前挺进，大火燃烧般，在阳光下歌唱……”[33]

与朗费罗同一时代的威廉·布莱恩特（William Bryant）在其著作《大草原》（*The Prairies*）中继续追寻蜜蜂的旅程，穿越了东边的树林：“蜜蜂，比人类还大胆的移民，和人类一起深入东边，嗡嗡呢喃着充斥在大草原上，然后像在黄金时代一样，把蜜汁藏匿于橡树洞里……”[34]诗人用耀眼的颜色描述蜜蜂成群的丰富画面，他们不是在杜撰，散文家的作品更能为此证明。美国作家华盛顿·欧文（Washington Irving）[35]在一次横越密苏里州、堪萨斯州和俄克拉何马州的考察中发现：“我们造访的每一个美丽森林中都有许多蜜蜂树，也就是有蜜蜂在腐朽树干中筑巢的树。短短几年间，不胜枚举的蜜蜂成群越过辽阔的西部，散布到各州，令人惊叹不已。印地安人把蜜蜂当作是白人的开路先锋，就像水牛之于印地安人。他们说，印地安人与水牛，以蜜蜂向东方扩散般的速度，向后方撤退。”

另一个法国旅行家圣约翰·克雷弗克（St. John Cevecoeur）也有相同的描述：“如果他们现在发现蜜蜂，消息便马上传遍各地，一切也将因此陷入悲伤和忧郁。”[36]

蜜蜂作为移民先锋的画面令人印象深刻，在北美洲的诗词、文学小说和自然故事中都常被提及。[37]然而，无论是杰弗逊总统、克雷弗克或者欧文让人印象深刻的记载，还是朗费罗和布莱恩特所写的诗，都不是描述原始美国或局限于美国的现象，而是过去三个世纪以来全世界都能观察到的景象。欧洲移民落脚的地方，乌龟岛[38]上，以及南方大陆或者宁静海洋上的国家，都有他们的踪迹。

蜜蜂常常跟随着人类登上船只。德国梅克伦堡的科学家亨利希·费理瑟（Heinrich Friese）也许是第一个批评这种生物全球化的人。他研究当时的德国殖民地巴布亚新几内亚的蜜蜂，并且对于一种名叫 *Halictus quadrinotatus* 的蜂种标本相当惊讶："它不是欧洲蜂种的一支，难道是从外地引进的吗？"当他在德国看到来自巴西的收藏标本中有德国本地的大羊毛蜂，或者在收藏阿根廷蜜蜂标本的陈列室中发现德国木蜂时，也同样惊讶。"在交通往来频繁，尤其是大自然交流频繁的时代，这个现象是如何在过去几个世纪中发生的呢？系统分类学家和生物学家一定深信，就连低等动物无意间也经历了诱拐。"他写道，"另外也应该提及蓄意引进的蜂种 *Apis mellifica L.*，此蜂种现今遍布于北纬六十度（挪威）到南纬四十五度（新西兰）。此外，热带蜂种在欧洲大陆应该很难找到落脚的地方，但是系统分类学家和生物学家却发现了随着树木或其他方式引进的麦蜂和无刺蜂（遍布于不来梅、汉堡、波西米亚，以及其他地区）。"[39]

麦蜂和无刺蜂都属于没有螫针的蜂种，如今在全球许多地区已经失去了影响力。它们无法跟上西方蜜蜂的适应能力和高效率的社会性行为。"低等动物也经历了非蓄意的诱拐"，这种情况对系统分类学家和生物学家来说相当恼人，因为会产生困惑。外来种的出现，对于当地的动、植物来说，可能会是致命的威胁。外来竞争者若成功定居下来，会使原生种被排挤到边缘地带，甚至被排挤出去或者遭外来的敌人猎食，直到整个物种灭绝。身为新移民的蜜蜂也扩及到其他物种的生活范围中，占地为主，取用它们的生活资源，排挤它们，有时甚至造成其他物种濒临灭绝等后果。

其中一个受害者便是绿色鹦鹉，它带着失望的心情寻找尚未被具有优势的竞争者——蜜蜂——占据的巢穴。然而，放眼望去，全是蜜蜂！就像是童话中的蚂蚁寻找珍珠，鸭子在烂泥巴中搜索钥匙一样，野生的或者被野放的蜜蜂会寻找不缺水、没有疾病或寄生物问题及适合每只蜜蜂居住的筑巢地。只有少数几个报告表示，在几乎没有树木的森林中，找不到蜂巢。“今日，成千上万的蜜蜂群聚于围绕着平原的树林和森林里，并且散布于平原上的河流两岸。”华盛顿·欧文写道。[40]1838年时，相关的科学资料中仍然将蜂群描述为“数量庞大的”。[41]在没有其他糖分来源，只有水果、枫糖和几滴用空心草根吸取大黄蜂蜂蜜的国家，蜂巢内的东西变成了无价之宝。一则报道指出，1832年时，在美国宾夕法尼亚州有一棵树，八米长的树干都蕴含了蜂蜜，就像是一个装有上百公斤蜂蜜的巨大木桶。[42]然而，如果挖掘这些宝藏，必定会造成破坏，许多生物会死亡——其中也包含绿色鹦鹉。杰弗逊生动地描述了蜜蜂在美国的遍布情形，也在他的《弗吉尼亚州记》[43]中提及鸟类灭绝，并且把鸟的标本当作是最温驯的宠物，但是他却没有发现蜜蜂蔓延与鸟类灭绝之间的相关性。

捕蜂猎人

美国鸟类学家丹尼尔·麦金利(Daniel McKinley)在20世纪60年代认为，人和西方蜜蜂之间的交流，是造成卡罗莱纳长尾鹦鹉灭绝的原因。高挂于树上的蜂巢不断地唤起人类的贪婪之心，并且造成破坏。欧文记录道：“印地安人感到相当惊讶，突然之间森林中的树木上悬挂着甜面包，而且没有人能够抵抗贪婪，享受着大自然赠予的珍馐。”[44]

富裕诱使抢劫发生。在《格林童话》的《女王蜂》中，已经完美地描述了设法获取珍馐的过程。人类找到一个“饱含蜂蜜的蜂巢，于是把树干劈倒”。毫无疑问，他们绝对是想要“在树下生火，使蜜蜂窒息，如此一

捕蜂猎人

高挂于树上的蜂巢不断引起人们的贪婪之心，并且造成破坏。人们找到悬挂有蜂巢的树，用火烧、用烟熏或用噪音驱赶蜜蜂，然后设法上树，直接采集蜂蜜。

来才能取出蜂蜜”。[45] 这短短几句话描述的是取出蜂巢或“捕蜂”的过程。在树林里猎捕野生蜜蜂，是美国自 17 世纪以来最受欢迎的休闲活动。这个活动需要一定程度的冒险精神，因为捕蜂具有危险性，然而赫曼·梅尔维尔（Herman Melville）[46] 提到一个寻找蜂蜜的人，被蜜蜂群起狂蛰而奇异死亡，这应该是非常不寻常的意外。

接触大自然是冒险活动，就像是打猎、钓鱼、淘金，又或者是将欧洲森林移植到美国。[47] 这些活动都被记载于奇闻轶事、书信、文章和小说中。[48] 詹姆斯·库柏的《蜜蜂猎人》[49] 描述了一个名叫嗡嗡班的人，沿着雅致小径，跟随蜜蜂找到悬挂着蜂巢的树，然后用残忍的手段采集蜂蜜：将树木截断，或者用烟熏蜜蜂。成功的捕蜂行动造成老树受损，也使得许多仰赖树木生活的生命遭到杀害或捕捉。[50]库柏的嗡嗡班是“第一批在这地区进行捕蜂的人之一”，由此可知，在当时肯定还有许多挂着蜂巢的树。随着渐趋频繁的移民活动和日渐下降的森林覆盖率，捕蜂猎人的猎场也不断地向西方和南方扩展。例如，17世纪末的宾夕法尼亚州还有许多具有蜂巢的树木，大约半个世纪后，几乎全部都消失无踪。“捕蜂猎人的行为在美国社会的边缘地区并非不寻常”[51]，库柏记录说，而事实上最令人印象深刻的记载通常都来自较新的移民区。纽约客华盛顿·欧文[52]在旅行中发现蜜蜂的频率和平原区的蜜蜂树值得观察，因为他认不出同样来自东海岸家乡的蜜蜂。一位名叫玛莉·费尔普的女传教士于1831年12月在得克萨斯州写了一封信：“在肯塔基常听到人们提及蜂蜜树，我打听了一下到底蜂蜜树指的是哪种树。原来是因为蜜蜂把蜂蜜存放在树洞里，所以才叫蜂蜜树。这种树非常多，而且从中可以得到许多品质良好的蜂蜜。有人能凭着特殊的能力追随蜜蜂，找到这些美味的仓库。这种行为不单纯是休闲活动，还能够带来利益。”[53]玛莉来自康涅狄格州，几世纪以来，此地住了许多来自欧洲的移民，这里的森林经济也彻底改变了。在她有生之年中，这里也许没有有树洞的原始老树。而同一时期，佛蒙特州的报纸则将得克萨斯州称为“马与蜜蜂树的国度”。当时，在佛蒙特州有大量蜜蜂的事实也已经是过去式了。[54]

即使蜜蜂可能数量有限，就像是海浪席卷大地，然后随即退潮，许多地方的捕蜂行动仍然持续到近期。许多地区只维持了两代人的时间，然后寻找蜜蜂的风气在日常生活中就消失了。今日，人类几乎无法找到蜜蜂树，尤其是有树洞的老树。蜜蜂猎人找不到蜜蜂树，就连蜜蜂也遍寻不着，其他很会搜索的人也找不到。

“鹦鹉把有树洞的树木作为休憩与筑巢的地方，鸟类的绝迹和蜜蜂树的砍伐可能有关。”丹尼尔·麦金利于1960年写下这段话，“我坚信，带树洞的老树的破坏规模，与蜜蜂猎人寻找蜂蜜和蜂蜡有相当大的关联性。”[55]

森林房屋短缺

纵使“最黑暗的森林、最偏远的沼泽地”里的树上有蜂巢或者鹦鹉巢没被人类发现，没被大火和斧头攻击，对鹦鹉来说可能毫无差别。“也许蜜蜂自己也会去干扰鹦鹉筑巢休憩。”麦金利写道。当鸟类发现一个被欧洲新移民占领的树洞后，也许会仓皇逃离或面临死亡威胁。

原住民“非常惊讶，森林里的新树突然间悬挂着甜滋滋的面包”。[56]而小鸟碰到这些“长满刺的恶魔”时感到不知所措，毫无招架之力。蜂群吸引着人群，却打扰到鸟儿。即使孵蛋中的鸟夫妻在寻找“住屋”的比赛中取得第一名，也无法与和它们争取空间的蜂群相敌。早期也有许多报道指出，不少鸟类——从鸺鹠[57]到秃鹰[58]——都因为被蜂群“占据”了筑巢的地方而死亡。成鸟即使战胜了蜂群，也注定会失去鸟蛋，并没有后代。

然而，在科学文献中，却有不少“蜜蜂理论”的反论：对蜂巢来说，鹦鹉喜欢使用的啄木鸟洞大多数都太小了。[59]然而，这个理论也许存在归因错误。如果蜜蜂在时，小鸟在小树洞里筑巢，而小鸟不在时，蜜蜂还在大树洞筑窝，这就无法证实它们之间的竞争关系，也或许是因为小树洞不适合蜜蜂，因此鹦鹉被蜜蜂排挤到小树洞。对鹦鹉来说，小树洞也只不过是权宜之计。毕竟科学家并没有研究过蜜蜂不在时鹦鹉的孵蛋情况。在大自然书籍的这一页尚未被抹去或覆盖，还可以被阅读的时候，并没有人将其备份下来或翻译出来。

秃鹰

秃鹰是以食腐肉为生的大型猛禽。通常栖息于平原、丘陵地带的高山裸岩和草地环境。一般为单个活动，觅食时则集结成群。喜在高大的乔木上筑巢，巢穴以树枝为材料，内铺小树枝和兽毛等。白头海雕常成群地集中到一些食物比较丰富的地区，将巢筑于悬崖硝壁上，或者参天大树的顶梢上。筑巢的材料主要是树枝，里面也铺垫一些鸟羽和兽毛。

此外，这里提到的关于树洞大小的比较也是有问题的。野生蜜蜂的体形通常都比饲养的蜜蜂小，因为它们必须符合树洞的大小。如果必须的话，野生蜜蜂也可以在非常小的洞中筑巢。这在几千年前就有文字记载——希罗多德就曾记录过一则蜜蜂在骷髅中筑巢的奇闻。[60]因为现有的树洞过于紧密，有时候蜜蜂也会往岩壁或开放的树冠发展。[61]我曾看见铁道旁的一个巨大蜂巢延伸到树梢外头。我也认得绿野山谷的一棵树，它的树洞对蜜

鹪鹩

小型鸣禽，善营巢。作者此处所指，似乎为栖息于多种类型森林中的林鹪鹩：雌雄共同建巢，鸟巢的结构是一个球形或方形建筑，一般建于低植被、灌木或竹丛中，巢外壳由植物纤维和粗草一起加固，内衬植物叶子、头发和羽毛。

本页及右页图 啄木鸟和老树洞
大多数啄木鸟终生在树林中度过，以树洞为巢，在树干上搜寻昆虫；只有少数在地上觅食的种类能像雀形目鸟类一样栖息在横枝上。

蜂来说显然不够大，以至于从下方看，蜂巢明显长到树洞外面去了。一项近期的研究[62]发现，在阿拉巴马州，也就是从前的鹦鹉分布区域，蜜蜂可以接受十公升容量的人工蜂巢。

因为北美洲森林的巨大改变，选择性越来越小。尽管鸟类和昆虫的理想居住环境迥然不同，住屋短缺的现象仍然使位处生态圈边缘的生物陷入激烈的竞争。并且，不是只有鸟类感受到了这些新的竞争。1905年，加州的尤巴酋长讲了一个有关松鼠与啄木鸟和蜂群相互竞争，寻找树洞筑巢的故事："许多蜜蜂住在树洞里，然后怒气冲冲地飞了出来。"[63]这段描述证明了松鼠和蜜蜂之间的竞争。[64]许多人工巢穴是为居住在树洞内的各种动物搭建的，如今却都被野生蜂群占据。[65,66]

例如，从今日已濒临绝种的红顶啄木鸟的身上可以发现，蜜蜂确实会妨碍啄木鸟使用自己的巢穴。[67]也许帝啄木鸟和象牙喙啄木鸟（一种相当具有特色、鸟喙如象牙、羽色黑白相间的小鸟）也是因为欧洲蜜蜂入侵，鸟巢的数量越来越少，因而面临灭亡危机。随着象牙喙啄木鸟的衰亡，卡罗莱纳长尾鹦鹉也间接失去了孵育鸟蛋的机会。此外，在欧洲，彩色啄木鸟和绿啄木鸟的洞穴中也住着红领绿鹦鹉。[68]虽然一度传出发现象牙喙啄木鸟的踪迹，但无法验证。我们可以断定，象牙喙啄木鸟已经绝种。[69]顺带一提，欧洲的红领绿鹦鹉也会在大斑啄木鸟和欧洲绿啄木鸟的洞穴中筑巢。

鹦鹉筑巢的机会减少，孵蛋的成功率也会降低。生物学中，后代存活的数量被当作是生殖健康的指标。健康意味着"适合"。能够适合自己的环境，就是"合适的"，才能够将此合适性传给足量的后代子孙们，使之永续生存。如果一个或多个巢穴被占据，

红顶啄木鸟
以家族群居的方式生活在北美东南部的长叶松生态系统中。它们是唯一在活松树上凿洞的鸟类。它们从边材凿进活松树心材，短至几个月，长则数十年。然而一旦该树洞凿成，红顶啄木鸟会在里面定居多年，同时还会保护好树里的活性树脂。

就没有适合的环境了。那么，“合适性”，也就是适应已改变的环境将越来越困难。其导致的结果呈现在灭种的比率上，对于物种的人口学来说，是跨越许多世代的死刑。有人说，树洞短缺时，鹦鹉有时会在裸露的树冠上筑巢，借此觅得一线生机。[70] 这种论调令人难以置信。显然，这些筑巢地点只不过是鸟类从栖息地被排挤出来时的一个临时避难所。谁会知道鹦鹉在这样的替代地点该如何孵育?

麦金利写道:“由于缺乏对于孵育鸟蛋以及栖息地和族群条件的了解，更难以评估它们衰亡的原因。”[71] 今日，要为此提出有力的科学证据作为引证非常困难。卡罗莱纳长尾鹦鹉和野生蜜蜂之间的相互影响关系，如今已不可考。蜜蜂对其他在树洞里筑巢的鸟类所产生的可能影响,也难以调查。新的图层很快就覆盖了环境中原有的还相对较新的图层。由于病菌随着蜜蜂而来，庞大蜜蜂的族群密度再度减少。这一现象在过去几年特别显著，并且在此期间鸟类消失的景象不再重现。

我们只能够和其他生态系统的生物或已死亡的物种做比较,试着描绘，除此之外也别无他法。事实上，也有蜜蜂竞争导致鸟类筑巢困难的其他例子。根据杰弗逊及朗费罗的描述，这种情况不只在北美洲大陆发生。同样的故事以不同的版本在其他地方被传诵着。

左图 帝啄木鸟
已知啄木鸟中体型最大的一种，雄成鸟的身长可达60厘米。雄性有鲜艳的红色羽冠，雌性则为黑色，两性的羽色主要为黑色和白色。主要以死去的老松树树干内的昆虫幼虫作食。

中图 大斑啄木鸟
体型中等的黑白相间的常见型啄木鸟。以各种昆虫为主要食物。营巢于树洞中，巢洞多选择在心材已腐朽的阔叶树树干上。每年都要啄新洞，不用旧巢。

右图 欧洲绿啄木鸟
是啄木鸟科绿啄木鸟属的鸟类。分布于欧洲、西亚地区。在树上筑巢。通常以蚂蚁为食，很少啄食树木中的蛀虫。

一群面临绝种的鹦鹉，为加勒比群岛闪耀着光芒。也许欧洲蜜蜂在登上美国大陆之前，就已经登上了这个群岛。自18世纪以来，瓜德罗普长尾鹦鹉、华丽的红色小安地列斯金刚鹦鹉、瓜德罗普绿鹦鹉[72]、马提尼克绿鹦鹉和古巴红鹦鹉都消失了。我曾造访维也纳和柏林的自然科学博物馆，试着想象这些鸟类的真实颜色和声音。加勒比海地区所有绝种的鹦鹉其实是可以在树洞筑巢的。野生蜜蜂和鹦鹉的消失是否有关呢？或者是因为加勒比地区森林遭到破坏？或者是砍伐森林、猎捕以及外来物种等原因综合所致？

左页图 象牙喙啄木鸟
世界上第二大的啄木鸟，因长着象牙色的大喙而得名。身披黑白相间的亮丽羽毛，头顶有艳丽的红色羽冠，人称"上帝鸟"。曾广泛分布在美国西南部的密林深处。19世纪80年代，其数量直线滑落，今已濒危，甚至已灭绝。

重复性令人讨厌

16世纪以来，欧洲移民无论是定居澳大利亚、南美洲、新西兰或者遥远的海洋小岛，都有蜜蜂相随，而且不仅于此。当蜜蜂被带到美国时，由于我们没有正确地领会到发生了什么事，因此历史再度重演，尽管后来有部分历史"被记录下来"，但仍不断地重复。

就像是在巨大寰球的测试体当中，有一些变异体被建造出来，当作正面或负面的监控。一种是与另一大陆上相似的蜜蜂种类。另一种是在同一大陆上，有些微不同的蜜蜂种类，然而，它们既与栖息于树洞的动物有关，也与鸟类有关，例如澳大利亚的鹦鹉。克雷弗克在北美洲观察研究20年后，也就是1822年，在悉尼港边一艘运送囚犯的船上，有八大群蜜蜂被流放到澳大利亚大陆。

1860年，医生、自然科学家乔治·贝内特（George Bennet）写道："英国蜜蜂成功地被引进，如今它们遍布于整个澳大利亚大陆。"他必定是看过杰弗逊或朗费罗的文章，并且似乎是直接将美国历史拿来套用："外来的蜜蜂迅速地驱赶本土的昆虫，就像是欧洲人将黑人驱逐出原有的居住地。如今，澳大利亚原生种的蜜蜂变得非常稀有。"[73]

今日，在680万群蜜蜂居住的岛屿上，应该有超过一万名养蜂人。正

小安地列斯金刚鹦鹉
又称瓜德罗普金刚鹦鹉，羽色类似于绯红金刚鹦鹉，但尾羽更短。约在 1760 年后不久灭绝。

瓜德罗普绿鹦鹉
瓜德罗普岛特有种，因为被过度捕猎，1779 年时已非常稀少，今已灭绝。

马提尼克绿鹦鹉
马提尼克特有种。自 1722 年起再无其相关纪录。

古巴红鹦鹉
是原住于古巴及青年岛的鹦鹉。19 世纪初期，当地人大量砍伐树林并过度捕猎。加之其他原因，1849 年后，该种鹦鹉数量急遽下降，1885 年灭绝。

确的数字就像是奥巴克（Outback）尤加利树森林中的原住民数量一样难以估量。如今，除了干涸的沙漠地区和潮湿的热带雨林，澳大利亚各地都能看见欧洲蜜蜂。它们在红色山坡的深谷岩缝中、蓝色巨木的空心树干中筑巢。在两百多年以前欧洲昆虫从未驻足过这里，它们在当地特有的桃金娘科、山龙眼科、豆科植物上采集花蜜。它们在新家的生活无与伦比。

它们适应良好，但是对当地的动、植物来说，是具高度攻击性的竞争对手。两百多年前，本土花卉就已经有自己的访客和协助受粉的昆虫。尤加利树的树洞有自己的住户，而澳大利亚人也有其他种本土蜜蜂。然而，原本在这大地上成长的蜜蜂去哪儿了？是魔鬼把它们赶走了。“它们对我们大发脾气。它们火冒三丈时，会害我们没有柴木可用。植物无法再次生长……”[74] 这是澳大利亚原住民的一首歌，大约在 1840 年，外来蜜蜂被野放近二十年后，在悉尼附近的地区被记录下来。

“在这片大地上生长的蜜蜂”指的当然是当地的无刺蜂（*Melipona*），它们生产并储存一种有独特香味的花蜜。“新蜜蜂”抢走无刺蜂原有的蜂巢，同样地也取走它们酿产的花蜜，然而这些甜滋滋产品的名称却直接被“新蜜蜂”命名。这就和毛利语称呼直接从花萼搜集来的花蜜[75]，或者北美洲部落用来表示从熊蜂窝搜集来的蜂蜜的词汇一样，都直接用新蜜蜂的产品来命名。

澳大利亚西部有一种原住民舞蹈描述了当红色大陆还属于无刺蜂时，人类寻找蜜蜂的过程。当陌生的昆虫叫声响起，突然从空心树干中蜂拥而出时，寻找蜜蜂的人停止采蜜，惊慌而逃。[76]

陌生的外来蜜蜂与本土花卉的主题吸引了媒体的注意力。早在十年前，《澳大利亚日报》上一篇文章写道：“凶猛的外来蜜蜂占领了树林，偷走许多本土动物的食物和生活空间。”[77] 蜜蜂夺走了本土的吸蜜鸟和鹦鹉，或者长什叶口蝙蝠（*Glossophaginae*）等哺乳类动物的花粉和花蜜。然而，这场战争不只与夺取食物有关。在澳大利亚，蜜蜂也住在空心树干中，并且和其他异国动物一起对抗本土物种，抢夺为数不多的资源。例如，在南

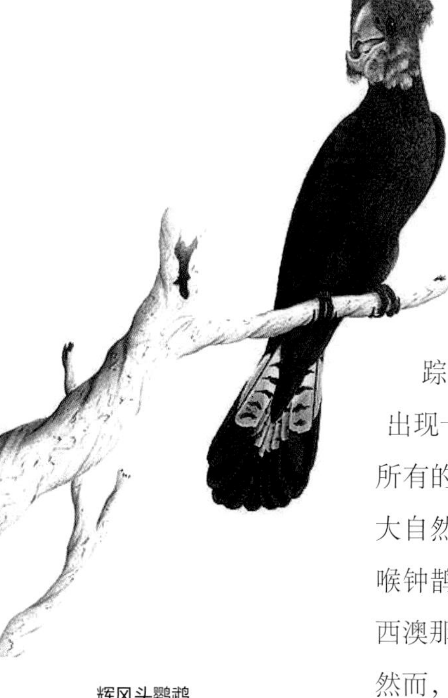

辉风头鹦鹉
典型的攀禽，生活在澳大利亚海岸开阔的森林和林地，喜欢选择靠近木麻黄树的周边作为繁殖和觅食的活动范围。数量稀少。

澳海岸附近的袋鼠岛上，原本是宽嘴大黑鸟辉凤头鹦鹉[78]的筑巢地点，也是同样在树洞筑巢的彩色居民，例如刷尾袋鼩、鼠袋鼯、黄腹袋鼯、米切式凤头鹦鹉、超级鹦鹉或统治鹦鹉的社区。这座岛屿已经不再是从前居民的岛屿了。[79]对养蜂人来说，袋鼠岛是非常重要的经济产地。

澳大利亚鹦鹉和其他鸟类的死与生态之间的关系，也和卡罗莱纳长尾鹦鹉一样，难以研究。夜鹦鹉[80]莫名其妙地消失了踪影，数十年来都被认为已经绝种，直到20世纪90年代初期，因为出现一只被车子辗过的尸体而再度被发现。一只鹦鹉死于交通意外。然而，所有的物种不都是因为过去几十年里爆增的货运量，尤其频繁的运送来自大自然的货物以及被绑架的生物，[81]而成为牺牲者的吗？“库鲁谷鸟（黑喉钟鹊），在清晨听见它的歌声；库鲁谷鸟，在树洞里听见它的欢笑。”西澳那鲁马部落的说书者罗伯特·昆斯德帕拉鲁鲁的一首诗是这么说的。[82]然而，人们已经很长一段时间不曾“在树洞里听见它（黑喉钟鹊）的欢笑”，听到的是不知名的昆虫，窸窸窣窣的合唱声。库鲁谷人不知道鸟的名字，使用英语的澳大利亚人称呼这种黑白相间的华丽动物为Pied Butcherbird，也就是有斑点的黑色伯劳鸟。德国鸟类学家将这种不太难看的鸟命名为黑喉乌鸦伯劳（Schwarzkehl-Krhenwürger）或者黑喉乌鸦喜鹊（Schwarzkehl-Krhenatzel）。

当卡罗莱纳长尾鹦鹉的死亡原因变成学术问题时，蜜蜂问题在澳大利亚仍然是当红的话题。自公元10世纪初以来，野生的欧洲蜜蜂就被认为是害虫。[83]大部分的人很难理解，为什么从前饲养蜜蜂是有利于大自然环境的传统，如今却会对植物花卉造成伤害。此外，这当中也产生了政治议题。由于养蜂组织结构松散，政治人物因而有了操作的空间。

2001年澳大利亚蜂蜜产值约六千五百万澳币，2010年增加到八千万澳币。[84]蜂蜜是澳大利亚的高经济效益出口品，因此澳大利亚的养蜂人强烈拒绝承认这当中所产生的问题，养蜂业代表也在乡下地区动员，阻止其他

刷尾袋鼩
老鼠般大小的树栖食肉有袋类动物，曾广泛而零散地分布于澳大利亚全境，不过在以前生栖过的大约一半地域，它们都消失了。

鼠袋鼯
一种夜行性滑翔负鼠，其天敌包括狗、猫、狐狸、老鹰等。

黄腹袋鼯
夜间滑翔负鼠，生活在东澳大利亚的桉树林里，濒危。

米切式凤头鹦鹉
鹦形目凤头鹦鹉科鸟类。零星分布在澳大利亚境内。

统治鹦鹉和超级鹦鹉
统治鹦鹉，鸟体为黄色，低危。超级鹦鹉，鸟体为绿色，易危种。均分布于澳大利亚。

地鹦鹉（上）和夜鹦鹉
地鹦鹉，地栖，会在地上挖坑筑巢，低危。夜鹦鹉主要在夜间活动，数量不明。均为澳大利亚特有种。

黑喉钟鹊
钟鹊科钟鹊属的鸟类，分布于澳大利亚和新西兰。

人将他们的经济动物妖魔化。曾有位澳大利亚养蜂协会当权者，站在他们组织的立场，针对我的问题提出说明："引进蜜蜂是为了帮助欧洲农作物授粉，蜜蜂一直都是农业最重要的授粉昆虫。澳大利亚的主要植物是尤加利树，这种树直到今日仍有许多的树洞。"他还提到悉尼大学一篇科学研究作为佐证，[85]该研究指出，在维多利亚州一个做相关研究的区域中，每平方千米有两千多个树洞，其中蜜蜂只占领了2%。许多被蜜蜂占据的树洞并不适合鸟类栖息，因为洞口太小。然而，这篇研究论文没有一个可靠有力的结论。谁知道什么样的树洞不适合鸟类？我们无法得知，为什么鸟儿不喜欢人类放置于庭院的鸟巢箱。谁又能比小鸟更了解自己森林里的住所？

"很多"树洞，仍然是不够多的。太平洋海岛上，蜜蜂在许多鹦鹉灭种的故事中扮演了多么关键的角色？1838年3月，来自约克郡的英国人玛莉·邦比（Mary Bumby），带了一个礼物给住在新西兰的传教士哥哥。礼物是两群蜜蜂。两年后，这些蜜蜂繁殖出的下一代从澳大利亚穿越塔斯曼海，不久之后新西兰各个岛屿都是这些新来的昆虫。

一个世代过后，本土鸟类的消失与新昆虫扩散之间的相关性已浮出水面，对此感兴趣的外行人观察到大自然的这项变化。1873年出版的鸟类学书籍及报刊文章[86]都指出，毛利人早已将蜜蜂视为导致树洞中鸟类灭亡的凶手。几年后，一名来到新西兰的英国爵士大卫·威德邦（Sir David Wedderburn）记载："欧洲蜜蜂是南半球非常成功的移民，它不仅打败了那里的弱小昆虫，在许多地区也造成吸蜜鸟类的数量大幅减少。"[87]

短短几年后，新西兰人贺伯特·古翠·史密斯提出他的观察结果："80年代和90年代初期，几乎每个空心树洞和被水冲刷过的干燥岩石都有一个蜂巢。除此之外，也有许多蜂巢不受保护地挂在低矮树丛上。在那个时期，大地确实满是白色的三叶草，而蜜蜂同样也漫天遍野。"仔细观察大自然现象的农夫猜想，一定有什么不对劲。"蜜蜂甚至在空地筑巢。"[88]

他又提到，"尽管如此，金色虫子们仍然不断地涌进邻近的森林"，金色虫子指的就是蜜蜂。不久之后，西方蜜蜂的分布区域扩大到整个太平洋区。在我们的时代已经得到证实，太平洋小岛的生态系统中曾经有蜜蜂的存在。过去几十年，蜜蜂经常闯入诺福克岛上鹦鹉的鸟巢，并且导致岛上的布布克鹰鸮诺福克亚种濒临绝种。在20世纪中期新喀里多尼亚岛上的新喀吸蜜鹦鹉的绝种，与造成岛上本土植物授粉系统混乱的外来蜜蜂，两者之间是否有相关性?

大约19世纪中期大溪地黑额鹦鹉绝迹时，蜜蜂是否刚好来到这里？同一时期诺福克岛的啄羊鹦鹉永远地消失了，是否也说明蜜蜂已经在岛上了？今日，蜜蜂仍然持续地与诺福克岛的红额长尾鹦鹉竞争巢穴。而人们制作罕见鹦鹉标本时，被蜜蜂螫伤甚至死亡者，时有所闻。[90]

“夏威夷也许是世界上最适合饲养蜜蜂的地方，这里是养蜂人的天堂。”我在一本夏威夷养蜂杂志上看到这句话。[91]1857年，首批四群蜜蜂来到此地。[92]1858年，《波利尼西亚报》报道了夏威夷群岛上出现了第五群蜜蜂。[93]不断繁衍的蜜蜂究竟为夏威夷带来了哪些影响?

左图 布布克鹰鸮
鹰鸮的一种。喜欢在夜间和晨昏活动，行踪诡秘，平常很难见到。

右图 新喀吸蜜鹦鹉
南太平洋新喀里多尼亚岛特有种。

上图 诺福克啄羊鹦鹉
啄羊鹦鹉属鸟类，分布于位于太平洋西南部诺幅克岛，1851 年灭绝。

中图 黑额鹦鹉
是大溪地特有种，已灭绝。其当地名称的意思是“数量很多的鹦鹉”。

下图 红额长尾鹦鹉
又名诺福克红额鹦鹉，是诺福克岛特有种，目前数量约两三百只。

几年前,加勒比海沿岸也有类似的报道。约翰·缪尔(John Muir)写道:“第一批棕色蜜蜂应该是在1853年3月来到旧金山的。”[94]根据报纸报道，应该是希尔顿教授带来的蜜蜂，他在1853年3月14日搭船来到加州。[95]在十二群[96]或十五群[97]蜜蜂中，只有一群存活下来。然而，一群蜜蜂就已经非常庞大。“这些小移民在圣克拉拉谷地的牧场上蓬勃发展，初次抵达后的第一季就已经繁衍了三群蜜蜂。”[98]早在1857年，第一群野生蜜蜂就出现在圣克拉拉谷地的一棵橡树中，也是加州第一棵有记载的蜜蜂树。当地报纸报道了这一事件，并且预言几年内这群蜜蜂将充满森林。[99]这个预言应该成真了。

蜜蜂引进之前，加州的蜂巢都来自本土熊蜂。从这个时候开始，当地一些语言对此有全然不同的新说词，例如今日几乎濒危的温图语中有一句话：“hubi mi’kupa hara’da –”（我要砍一棵蜜蜂树。）[100]如今，加州的蜜蜂有时候住在燃烧红杉的烟囱、加州红木或橡树的树洞里，以及铁道旁的木屋屋檐下。

18世纪末，欧洲蜜蜂、非洲蜜蜂和来自马达加斯加的亚种蜜蜂，被带到西印度洋没有蜜蜂的岛屿上,如今住满了这些始终不知名的混种蜂亚种。

有证据指出，毛里求斯的野生蜜蜂造访花朵，因此被视为当地太阳鸟的竞争对手。[101]就像童话故事中的蜂后，在公主的呼吸中，仍然微微地散发着蜜蜂的香气，因此蜜蜂当然能够找到那一丁点花蜜。

此外，每年都有蜜蜂霸占人类为了保护濒临绝种的毛里求斯鹦鹉或老鹰而悬挂的鸟屋。威尔斯的鸟类学家卡尔·琼斯说:“蜜蜂问题不会扩散”[102],人类保护之下的生态系统能够排除这些族群。然而，人类无法干涉的大自然环境中又是如何呢？大约18世纪末，当罗德里格斯鹦鹉仍然存在的时候，印度洋岛屿上的蜜蜂带来了什么样的影响呢？ 1834年之前，当马斯卡林鹦鹉还存在时呢？[103]1875年之前，当塞舌尔绿鹦鹉还在时呢？这其中是否有关联性，如今已不可考。蜜蜂和塞舌尔岛上的非洲黑鹦鹉的数量衰退是否也有关系？这种罕见鹦鹉的鸟巢第一次被发现时，是在当地海椰子的空心树干中。[104]

左上图 毛里求斯鹦鹉
又名回声鹦鹉，仅存于毛里求斯，是全世界最稀有的鸟类之一，也是最濒临绝种的鹦鹉之一。在人类的保育之下，近年数量也才回升到一百多只。

右上图 罗德里格斯鹦鹉
栖息于罗德里格斯岛，1500 年左右被第一次记载，18 世纪末随着大家鼠的入侵而灭绝。

中图 马斯卡林鹦鹉
分布于非洲马斯卡林群岛中的留尼旺。最先被提及的时间是 1674 年，之后活体被带到了欧洲。灭绝日期不详。

左下图 塞舌尔绿鹦鹉
一种曾生活在塞舌尔的鹦鹉，可能因棕榈的大量种植造成食物匮乏、人类过度猎杀而灭绝。

右下图 非洲黑鹦鹉
羽毛为黑棕色，分布于科摩罗、马达加斯加和塞舌尔，是塞舌尔的国鸟。

黑色蜂蜜树

然而，恶魔般的蜜蜂实验仍然持续地进行着。实验以不同的方式、蜂种进行着，也因此蜜蜂被运到了新的生活环境中。欧洲蜂种和地中海蜂种在干燥的澳大利亚丛林中，感觉就像是在大海环绕的新西兰或气候温和的美国一样舒适。人类在气候区的边界上饲养蜜蜂，而新的多雨热带气候区，就没那么欣然地接受它们。[105] 很显然，气候局限了野生蜜蜂的分布。对于养蜂人来说，这是一项挑战。如同往常一般，引进新的“育种材料”解决了这个问题。新的东西又来了，一个新的物种，一群新的蜜蜂。

1956 年，一只非洲蜂后被带到巴西，她来自于印度洋边的坦桑尼亚，是创造历史的女王。欧洲雄蜂和非洲女王蜂产下的蜜蜂，悄悄地从圣保罗的里约克拉若的养蜂人那里逃了出来。它们进行了一场蜜蜂大迁移。

几年内，这些“非洲化的蜜蜂”出现在热带新世界。1966 年一部以蜜蜂为主题的惊悚片上映，1976 年电影《杀人蜂》（*The Savage Bees*）上演，杀人蜂在一艘失去方向，停靠在路易斯安那岸边的船上展开攻击，造成多人死亡。[106] 事实上，货船是蜜蜂特别喜爱的一种交通工具。它们搭着船只，登陆到加勒比海上的各个岛屿。

欧洲蜜蜂让热带地区受到巨大惊吓时，反而让它们在非洲同母异父的姊妹们离开了热带地区，向外发展。1986 年它们来到尼加拉瓜，[107]1987 年到达墨西哥北部，1988 年报纸上刊登了人们曾在一艘停靠于佛罗里达的船上发现非洲蜜蜂群的消息。[108]1990 年蜜蜂来到了得克萨斯州，1994 年到加利福尼亚州，1995 年到北卡罗莱纳州，2009 年至犹他州，2010 年飞抵乔治亚州。今日，它们住在美国南部的澳大利亚尤加利树和欧美混种悬铃树中。它们和非洲蜜蜂的习性一样，住在岩洞或岩洞的替代品——人类都市中的水泥墙洞中。对于居住条件，它们比祖先来得更随性、更容易适应环境，不那么挑剔。它们经常聚集在一起，[109] 怒气冲冲地保护着自己的蜂巢，人类得处处提防，在屋脊下干活的建筑工人都要为了这些不愉快的碰面而做准备。非洲蜜蜂甚至喜欢住在飞机引擎或雷达区中，[110]森林里也能看见它们的踪影。加州的一个消防队员告诉我，当森林大火需要救援时，非洲蜜蜂是一大麻烦。

它们无远弗届，是“超级蜜蜂”。对竞争对手来说，它们的出现有如一场核灾。

我在巴西注意到两种欧洲蜜蜂：一种是较小、较黑，看起来像是卡尼鄂拉蜂，另一种颜色较亮，像是意大利蜂，看起来身型较大。或许它们就是非洲化的蜜蜂。通常从外观来看，非洲蜜蜂和欧洲蜜蜂没有太大的差别。比起经常看到的无针蜂，这两种更常见。小小的黑色昆虫，特别喜欢无糖可乐，但是对巴西经典的汽泡饮料瓜拉那（Guarana）却毫无兴趣。

“有来，就有去。”这是从前绿野山谷中的人们说的，在大自然中也经常有许多生物被某一种生物排挤驱逐。最早是当地蜂种——本土无针蜂——遭受驱逐，几十年以来，它们被记录在法属圭亚那和犹加敦半岛遭受非洲蜜蜂驱逐的历史中。[111]

引进蜜蜂和蔗糖前，巴西应该有许多含糖食品。在巴西巴伊亚州的里欧布拉年（Rio Buranhém），一名森林管理员向我介绍一棵将自己的名字献给河流的树。或许它曾经有黑色、滋味香甜的树皮。我曾经读过 *Chrysophyllum glycyphloeum*，这是一种“有粗厚、黑色、多汁的树皮”的树，而且想尝试它的味道。有人告诉我，此树种已经从这个地区和以它命名的流域消失了。[112]

巴西当然也有本土蜜蜂。

19 世纪的旅人曾经描述过黑色、白色和黄色无针蜂所产的蜂蜜。每种蜂蜜都有不可取代的滋味，[113]有些香气馥郁，[114]有些气味独特，味道都有些许不同，就连侍酒师、玫瑰园丁或是香水调配师也难以言喻。在巴西到处都能购买非洲蜜蜂所制造的蜂蜜，然而我却买不到当地无刺蜂的蜂蜜。

如同在北美洲、澳大利亚和海洋岛屿，欧洲蜜蜂大幅扩散之后，鸟类和其他住在树洞的生物都感受到威胁，比如羽毛呈苹果绿颜色的大绿金刚鹦鹉——大绿金刚鹦鹉[115]栖息于美国中部和加勒比海地区的树洞中，与非洲蜜蜂[116]相互竞争栖息地。蓝喉金刚鹦鹉、紫蓝金刚鹦鹉也和大绿金刚鹦鹉一样，对抗着相同的竞争者，[117] 因为它们悬挂的人工鸟巢也被非洲蜜蜂夺走了[118]；或者是军舰金刚鹦鹉，其“又绿又长的羽毛”，宛如失落的马雅统治者插满绿色羽毛的装饰[119]；蓝色的李尔式金刚鹦鹉[120]，也面临同样的威胁。

一名致力于保护李尔式金刚鹦鹉的生物学家在一次访谈中说：“因为非洲蜜蜂数量过于庞大，因此我们无法接近它们栖身的树洞。我也发现，蜜蜂的存在干扰了鹦鹉筑巢。一个在 20 世纪 80 年代成功孵育出后代的鹦鹉鸟巢，因为蜜蜂的出现，从 2006 年起就失去了功能。……2009 年时，我们将蜜蜂赶出鸟巢，从那时候开始，鹦鹉再度住进树洞中，并且成功孵育了三只雏鸟。”[121]

又如栖息于美国中部的亮红色的绯红金刚鹦鹉，它的幼鸟偶尔会被非洲蜜蜂螫咬致死。[122, 123]

或者是稀有的斯皮克斯金刚鹦鹉[124]，曾住在巴西北部，自 21 世纪初期开始，它们便从辽阔的森林中消失了。由于动物买卖而进行的猎捕，多少也促使稀有鸟类濒临绝种。收藏家将最后一批小鸟打落下来。在巴西北部里约圣法蓝西斯科唯一的自然动物栖地，那绵延数公里的森林走廊因为人类居住与伐林而受到破坏。栖地中 40% 的树洞是鸟巢，但因为非洲蜜蜂大量增加而被占据。蜂群四处寻找树洞造成正在孵育的幼鸟死亡。[125] 鹦鹉的未来岌岌可危，如今鹦鹉只能在人类的庇护下才能存活下来；或被阿拉伯酋长当作是活生生的蓝色宝物收藏，被欧洲爱鸟人士私养；或在伐斯罗德鸟园和特内里费岛罗洛乐园中被当作奇珍异宝观赏。这个世纪初期，还有六十多种鹦鹉存活在世上，而其中 54 种是在人类的保护下孵育成长。[126]

经过证实，鸟类与蜜蜂的竞争也导致波多黎各鹦鹉数量锐减。自 1994 年起，非洲蜜蜂在红额蓝翅的绿鹦鹉所居住的森林中找到了它们的家，鹦鹉的巢穴因此被这些新混种昆虫占据。[127] 加勒比国家森林区的鹦鹉也因为蜜蜂被迫离巢。在孵育期过后，森林区马上用铁丝网围住，好让鸟类下一年有地方孵育幼鸟。在此控制下，蜜蜂只是暂时令人厌烦，而不至于构成直接的威胁。

左上图 紫蓝金刚鹦鹉
全世界最大的鹦鹉，主要分布于巴西北部。它美丽的外表及巨大的体型使得它特别引人注目，因而常被盗捕。加上栖地破坏与巢穴不足，野外的蓝紫金刚鹦鹉目前仅剩几千只。

右上图 军舰金刚鹦鹉
分布于美洲。最初进口至欧洲时由军事人员运送，故被命名为军舰金刚鹦鹉。由于栖息地破坏及宠物市场买卖数量等原因，在 20 世纪 80 年代后期时大幅减少，族群数量开始出现危机。

左下图 李尔氏金刚鹦鹉
又名青蓝金刚鹦鹉，是巴西的一种鹦鹉，生境范围狭小。得名于 19 世纪时英国著名博物画画家爱德华 · 李尔。由于数量极其稀少，受到巴西政府与华盛顿公约保护。

右下图 斯皮克斯金刚鹦鹉
分布于巴西东北部。得名于 1819 年第一位射杀该鸟种的斯皮克斯博士，又名小蓝金刚鹦鹉。目前该鹦鹉已经没有野外种。

绯红金刚鹦鹉

又名五彩金刚鹦鹉，是色彩最漂亮、体型最大的鹦鹉之一。产于美洲热带地区，在河岸的洞里筑巢。其美丽的外表和高价位使其成为盗捕者的主要目标之一，现已濒临绝种。

然而，哪个热带森林像美国加勒比一小部分区域一样，进行着保育工作呢？世界哪个角落仍为大自然维持着“美国和平”（pax americana）？非洲蜜蜂持续扩散，是否会对北美大陆其他鸟类构成新的威胁？

墨西哥西北部的厚嘴鹦鹉，头上和羽毛有红色斑点，现在因为栖息地遭到破坏而濒临绝种。北美洲会二度、甚至三度失去本土绿色鹦鹉吗？我住在金色大地时，顺道拜访了沙加缅度动物园中的这些小动物。这些深绿色的小动物大多充满活力、声音宏亮。在某一个晚上，动物园的游客都离开了，我仍然站在鸟笼前。在那一时刻，我感受到马莱（Eugene Nielen Marais）[128]所描述的“日落的消沉”（Hesperian depression）。每次到动物园，我都尝试让这黄昏的忧郁持续下去。不久之后，鹦鹉相互倚靠，喃喃细语，一阵冷冽的晚风萧飒作响，把一根红色镶边的绿色细小羽毛吹过栅栏，掉落在沥青地面上。

电线杆上的鸟巢

由于蜜蜂在文化与经济上相当重要，因此几乎没有其他的昆虫能够比得上。尽管如此，它在生态学中的来龙去脉却仍然鲜为人知。

有关蜜蜂、树木和鸟类的故事，还有很长的篇幅还没说。在故事结束之前，会有更多的昆虫从这块大陆被绑架到另一块大陆，从这个岛屿被挟持到另一个岛屿。许多情况下，根本无法对这些物种进行生物学研究。因为物种被绑架到新的栖息地后，只有在偶然的机会下才会因为学术研究的需求而被发现。

在这样的情况下，物种原本的生态意义已无从得知。来自异国的社会性昆虫，例如蜜蜂、蚂蚁或白蚁不断地散播开，再加上它们能够高效率地运用资源，因此造成本土物种陷入危机。

独立生存的物种、单打独斗的战士，根本比不过“大企业”的强大势力。例如西方蜜蜂、家白蚁、阿根廷蚁、入侵红火蚁（一种来自南美洲“无敌的”

入侵物种），以及同样也是来自新热带地区的小火蚁、小黄家蚁和不知道来处的长脚捷山蚁。

某些状况看起来像是全球性“蜜蜂实验”的续集。因为目前还有许多蜜蜂种类，历史是否会在另一蜂种身上重演，实在很令人担心。例如来自亚洲的东方蜜蜂，它是欧洲蜜蜂另一个来自热带的亲戚。

东方蜜蜂在19世纪70年代时，被从爪哇引进到几内亚，并且扩散到印度洋上的各个岛屿。1933年首度在托雷斯海峡的岛屿上被发现。[129]托雷斯海峡界于澳大利亚和几内亚，宽度仅约150公里，许多大大小小的岛屿如同跳石，四散于海峡上。东方蜜蜂成群结队飞越海峡，它也喜欢滞留在船上，像是在寻找驶往下一个岛的方舟。越来越多的东方蜜蜂蜂群走海路抵达澳大利亚，1995年，它们抵达昆士兰的布里斯本港口，[130]1996年来到澳大利亚南部的一个港口，1998年则到达北领地的达尔文港。一位当地的养蜂人因偶然的机会发现了它们的蜂巢。2002年，东方蜜蜂随着货轮从几内亚到墨尔本，接着越来越多的人在昆士兰的各个港口发现它们的踪迹。2002年和2004年布里斯班再次发现这些盲眼乘客，同年在肯恩斯也同样发现了它们。[131]2007年又有新发现：一个蜂巢悬挂在渔船的船杆上，另一个则在码头的绳索圈中被发现，应该是大蜜蜂的蜂窝。[132]

20世纪70年代时，澳大利亚西部弗里曼特尔的港口，在一艘亚洲渔船上就曾经发现此蜂种的蜂窝。它也许是少数喜好迁徙的物种之一，然而却没能成功定居欧洲和美国。[133]

因为那里有非洲来的蜜蜂 *Apis scutella**，一种在人类安排下，与西方蜜蜂跨种交配的非洲蜜蜂“怪物”。1994年，在弗里曼特尔的港口再次发现一艘来自南非的船上有一个蜂巢。1997年，另一种蜜蜂的蜂巢也被人发现，但是早已蜂去巢空。蜂群是否已经登陆澳大利亚？将新昆虫种引进到原有的生态系统，不再只是全球贸易来往中无意间引发的副作用。

今日仍有许多外来昆虫是有目的地移民到特定的区域。澳大利亚、美国或其他岛屿的本土昆虫种类，因为不熟悉从其他大陆引进的经济作物，因此

* 拉丁名，可译为“东非蜂”，由攻击性较强的非洲蜜蜂与西方蜜蜂杂交而成。——译注

传播花粉不够“有效率”。此外，许多地方的蜜蜂因为疾病被带入新的生活环境，因此数量大幅减少。基于经济效益，不同品种的蜜蜂是花粉传递者，必须受到特别的保护，例如苜蓿切叶蜂、大花园熊蜂，或者欧洲熊蜂——一种身为花粉传递者，对农业与水果种植具有相当高成效的欧洲深色熊蜂。

在欧洲，这些毛茸茸、胖嘟嘟、慢吞吞、在花丛间四处遛达的熊蜂，在生态系统中发挥了重要的功能，填补了蜜蜂造成的生态缺口或市场漏洞。熊蜂也能造访那些欧洲蜜蜂无法靠近的花朵。因为它们更能适应低温，因此从一大清早就能够开始传递花粉，并且工作到深夜。它们对环境没有什么要求。如今蜜蜂和熊蜂定居的地方，与当地蜂种争夺花蜜的竞争也越趋激烈。[134] 然而，熊蜂的全球性散播早已加速展开，自 20 世纪 90 年代早期开始，熊蜂的饲养和交易已经发展成独立的产业。而早在 1875 年时，两个英国熊蜂的蜂巢就已来到了新西兰。[135] 在接下来数十年间，还有更多的“进口”[136]。1992 年，熊蜂从新西兰被非法携入塔斯马尼亚，在短短几年内从海岸迅速散布到新岛屿的山顶上。[137] 在这段期间，外来种熊蜂的入侵让塔斯马尼亚本土蜜蜂遭到了排挤，[138] 而熊蜂的产业贸易和分布区域也持续地扩大。1993 年，土耳其的报道指出，自 1989 年以来，每年有近四千只黄蜂女王蜂被捕捉。[139] 新西兰许多公司出产“野外”捕捉的女王蜂，一袋两百只装。1997 年，全世界就已经制造了二十五万个蜜蜂殖民地，部署于三十多个国家中。例如，日本在 2001 年引进约四万个熊蜂殖民地。[140]

澳大利亚水果产业的代表也在过去几十年中，积极地争取引进欧洲熊蜂的许可。[141] 由于这将会对本土蜜蜂造成可能的毁灭性破坏，[142] 因此遭到环保团体的反对。[143]

2008 年，环保署暂时打消了果农的企图。全世界有超过 250 种黄蜂种，以及许多其他能够帮助植物传播花粉的蜜蜂种类，其他蜂种传播花粉的潜能性也正在进行研究。人类对于会传播花粉的昆虫需求量极大，还有多少蜜蜂和熊蜂从自己原来的栖息地被运送到世界各个角落，使得靠它们繁衍后代的植物逐渐单一化呢？就像某些故事一样，蜜蜂与花朵就是故事的开头。

第7章

被迫出海与遣返

动物被迫跨洲迁徙的故事，是一段黑暗且充满寂静死亡的历史，剩下的仅只是被啃咬、摧毁过的单一景象。

留尼旺椋鸟

冬天里的马鹿

自从人类首次将动物带上船只，许多生物就在各大陆之间被带来带去，也因此伤害了许多生命。今日仍有许多灵船装载着生物航行于大海上，就像几年前在中国海上被发现的那艘一样。船上约有五千多只稀有动物，仿佛是残忍的诺亚方舟讽刺画。如果这艘船的引擎没有受损，船上的动物将会被送往广东各地餐厅的厨房，做成可怕的食材，甚至在那之前可能就被杀死。[1]我们不知道有多少这样的船只此时此刻正在路上。如此惨无人道、肆无忌惮的事情，大概只有人类互相残杀的犯罪行为才能超越，而船上确实发生了残酷的绑架事件。“诱骗黑奴劳动”（Blackbirding）是奴隶制度与强迫劳动的综合词，大洋洲的许多居民被迫离开家乡，到蔗田里工作。人类对待他们如“黑鸟”，他们的生命还不如动物更受尊重，就这样被捕捉与绑架。

这种绑架人命的非法勾当一开始都是悄声无息的，这些人对残忍熟视无睹，蓄意将人类押上船。

十五个蜂箱与合恩角

16或17世纪首批移民飘洋过海，将蜜蜂带到新居地。他们小心翼翼地将蜜蜂装上船，几个星期的航程中忐忑不安，不断地仔细聆听蜂箱内的动静，观察蜜蜂是否鼓噪。航程中也许发生了意外，可能是货柜在海上互相碰撞，带刺的旅客因此从籐编的客舱里逃窜而出。船上也许发生了争执，迷信的船员把滔天巨浪和天气不佳的原因怪罪于这些昆虫，其他人只能施展说服力，阻止他们把蜂箱丢进海中。[2]也许还有一些冒险故事，比如来自约克郡的玛莉·邦比小姐在1838年时，拎着行李箱、装有帽子的硬纸盒和两个蜂箱，毫不畏惧地环游世界；或者1857年克里斯多夫·谢尔顿教授带着蜜蜂搭船来到加州。为了使动物们免于绕行合恩角的长远旅途之苦，因此通过加勒比海海域后，随即跨越巴拿马地峡来到太平洋。在长途旅程后，看着蜂箱里的小生命再度骚动，看着第一只蜜蜂离开蜂箱登上新大陆，或者某只欧洲蜜蜂首度登陆在新世界的花朵上，也许会是一种奇妙的经验。

有关夏威夷或加州地区一群蜜蜂的报道，如今听起来仍然令人振奋。人类对于其他动、植物的引进也都感到相当兴奋，因为他们在异乡看见了来自家乡的小生命在此繁荣生长。繁殖新的生物、参与生长发展或者踏入新的领域，都像是一场冒险。与动物一同经历的这个冒险，它的历史就和人类生命旅程一样久远。透过化石遗传学家和考古学家的工作，我们知道人类跟随着野兽的脚步，穿越白令海峡，跨越好多个世代去打猎，从陆地到巨大的乌龟岛，从绿色陆地到最南方，到火热的大地。例如，人类带着硬毛鼠和鹦鹉，来回于美国地中海*之间的岛屿，或者把安地列斯秧鸡从波多黎各绑架到维京群岛。如今，这种鸟类已经灭绝了，它太容易被捕捉。人类和动物的骸骨也说明了在世界的另一个尽头，当弗洛勒斯岛上还住着一支个子娇小的神秘民族时，当科摩多岛上侏儒象还很害怕科摩多龙时，人类就在印尼的群岛间交换鹿。他们用草藤将鹿绑住，如此鹿才不会从小舟跳出去，然后游回自己的岛屿。

原始时代勇敢、好奇的冒险家，从曾经是乌龟建盖的小岛，划着小舟越过红树林，穿梭于小岛之间，绕过尚不知名的红色大地的咸水海湾，进入袋狮的国度，而澳大利亚野狗就跟随在他们的身旁。

喧哗与宁静的死亡

透过挖掘遗迹，我们知道早期人类为了在蔚蓝星球上开垦新地区，从陆地海岸与小岛出发，带着鸡、犬、老鼠和猪上船。一直到不会飞行的小鸟初次惊声尖叫，叫声传遍大海或森林，因为它们的岛屿被海盗袭击了。

我想象着尖叫声接连不断，响彻太平洋，想象着鸡、犬、老鼠和猪如何不断地被带上小岛，并想象着其他动物，例如鹦鹉（因为它们有红色羽毛）如何被带上船，在太平洋岛屿间往返运输。

从某些古老的传说中仍然可以得知当时航海的情形，故事叙述了几千

* 指加勒比海。
——译注

年前，第一艘波利尼西亚冒险家的船，在惊涛骇浪中，逐渐往岛屿——鸟的国度、恐鸟的家——接近。

我想象着，海上的风暴、漂浮物和海鸟群，如何让水手知道陆地就快要靠近了。我想象着，仍旧不知名的地方，那里的绿色山野如何在白云之下逐渐映入眼帘。我想象着，水手身上的异国香气随风过海向外散发，在海上他们就已经听见也许是毕生听到的最美妙的小鸟歌声。我想象着，他们踏上沙滩，一个水手咒骂着，因为一只珍贵的波利尼西亚鼠突然迅速地逃跑，永远消失在岛上的森林中。

我想象着，他们背对着月光，看着后来被他们称为Hakuai的巨鸟影子[3]，然后最勇敢、最富有冒险精神的水手慢慢地向神秘的森林、陆地深处前进。我想象着，他们突然看见超级巨鸟，体型大到无法捕捉，一点也不怕人，只是专心地凝视着他们。

也许恐鸟会在夜晚受到营火闪烁的光芒吸引而来，他们盯着恐鸟闪闪发光的眼睛，直到那个庞然大物走向黑暗。也许他们会先听到小恐鸟带着不理解的心情，被狗攻击而发出的惨叫声。幼鸟怎么会知道，地面上有什么会对它构成威胁，天空中又有什么会攻击它的敌人呢？

也许他们找到了一个鸟巢，一个凹洞里只有一颗巨蛋，然后效法辛巴团队处理巨鸟洛克鸟蛋的方式打破鸟蛋。在冒险故事中，随时随地都有东西被破坏，有时候是重重一击，有时候则是缓慢得不易察觉。暴行随时都会发生在我们周遭，因此必须仔细聆听观察，才能够知道究竟发生了什么事。

如果长时间地仔细观察，从博物馆保存的碎片中，仍旧可以听到榛睡鼠发出带点疑惑的轻微搔痒声。从前，榛睡鼠被关在由黏土制成的监狱和陶制的笼子里带到英国，被当作英国殖民地的美食。也许在同一时期，另一艘船从“蹄兔之国”西班牙出发，货柜里装了要被带到巴利亚利

恐鸟
曾生活在新西兰的一种无翼大鸟，平均身高有3米。在18世纪中期数量飞速下降，大约于19世纪50年代左右彻底灭绝。虽然恐鸟的数量在人类到达新西兰前便开始减少，不过其绝种主要还是跟毛利人祖先的猎捕和开垦森林有关。

榛睡鼠

原生于欧洲北部及小亚细亚的哺乳类动物，是睡鼠中最为常见的品种。体形细小，身长 6 到 9 厘米。比较挑食，除了一些花、果和昆虫，最爱吃榛子。榛树和悬钩子不仅为睡鼠提供了理想的栖息地，而且也为它们提供了食物。

群岛（Islas Baleares）的兔子。因为腓尼基人从未看过像兔脚的半岛，所以用他们认识的动物为西班牙取了这个名称。在奥古斯都时代，巴利亚利群岛的居民向罗马帝国发出了求救讯号[4]，因此兔子随罗马人来到了巴利亚利群岛。不妙的是，兔子什么东西都吃。同样的情景一直重复上演，像是不断循环的全球性试验。例如在中古时代，首批兔子从西班牙被带到英国时，或者在修道院花园的掩饰下被野放到阿姆鲁姆岛。或者是1418年大发现时代初期，兔子被带到了圣港岛[5]。啮齿类动物被引进的数年后，圣港岛殖民地被弃守了，因为兔子把所有的东西都吃光了。有多少岛屿本土特有种幸存下来不可得知。

最后，兔子也被带到南大陆和南海岛屿。1777年被引进新西兰[6]，1788年引进澳大利亚，接下来的百年中，也被引进太平洋其他岛屿[7]。其实，根据历史就能预知会发生什么事情。开始大吃大喝吧！有一位美国记者在澳大利亚写道："整个国家看起来像是一群会移动的兔子。它的味道，不管是活是死，都能清楚地知道。"[8]植物散发的味道也改变了。细心的水手现在能否注意到海岸其他气味所带来的信息呢？旅人的记忆画面从现在开始是否被另一种气味盖过了呢？ 19世纪60年代初期，在兔满为患之前，新西兰南岛的南地大区放牧了许多羊群，在这植物学家的天堂里，有无数特有的本土植物。而且这里不只是植物学家的天堂："八角是一种让人十分怀念的植物，有让人感到非常舒适的气味，羊也很喜欢。"他描述了感官世界的衰亡，还把他那只很喜欢野生八角的羊也写进去。[9]

接着开始了动物的灭绝，需要牧草、香草和该地其他所有植物的动物，都灭绝了。

我们不知道在古希腊罗马时代，地中海岛屿或大西洋马卡罗尼西亚群岛上有哪些物种因为兔子的引进而灭绝。就连过去几世纪才变成兔子国的大陆国家，也因为生态改变而变得难以辨认。兔子是那些只吃本土植物之种子的天堂长尾鹦鹉[10]灭绝的关键因素吗？或者也是生活在高草间的夜鹦鹉灭绝的原因？而近期受影响的岛屿，追踪起来相对容易，因此我们能够

天堂长尾鹦鹉

也叫乐园鹦鹉，是一种色彩丰富的中型鹦鹉，曾生活于澳大利亚东南部。由于过度放牧、土地破坏、狩猎及被入侵物种掠食等原因，19世纪末时数量已变得很稀少。最后被发现是在 1927 年，估计现已灭绝。

知道，新西兰岛上造成陆地动物灭亡的罪魁祸首是兔子。1878年，有关“新西兰兔子与它的猎物”的文章正式发表。[11]

自从1879年起，兔子出现在麦觉理岛，一个位于塔斯曼海与南冰洋无形边界附近的岛屿，岛上住着许多鹦鹉和企鹅。本土秧鸡和本土鹦鹉[12]在那里大约又幸存了十多年，它们如履薄冰的生活环境却轻易地被兔子啃光了。

卡卡啄羊鹦鹉最后的隐匿处是距离诺福克岛不远的小岛——菲利浦岛。根据1849年一名访客的说法指出，小岛上有许多木本植物，然而却都营养不良，毫无价值。他还观察了一些小鸟和鹦鹉，特别是岛上有“一大群兔子”。“形形色色的兔子四处飞奔。看不到任何一个能称为草地的地方，因为小树的叶子和草根变成了它们的营养摄取源。”[13]根据后来游客的说法，因为“数量庞大的兔子”，菲利浦岛在40年后变成了“光秃秃、奇迹似存活下来的山丘”。这名游客得出这样的结论：兔子抢走了鹦鹉的地盘。[14]

莱塞岛和夏威夷岛的米尔苇莺和雷仙岛秧鸡都灭绝了，因为它们住在禾草丛生中的猎物雷仙岛夜蛾、营养来源和遮蔽处都被吃光了。

我曾在北太平洋加拿大西岸附近的圣礦岛上，看见兔子来来回回地飞

左图 米尔苇莺
属雀形目，莺科，分布于太平洋诸岛屿。

右图 雷仙岛秧鸡
是秧鸡科田鸡属的禽类，不能飞，主要分布于雷仙岛。由于入侵雷仙岛的兔子差不多吃光了整个岛上的植物，雷仙岛秧鸡因缺乏食物来源而灭绝。

奔，它们应该是在20世纪初被野放至此的。例如，1895年一名灯塔看守员把兔子带到圣磺岛，造成了严重的后果！地球逐渐衰亡，以至于灯塔也几乎崩垮。[15] 尽管悲剧已造成，伤害仍然接连不断地在其他的岛屿上重演。[16, 17] 20世纪初，史密斯岛的灯塔看守员让其前辈养的兔子溜上了岛屿。不久之后，整个岛上都是兔子。[18] 1970年，另一个灯塔看守员又让兔子溜到了岛上，[19] 这个岛的名字似乎有了某些暗示——毁灭岛。

如果人类能预料到故事的发展，那么也应该要能预示兔子的未来。当库克船长宁可任菜鸟水手纠缠，也要让烦人的老鼠离开船时，就应该看出故事可能的发展。[20]

毕竟当时已经有许多例子是身处18世纪的船长应该知道的。例如：属于基克拉泽斯群岛一部分的锡罗斯岛*，在古希腊罗马时代遭受啮齿类动物大肆侵略，岛上所有居民因此被迫撤离，伊亚罗斯岛后来变成了监狱。[21] 16世纪毛里求斯岛的第一批移民差一点因为岛上的鼠患而无法再住下去。[22] 17世纪初，百慕达群岛的居民因老鼠大量入侵而陷入严重的饥荒。[23]

赖阿特阿岛在短短几十年内变成了老鼠岛，当地的湾鸫和社会岛鹦鹉也因此灭绝。这些迷你的历史掠影虽然质朴，但是其中有许多令人印象深刻的画面，描述世界因为搭建了桥梁，既可以变得丰富，也可以变得很贫穷。查尔斯爵士毫不犹豫地写下新西兰唯一一种不会飞行的哺乳类动物的命运："本土种老鼠是欧洲冒险家在新西兰遇见的唯一陆地哺乳类动物。它们彻底地消失，使得有些博物学家甚至怀疑它们是否真的存在过。陶波湖上的小岛应该还存有它们的栖息地。而常见的白种男人路上的最佳伙伴——褐鼠，却霸占了所有地区，甚至靠近新西兰南阿尔卑斯山冰河的居住区也能看见它们。"[24]

此外，科学考察旅行家、博物学家恩斯特·约迪芬巴赫（Ernst Dieffenbach）早在1844年就找不到波利尼西亚本土鼠种了。[25] 老鼠是外来哺乳动物中，把岛屿地表植物全都吃光的首批先锋。

同样的剧码不断上演：绵羊——东方摩弗伦羊的后代子孙，大概是在

* 锡罗斯岛（Syros），位于爱琴海中基克拉泽斯（Cyclades）群岛的一个岛屿，是群岛的中心，被称为爱琴海的"蓝宝石"。面积84平方千米。岛形不规则，最高点海拔442米，但少树木。锡罗斯岛由自然美景和传统村镇组成，全岛既有史前青铜时代典型的基克拉迪文化建筑，又有新古典主义影响的独特建筑。

——译注

湾鸫

赖阿特阿岛（法属波利尼西亚群岛中的第二大岛）特有种，因人类无意中将老鼠引入该岛，致使其于 1774—1850 年间灭绝。

史前时代某个时间，穿越大海抵达西班牙或英国，千年之后再到美国和大洋洲。1833 年（或许更早）又被引进新西兰。放眼望去，大地上有一坨又一坨的白云，为白人创造了一个充满羊毛的国家。在丹麦的西兰岛上，有和新西兰一样的绵羊在啃草。英国威尔斯和新南威尔斯——马克·吐温笔下的澳大利亚，[26] 鸭嘴兽和袋鼠之地——一样有绵羊在吃草，因为这块岛州很久以前就变成了羊的国度，而且一直和加州、南非或巴塔哥尼亚一样，放牧羊群食用进口的欧洲草种。因此，巴塔哥尼亚的羊群使安地斯驼鹿的放牧地受到影响：“无边无际的南美大草原上只剩下一个统治者：绵羊，追寻它们、帮它们剃毛，最后宰杀它们的白人，基本上只不过是它们的臣民。”[27]

羊仅仅是其中一个例子。“数以万计的牛、羊、猪、马和其他家畜，如今都住在五百年前没有它们的新世界。同时，曾经是北美洲和南美洲特色的野牛、叉角羚、熊、美洲狮、狼、西貒和其他动物，如今所剩无几或者濒临绝种。”[28] 古生物学家艾德文·寇伯特写道。

冒险、抢劫与走私

也许把动、植物当作价值连城的货物，漂洋过海运送到另一地方是一种冒险。

植物界的掠夺和盗取犯罪故事层出不穷，比如，把香草引进留尼旺岛，[29] 把肉豆蔻从印尼的摩鹿加群岛带到毛里求斯岛 [30]，贸易公司冒着风险把橡胶树走私到马来西亚 [31]，或者把可可树走私到西非 [32]。也有出于慷慨之心，把面包树运到加勒比海的故事。在某些植物身上，有着超乎我们想象的血泪。

例如，远古时代示巴女王把乳香木 * 当作礼物带到巴勒斯坦 [33]，就像是中国公主把蚕和桑树的种子藏在发髻里走私到疆外的翻版。

近代也有一些引进外来植物到欧洲的冒险故事，例如法国外交官蒙蒂

* 乳香木，橄榄科矮小乔木。自然生长于南阿拉伯、红海、阿顿湾沿岸的原野之上。由乳香木提炼出来的乳香，点燃会散发出香气，具有驱虫的效果，自古便受人们的喜爱。
——译注

尼先生的故事。他原本想要骑着牦牛跨越几千里的路程，把西藏“猪叫般的公牛”运送回法国，然而最后还是改用船运。接下来，他试图把牦牛带到阿尔卑斯山，希望能够为法国家畜业带来革新的一页，然而终告失败。我不禁想象着萨伏依地区的农夫初次看见这只不寻常的高山牲畜，以及随着牦牛一同被带到欧洲的中国牧人时的情境。事实上，在冒险家的另一个天堂——阿尔卑斯山区现在已能够看见牦牛。

英国人查尔斯·雷爵在1859年违反严格的出口禁令，把数只羊驼从南美洲带到澳大利亚，几年后再把小叶鸡纳树从玻利维亚走私到伦敦。[34]此外，他还通过邮寄的方式，非法运输更多东西。运送动、植物到世界各个角落变得出乎意料地简单，不需要像过去一样煞费苦心。19世纪时，货物与信息联络网快速密集地成长，使得运输更加简便。19世纪时期，原本进口外来物种的单一事件，演变成了物种多方交易，往来活跃。两艘船只在大西洋上相遇，形成了一个奇特的场面，一艘船从巴西运载着阿尔及利亚来的骆驼[35]，另一艘将南美洲的羊驼运送到法国。一切都变得如此简单且轻率。

这种冒险的诱惑力应当逐渐淡去。如同西班牙现代歌剧《路易莎·费尔南达》中饲养巨型袋鼠的王子，或者住在佛罗伦斯附近豢养了欧洲第一只鸵鸟的德米多夫（Demidoff）侯爵，他们的魅力也在日益消散。

外表形象不太奇怪，但是个性堕落的学者法兰西斯·巴克兰（Francis Trevelyan Buckland）住在“公牛浅滩之市”，他是英国动物驯化协会[36]的成员，而且“嗜食肉”。巴克兰就像是德古拉故事中患有精神病的伦菲德，喜欢吃苍蝇[37]、软体动物，尤其是所有挡他去路的昆虫。袋鼠、鳄鱼、大角斑羚、大象、长颈鹿和其他能够捕猎到的动物都进了他的肚子。巴克兰的一生就是吃、吃、吃。[38]他的表现好像科学故事中被边缘化、令人讨厌的角色，同时反射出如何熬煮、啃食、消化各式各样动物的画面。对于像巴克兰这样的人来说，从世界各地搜括各种受害动物，实在是轻而易举的一件事。

当时确实有相关的组织，协助办理各种嚣张阔绰的动物进口业务。

19世纪时，西方世界许多地区所谓的“动物驯化协会”蓬勃发展。这种组织引进其他陆地的动、植物，既不是作为科学研究之用，也不是送到与研究相关、实行科学教育的植物园和动物园，而是将原有的本土动、植物世界彻底改变。协会密集的动作之后，到处变得截然不同，各地也纷纷成立动物驯化协会，例如俄罗斯皇家动物驯化协会、安特卫普动物驯化协会、柏林动物驯化协会、巴黎动物驯化协会，所有机构的要旨都是使欧洲的动、植物种类更加丰富。

而像位于纽约的美国动物驯化协会、墨尔本的维多利亚动物驯化协会、悉尼的新南威尔斯动物驯化协会、澳大利亚希布的动物驯化理事会，或者新西兰的奥塔哥动物驯化协会和尼尔逊动物驯化协会，它们都致力于将其他大陆的生物景观复制到欧洲的动、植物身上，就像一个新的地区在新的国家无权获得自己的名称，直接在原有的名称前加上“新”字，例如新英格兰、新约克郡、新汉普郡、新汉诺威、新克兰、新布伦瑞克、新苏格兰、新喀里多尼亚、新赫布里底群岛、新昔德兰群岛、新奥克尼群岛。当一个新的外来文化试图抹灭过去的外来文化时，这个已经被改变过的国家又会变成另一个新的国家。例如新玻美拉尼亚变成了新不列颠尼亚，新梅克伦堡变成了新爱尔兰，新阿姆斯特丹变成了纽约，新荷兰和新瑞典变成了新纽泽西。新的，新的，一切都是新的。新的，而且无话可说的新，其中几个最好的例子是新西兰和新荷兰，而且后者今日又属于新南威尔士。

为了奢侈的生活所需，新引进的物种日益渐增。例如，为了在南半球延续欧洲的打猎生活，以及所有的欧洲社会与生态景象，许多动物被引进新西兰。1851 年首次引进欧洲马鹿，欧洲马鹿因此变得随处可见，而且南岛、北岛都有庞大的数量。

多亏维多利亚女王的丈夫艾伯特王子的赠予，自 1860 年开始，澳大利亚也有欧洲马鹿栖息于此。此外，智利和阿根廷也有欧洲马鹿。1864 年，源自小亚细亚，今日广泛分布于欧洲的黇鹿被引进到新西兰；1867 年斑鹿和又名为“锡兰马鹿”的水鹿也被引进。同一时期，野马四处扩散，并且造成澳大利亚、复活节岛和其他地方生态环境的沉重负担。

野生动物的进口持续到了20世纪。1900年美国引进今日智利、阿根廷、澳大利亚和爱尔兰也有的加拿大马鹿，罗斯福总统也将欧洲马鹿的洛矶山亚种当作外交礼物赠送他国。[39] 1901年白尾鹿随后跟进，被进口到古巴、斯堪地纳维亚半岛和捷克——对上百万人来说，白尾鹿是鹿的卡通形象。喜玛拉雅塔尔羊在1904年被引进，如今加拿大、美国和非洲都有。1905年引进梅花鹿，今日在德国、奥地利、日本、菲律宾、澳大利亚、美国都可以找到。1907年奥地利国王法兰兹·约瑟夫一世赠送岩羚羊给新西兰。1909年加拿大萨斯卡彻温省的麋鹿被带到新西兰菲奥德兰地区。[40]

因植物种类改变而造成岛屿生态系统产生巨变，并使得动物消失灭绝，已非新鲜事。每一个林务员都知道，生物相丰富的森林是什么样子，[41]因此当大自然年轻化、矮林结构不对劲时，他们能够马上察觉出来。就像北欧神话中，鹿吃掉了世界树的嫩芽，当森林生态系统失去平衡时，它也吃掉了无数野生动物的世界和生存空间，直到矮林和所有住在矮林的居民消失。至今仍有一个广为传颂的故事：一个航海英雄来到一座小岛，那里蛇满为患。按照神谕的指示，他从小亚细亚带了一群鹿，接着岛屿就从蛇岛变成了“罗德岛”。[42] 神话故事没有说明，除了蛇以外，森林中哪些动物也消失了。然而，来自不同生态系统的现代研究报告[43]皆确凿无疑地指出，因为森林被鹿占据，从尖鼠[44]到夜莺在内的许多动物，都受到影响。[45]

左图 欧洲马鹿
是鹿科的一种，又名红鹿、赤鹿、八叉鹿。主要分布于欧洲到中亚以及北非。栖息于高山森林地带。听觉及嗅觉发达，多在早晨和夜晚活动，以草、树叶和树枝为食。

右图 黇鹿
中型鹿种，比山羊稍大。全身毛黄褐色、有白色条纹，身上长有斑点；只有公黇鹿长有鹿角，角的上部扁平或呈掌状。历史上最初分布于欧洲的大部分地区，现世界很多地区都有驯养的黇鹿。

左上图 斑鹿
偶蹄目鹿科中的一种，生活在印度和斯里兰卡的草原及森林中。背部呈浅红褐色，具有一些白色的斑点，腹部则呈白色。雄性斑鹿头上长着可长达 1 米而且分出三叉的角。

右上图 水鹿
水鹿是热带、亚热带地区体型最大的鹿类，粗壮近马鹿。雄鹿长着粗长的三叉角。喜水，常活动于水边，雨后特别活跃。

左中图 加拿大马鹿
有蹄类与偶蹄目中的大型动物，雄鹿有着硕大的鹿角。以草、植物、树叶与树皮为食。栖息于森林与林边。分布于加拿大、美国、俄罗斯亚洲地区和和中国北方。

右中图 白尾鹿
因奔跑时尾翘起，尾底显露白色而得名。是世界上分布最广的鹿之一，可栖息于苔原、林区、荒漠、灌丛和沼泽。典型的草食性动物，善游泳。

下图 喜玛拉雅塔尔羊
属于牛科，主要栖息于海拔三四千米的喜马拉雅山南坡。以草本植物为主食。其体型健壮，皮毛粗厚光滑，行动有力，善于攀爬，常结群活动。

岩羚羊

属于偶蹄目牛科，长相似山羊。原产于欧洲山区，善爬山。雌雄都有空心垂直的角，角端陡然向後弯曲。毛色多样，寒冷季节长出厚绒毛。1907 年成功地引入新西兰。

悦耳的野性音乐

上图 云雀
中等体型而具灰褐色杂斑的百灵科鸟类。飞到一定高度时，稍稍浮翔，又疾飞而上，直入云霄，故得此名。是著名的鸣禽，羽色虽不华丽，但鸣声婉转，歌声嘹亮。

植物学家约瑟夫・班克斯（Joseph Banks）在第一次旅行中，向库克描述了他在夏洛特皇后群岛的早晨鸟鸣音乐会中偷听到的声音："小鸟的歌声从不到四分之一英里远的地方传来，唤醒了我。当然有很多小鸟在那里，它们伸长着脖子使劲地互相模仿，发出我所听过的最悦耳的野性音乐，几乎像是在模仿清脆的敲钟声。"[46] 然而，今日我们再也无法想象这样的画面。一个世纪之后，一位英国游客曾描述说："在基督教堂和纳尔逊河附近，云雀和乌鸫的歌声响彻云霄。"云雀的歌声今日能够在澳大利亚、温哥华附近的圣礦岛[47] 和夏威夷[48] 听到。

然而，欧洲椋鸟的移入比云雀更成功。为了病虫害防治试验，它早在1857 年就被引进澳大利亚，1862 年引进新西兰。[49] 如今，椋鸟四处可见，

下图 班克斯与库克船长
詹姆斯・库克（1728—1779），人称库克船长。是英国皇家海军军官、航海家、探险家，他曾经三度奉命出海前往太平洋，带领船员成为首批登陆澳大利亚东岸和夏威夷群岛的欧洲人，也创下首次有欧洲船只环绕新西兰航行的纪录。约瑟夫・班克斯（1743—1820），英国博物学家、探险家。1768—1771 年随同詹姆斯・库克作环球考察旅行，发现社会群岛和夏洛特皇后群岛。1778 年起任英国皇家学会会长，直至去世。

包括在北美洲。在北美洲，野放椋鸟是动物群结构改变最常见的例子。位于纽约的美国动物驯化协会有一名非常勤奋的成员名叫尤金·施弗林(Eugen Schieffelin)，他是一名药师，同时也是莎士比亚的仰慕者。施弗林的愿望是把莎士比亚作品中提及的所有鸟类都引进北美洲。即便是历史剧《亨利四世》中一闪而过的椋鸟，[50]就足以成为施弗林先生引进的借口。于是，在1890年，他将“欧洲之星”从欧洲运送过来，安置于纽约中央公园。[51]可惜博学多闻的药师虽然熟读莎士比亚的历史剧，却不熟悉只早一个世代出版的生态学经典——达尔文的《物种起源》或乔治·帕钦斯·马许（George Perkins Marsh）的《人与自然》（*Man and Nature*），因此造就了一出环境历史剧。药师把椋鸟安顿在中央公园。引进美国的同一年，椋鸟也到了南美洲*。[52]椋鸟的羽毛闪闪发亮，“有如水洼上的机油”[53]，几乎快和野鸽一样，成为全球化世界中无所不在的鸟类代表。

同一时间，世界各地的本土椋鸟种类都灭绝了。例如胡阿希内岛的胡阿希内椋鸟在第一波移民潮之前就已经消失殆尽，而隶属于加罗林群岛的科斯雷岛上的库赛埃岛辉椋鸟也在19世纪灭绝了。声如其名、天赋异禀的歌星真的就是库赛埃岛辉椋鸟吗？那会不会是黑白相间的留尼旺椋鸟，一种令人着迷、在地面筑巢、不幸在19世纪时灭绝的鸟类？或者是赖阿特阿岛的湾鸫？就像渡渡鸟或塔岛鸡鸠，我们只能借助仅存的一张图片认识湾鸫，而且无法确定它是否存活到19世纪。

或者是库克群岛毛凯岛上神秘的奇辉椋鸟**？[54]它们是否曾在岛上一起快乐地喧哗？

或者是密克罗尼西亚群岛波纳佩岛上的暗色辉椋鸟***？从1956年至今，它只在1995年被发现过一次，尔后，再也无人听过它的消息。

还是绿头辉椋鸟？它和卡罗莱纳长尾鹦鹉一样有两个亚种，一种是诺福克岛的绿头辉椋鸟，1923年之前还为人知晓；另一种是豪勋爵岛的豪勋爵椋鸟，豪勋爵岛的居民依其叫声称它为Cudgimaruk，1919年之前还能听到它的叫声，如今它的声音只留存在被翻译后的人类语言中。[55]

* 欧洲椋鸟是群居鸟类，经常会形成一个个庞大的鸟群，数量高达一百万只，甚至更多。无所不在的欧洲椋鸟不仅仅是噪音的制造者，而且还对美国的农业生产造成了巨大的影响。据了解，每年欧洲椋鸟所造成的美国农业经济损失达8亿美元。此外，大量的飞鸟对飞机的飞行也是一个致命的威胁。——译注

** 奇辉椋鸟：库克群岛毛凯岛特有种，可能因入侵的大家鼠掠食而灭绝。——译注

*** 暗色辉椋鸟：是一种极稀少或已灭绝的椋鸟，是太平洋波纳佩岛特有种。一般呈深色，下身呈橄榄褐色。头部较为深褐色，前额呈黑色。种群衰弱原因不明。与其他鸟类争夺食物及被猎杀都有一定的影响，失去栖息地及被大家鼠所掠食亦都是原因之一。——译注

上图 库克船长发现胡阿西内岛

左下图 库赛埃岛辉椋鸟
已灭绝的椋鸟。它们是太平洋西南部加罗林群岛的科斯雷上的特有种。像乌鸦，呈黑色。喙长而弯。

下中图和右下图 诺福克岛的绿头辉椋鸟（雌鸟和雄鸟）
诺福克岛特有种，已灭绝。灭绝的原因不明。入侵的欧洲鸟类与它们争夺食物，过分的猎杀及失去栖息地亦是原因之一。

右页图 留尼旺椋鸟
由于外来物种如大家鼠、家八哥入侵留尼汪岛，以及人类的捕杀，导致留尼汪椋鸟在 1873 年灭绝。

UPUPA. HOOPOES.
1. U. Epops. Common H.
2. _ minor. Lesser _
3. _ Capensis. Madagascar _

在前面篇章提到蜜蜂时，我们已经认识了英国爵士大卫·威德邦（David Wedderburn），1874年他在新西兰旅行途中记下："没有一个地方比波利尼西亚更能清楚看见，欧洲悄然侵略所造成的破坏性影响之大。没有一个地方遭受到侵略者如此迅速的生物灭种，甚至是它们的亚种。"后果本应事先预料到，但是变化的速度快得惊人。在新西兰几年前开垦的特定区域中，原生植物和动物已经消失，只有少数例外，但是后来也被来自欧洲的物种取代。当我们汲汲营营、花费心力在寻找本土物种的标本时，出现在田野与树篱小径上色彩鲜艳、讨人喜爱的小鸟也就特别引人注意。云雀和乌鸫的鸣啼声在基督城和尼尔森一带的天空中悠扬缭绕，空气中弥漫着山楂与锈红蔷薇的香气。新西兰唯一的本土鸡种是一种鹌鹑，不久前普遍栖息于许多地方。然而，尽管它们没有被过度猎捕，人类也试图保育它们，却也挽回不了它们灭绝的宿命。同时，加州鹌鹑也被引进新西兰，并且顺利成长；中国雉鸡已散布于整个新西兰。[56]

1874年，黑胸的新西兰鹌鹑宣告灭绝。而加州鹌鹑在新西兰仍然相当普遍，除了北美洲西边的家乡以外，它还被带到夏威夷、智利和阿根廷。包括澳大利亚的一些小岛上也有加州鹌鹑族群，例如诺福克岛和金岛。加州鹌鹑的本名Kumu，是已灭绝的加州语言，如今再也没有人这样称呼它。雉鸡被带到大英帝国是为了满足奢侈堕落的罗马殖民地地主打猎和野食的欲望。几个世纪过去了，它不断地被引进到新地区——在1513年踏上了圣赫勒拿岛，1667年登入马德拉岛。除了新西兰，它也被带到智利、夏威夷和塔斯马尼亚。自1857年开始，定居于北美洲。我在蒙大拿州、加州、怀俄明州那夹杂着北欧风格房子的田野间都看过它的踪影，如此奇妙的经历似曾相识，因为当羊儿在11月份穿越大地时，在绿野山谷、麦田中和收割后的田野里，也能看到这色彩鲜艳的鸟类。

上图 新西兰鹌鹑
新西兰特有种，在 1875 年左右灭绝。过度的狩猎和大面积的烧荒，导致该种在一两年时间里突然衰亡。

下图 加州鹌鹑
又名珠颈斑鹑，是美国加州州鸟，分布广泛。体型丰满而可爱，最显著的特点是额头上有一个黑色的弯曲冠羽。它们几乎可以在任何环境下生存。

失落的大陆

新西兰辽阔的田野上，如今数量最多且最有特色的动物竟是鹿、牛和羊。一眼望去，草地无一不被啃食得光秃干净，满山的金雀花用来与英国岛屿做区别，一切都符合动物驯化协会的宗旨。兔子啃食着种在澳大利亚土地上的欧洲草种，乍看像是英国炎夏干枯的田地。袋鼠今日仍然在薄雾中跳跃，“跳跃”这个动词已不适用于东安格利亚（East Anglia），但是我们的语言中没有更适合的字眼。当我还住在河桥边的城市时，某天早晨，实验室的技师衣冠不整、头发凌乱地跑来找我，说她在上班途中在又湿又冷的雨岛上看见一只野生袋鼠！她当然被我们笑话了一番，因为在英国的确生活着少量野生袋鼠，这种澳大利亚的标志性动物。而且袋鼠与兔子的迁徙路线在北海群岛和南太平洋大陆上均有交集。因为兔子最早来自西班牙，它们与女王袋鼠（känguras der königstochter）最早在西班牙的草地上相遇。这样的邂逅还发生在世界的其他角落，比如英国和夏威夷。

被啃食过的荒原景象遍地都是。到处都可以看到被欧洲豢养动物啃食、掏空、踩踏过的荒野覆盖了昔日漫山遍野的草地。对我而言，套用作家埃尔哈特·凯斯纳（Erhart Kstner）的话来说，希腊就像是“被扒了皮的猫”[57]，因为我来自山区，那里的景色就和世界各地的乡村景色一样。

袋鼠和兔子相会的地点不仅在北海的岛屿，也包括南海大陆。兔子原本是从西班牙来的，国王女儿的袋鼠却在家乡草原上遇见了兔子。然而，这样的相见场景如今也在世界各地上演，英国、夏威夷皆有。原本地貌被吃光的景象四处可见，人们不断地看到被欧洲有蹄类动物吃光的自然景色，原始大地上随处长满了杂草。它们并没有沙漠的神奇魔力，因为被榨干的岛屿和土地看起来相当赤裸，像是皮被剥掉的动物尸体那般绝望，必须花许多时间等待或仔细寻找，才能得知是否还有生命的搏动。只有雨水充足的地方，才会有绿油油的大地景象，然而这样的景象不会让人想起希腊或是意大利，而是像英国的岛屿，没有森林，只有一大群羊、鸡、兔子和杂草。

按照艾德文·寇伯特的话来说："从前几乎没有哺乳类动物的新西兰，今日为上百万只食草性的羊提供了庇护，并且变成了第二个英国。"[58]19世纪中期，一名英裔新西兰作家预言：[59]"新西兰将变成英国的完美复制品。"马克·吐温把新西兰以及其他殖民地称为"小英国"，两者之间的相似度高得惊人，[60]而这样的比较不断地出现在旅游书和报纸的副刊上。在罗德里格斯岛能够看到"让人想起苏格兰的热带景色"[61]。有关诺福克岛的形容是这样的："它们的绿色田野、被啃食光的景色，以及和谐的气氛都让人想起英国。"[62]从天空中俯瞰毛里求斯岛，"毛里求斯岛景色的多元性，让人偶尔忆起侏罗山，有时想起苏格兰和法国沙特的一些地区，只是甘蔗取代了玉米"。[63]"看着蒙雾笼罩的景色，比起加州的金色山丘，更让人常想起苏格兰的沼泽。"[64]这是对旧金山北部的描述，而且正是我步行或者从天空中俯瞰鲍德加湾或门多西诺的印象。有时候从飞机上看远离海岸的加州地区，我会想起鸟瞰西西里或西班牙景色。此外，那里也复制了文化景观，伐树之后又再度造林，就像欧洲的景观一样。从飞机上看巴西南部，有时候让我想起德国黑森林，牧场一片青绿，整个都是规划整齐的苍绿森林区块。某国东部有些地方也有这样的森林和牧场模式。"我飞遍世界各个角落，"安东尼·圣修伯里写道，"第一眼就能马上分辨出亚利桑那州和中国。"

然而我相信，这会变得越来越难，因为行星上的生物不断地改变，变得有些面目全非。"人类在过去一两个世纪，彻底改变了地球表面的样貌。而这样的变化，甚至还远不及原始居民分散于大陆的变化。"[65]艾德文·寇伯特写道。美国农民作家温德尔·贝利（Wendell Berry）在观察美国景色时发现："再也无法想象，白人犁地开垦之前，这片土地的样貌为何。原本的地表样貌，就像野鸽一样被人类忽视了。第一批白人看到，原始状态的美国是一个失落的大陆。然而，如今的美国那才是真的失落了，就像是沉没于海洋中的亚特兰帝斯。"[66]和美国一同沉没的，还有无数难以描述的冒险故事。

左图 白鼬
鼬属动物，体形似黄鼬，身体细长，四肢短小，毛色随季节而不同，夏毛身体背面和腹面颜色不同。多栖息于沼泽、林地、农田，夜行性，主食为鸟类和小型哺乳动物。

右图 雪貂
鼬科动物，又名地中海雪貂。身体细长，腿脚短小，食肉。一千多年来，雪貂常被用来作狩猎之用。在19世纪七八十年代，新西兰、西班牙巴利亚利群岛曾引进雪貂以控制兔子的数量。

19世纪80年代，为了对抗兔患，新西兰人采用了一个在奥古斯都大帝时期就曾经采用的办法，那就是引进黄鼠狼、白鼬和雪貂来抑制巴利亚利群岛上的兔子数量。光是1885年，就从英国引进约三千只黄鼠狼和白鼬，那时候查尔斯爵士的书刚刚上市，他一定是在英国短暂停留时，发现了这个众所皆知的事实。他一定曾经和移民及数年来看着大地景观改变的人们聊过天，也许在某个小酒馆里，有人告诉了他这个故事。新西兰的居民应该知道眼前会发生什么事。他们应该事先了解，引进这些动物会有什么后果。然而，人类仍持续地引进动物，引进陌生的、被绑架而来的物种。

大约20世纪中期，新西兰活跃的动物引进潮才逐渐趋缓。尽管如此，对许多当地的原生物种来说，一切都已经太迟了。

大卫·威德邦写道:“事实上可以这么说，对新西兰的原生动、植物而言，与白人为了自身利益而引进的动物，或者他们无意引进的有害生物之间的战役，是非战即败。”[67]

全世界被绑架，以及被移植到另一新生态系统的动、植物超过上万种，而且这份名单越来越长，看不到尽头。生物的全球化，先是从抹杀地球表面的大陆与岛屿上的本土动物开始，然后使特殊的岛屿动物灭绝了。如今，生物全球化加速前进，一切都在比例尺不断缩小中演变。

纵使在此过程中，人类也学到了很多，但仍然远远不够。至少在大自然全球化中，生物的“同化”已不再是目标——也许是因为目标很大程度上已经达到了，也许是因为许多人对大自然的认知已经消失。但不管怎么说，这是否也算是自然环境保护的一点成效?

然而，这种无视自然的历史仍在继续。

今日，在达尔文《物种起源》出版后的一个半世纪，在艾尔顿《动植物入侵的生态学》（*The Ecology of Invasionsby Animals and Plants*）出版后的半世纪，经济效益取向的企业仍然不断地全球性行销，放任世界各角落都充满异国风的生物，例如熊蜂或者尤加利树。为了压低成本，景观植物被迂回地送往世界各地，例如谎称植物生长于欧洲，因此先从肯尼亚运送到德国，然后为了能低成本移植，再度送往摩洛哥，只有少数一些无法经过粉饰包装的“活生生的物品”能够被检验出来。夹杂在丝兰植物中被引进的捕鸟蛛的故事，[68]被认为是优雅的神话，然而神话并非全是虚构的，也许妆点了一些异国情调。近期，巴西漫游蜘蛛公然出现在德国萨尔兰邦贝克斯巴赫的超市里，即是一项证明。[69]

不单单只是因为货物运输，旅客也不断地带着其他生物满世界旅行。我经常在飞机里发现昆虫。有一次，踏入飞机时，我清楚地看到一只和蚊子一样大的昆虫从我身边穿过机门，嗡嗡地飞进去。

发现外来种的新消息以一定的频率出现在报纸上。亚洲黄蜂[70]、黄杨树蛾[71]、水牛角蝉、猩红蜻蜓或者通讯螯虾[72]，逐步地改变、涂改本土动、植物所组成的独特样貌，并且和地球其他角落的生态系统中发现的物种逐渐同化。

世界相对的两个尽头因为动物而越趋相似。德国的入侵物种几乎全部都是“世界公民”，例如，鹿和美洲牛蛙、浣熊和貉、黄杉和混种悬铃木、日本凤仙花和日本春蓼、月见草和亚洲黄蜂，几乎在每个气候相似的国家都能看见。引进的动物分为两种，一种猎食本土动物，另一种吃本土植物。

亨利先生与逃亡的刺猬

逃亡到动物园或植物园外面后，能提高存活机率的状况很罕见。多明尼加树蛙和它的亲戚温室卵齿蛙栖息于夏威夷的茂宜岛和欧胡岛上，它们在家乡加勒比海岛屿上，仍然面临着灭绝危机。放射松的自然栖息地非常狭小，但是被广泛种植在亚热带气候地区的林园中。

有些物种在面临生存危机之前，就已经被出口流放到新的生态系统中。比才羊（Bizet sheep）被引进到凯尔盖朗群岛，那里原本没有任何草原哺乳动物，如今比才羊已不容易在它原来的家乡见到。欧洲刺猬被引进新西兰和英国埃利安锡尔区，[73] 如今因为道路交通和杀虫剂的关系，在欧洲危在旦夕。当欧洲刺猬在欧洲长期受到威胁时，它在巴塔哥尼亚的同种伙伴也因为皮毛而遭到绑架，走向不幸的命运。欧洲黑蜂在澳大利亚塔斯马尼亚是外来种，在其他地方也越来越稀少，因此在当地与其他蜂种混种交配，导致原生种灭亡。在德国列为濒临绝种动物的纵纹腹小鸮，被引进新西兰，并且广泛地分布。[74] 而新西兰特有的笑鸮却已经绝种，两个分布于南、北岛的亚种如今都已消失。[75]

左图 纵纹腹小鸮
体型很小的猫头鹰。分布于印度、缅甸、中南半岛和伊朗等地。捕食昆虫、蚯蚓、两栖动物以及小型的鸟类和哺乳动物。善奔跑。部分地昼行性。

右图 笑鸮
新西兰特有的猫头鹰，可能已经灭绝。因叫声像人类的笑声而得名。在欧洲人于1840年到达新西兰时，它们的数量仍很丰富，1880年以后数量锐减。营巢于地面上，结果沦为猫、鼠和鼬的捕获物。

孔氏吸蜜鹦鹉在史前时代分布于从库克群岛到法属波利尼西亚在内的广大地域，然而它却因为美丽的红色羽毛而遭猎捕。唯有在它的家乡澳大利亚的里马塔拉岛（Rimatara），以及莱恩群岛中的两个小岛泰拉伊纳岛（Teraina）和塔布阿埃蓝环礁（Tabuaeran）上尚有存活空间。[76]

莱岛拟管舌雀（*Telespyza cantans cantans*）应该是中途岛（Midway-Atoll）外来引进的物种中少数存活下来的。小鸟歌手从中途岛再度被带回它原来的家乡，[77] 在短暂的流亡生涯中再度失去踪迹。红领绿鹦鹉在印度面临灭绝危机，但是在一些热带地区的生态系统中，却是相当具有侵略性的物种。印度的黑腹沙鸡则被绑架到内华达州和夏威夷，[78] 然而它在埃及的另一亚种却灭绝了，而黑腹沙鸡则到了20世纪晚期才消失不见。[79]

此外，通过与野生的卡罗莱纳长尾鹦鹉进行繁殖，在距离家乡十万八千里远的德国图林根，半野生的卡罗莱纳长尾鹦鹉总算是存活下来了。[80]"灿烂夺目的绿色小鸟有黄、红色相间的头部，体型与红隼相似，连飞行姿势也很像，它们住在从前的鸽舍里。一开始只有一对，后来数量逐渐增多，它们也渐渐离开鸽舍，只把那当作是吃饭的地方，在两棵菩提树上真正的树洞里筑巢孵蛋。"鸟类学家弗莱黑尔·冯·贝勒浦许（Freiherr von Berlepsch）做了以上报道。可惜的是，"在方圆几里内紧闭双翅、走马看花的小鸟"被一名与这种特殊鸟类同乡的旅馆主人盯上了。当时大约是圣诞节前后，小鸟一停在他家院子里的树上，他就马上开枪射杀。整整两天，"一只落下，另一只又飞起，然后又掉下，直到最后一只被射杀"。好像回音似的在叙述小鸟家乡发生的大屠杀，残忍狠毒的事件被传开了。[81]

由于各地区的生活条件与生态系统已越趋相同，只有在例外的情况下，稀有物种在家乡才能存活下来。例如，无法飞行的鸟类原本能在海洋岛屿上存活下来，然而岛上却随处可见到老鼠。原有的岛屿动物群被全世界都一样的人工动物取代了，同样的状况出现在所有其他的岛屿、海洋和大陆上。

"世界地图上所划分出的动物地理已成为记忆中的一部分，确实的地

理区域划分早已不复存在。就算旅行的人投资了许多时间和力气，也只能得到对新北极动物区、东方印度动物区，以及南非埃赛俄比亚动物区一点微薄的印象。如果没有国家公园、自然保护区和野外公园的隔离和严防，甚至也不可能产生这样的印象。”寇伯特记载道。

20世纪70年代初期，加州历史学家理查德·利拉德（Richard G. Lillard）在一篇文章中写道："如今大海牛灭绝了，大海雀、渡渡鸟、侏儒象、爱斯基摩杓鹬也绝种了。上百个物种剩不到一百个，而诸如果蝇之类的物种却大幅增加，地球变得越来越无趣单调，变化性也越来越少。”[82]

如果古老的东方水手现在回到塞舌尔群岛或者马斯克林群岛，他们再也无法找到关于乌龟和无法飞行的鸟的故事。顶多只能找到与猫、老鼠、狗和猪有关的故事。然而，这些动物可以从任何地方带来，从任何岛或大陆，从东方或西方国家。没有人会在桑吉巴尔到巴斯拉沿途的小酒馆里，诉说这些动物的故事，因为每个人都认识这些动物，它们在任何地方都长得一模一样。事实上，在塞舌尔或毛里求斯群岛的克里奥人的文学，或者印度洋岛屿上出现动物的童话和民间故事中，尤其是外来引进物种的故事中，会发现有关猫、老鼠、狗和猪，也可能是有关一只鸟的故事，一只人类最早带上船的鸟的故事。执行动物驯化协会的任务，将动物从一处运往另一处的每艘船，都是诺亚方舟的讽刺画。纵使人类试图进行保育，在动物驯化、单一的世界中，只剩下小岛还勉强能在越来越困难的情况下找到逐渐稀少的本土物种。

理查德·亨利先生（Richard Henry）曾经是岛屿居民、水手和旅行家，他从爱尔兰一路旅行到澳大利亚，最后踏上新西兰的岛屿，在名叫“鸽子岛”的地方定居。从他的手稿中可以发现他观察入微，注重细节，不轻易放过微小、不显眼的东西。他寻找哪里还有独特罕见的野生生物，哪里还能发现真实原生的生物。此外，他也是本书第187页提到有关“新西兰兔子与它的猎物”文章的作者，在这篇文章中他相当激烈地反对为了对抗大量兔子而引进松鼠，他主张应该将兔子圈在栅栏内。他明白应该让岛屿保留它原来的样子。

左页上图 孔氏吸蜜鹦鹉
鹦鹉科威尼吸蜜鹦鹉属的鸟类，生活于南太平洋的诸多岛屿上。羽色鲜艳，主要以花粉、花蜜与果实为食物。为濒危物种。

左页中图 莱岛拟管舌雀
管舌雀科鸟类，分布于太平洋诸岛屿。

左页下图 黑腹沙鸡
中型鸟类，嘴形与家鸡相似，但小而弱。喉的下部有一个三角形的黑斑，并延伸至颈部。栖息于山脚平原、草地、荒漠和多石的原野。善于奔跑，也善于飞行。

他单打独斗，被认为是个怪人。他是岛屿的移民，也是擅长诉说当地动物故事的作家。例如有关恐鸟的故事，他把恐鸟想象成毛利人豢养的经济动物。[83]这些动物该从哪里来呢？他想到了同样曾栖息有这种已经灭绝了的鸟类的岛屿——马达加斯加。[84]他应该是在想象自己有艘诺亚方舟，想象方舟上装满不会飞行的大型鸟类，想象自己踏上冒险旅程，朝岛屿航行而去，这样的想象鼓舞他踏上自己的英雄之旅。大约19世纪末，他横越了南半球的山丘和草原。在一次打猎中，他找到了一种不会飞行的灰绿色鹦鹉，这种巨鸟的羽毛会散发强烈气味，因此猎犬大老远就能嗅到。亨利先生把战利品带上船。这是什么样的画面啊！海岸山丘和帆船，混着小鸟与海草的气味，浪花打进岩岸石洞，轰隆巨响像是流体巨型生物的心跳声。海浪的声音、风的声音和灰绿色羽毛鹦鹉的声音，还有坐在驶向新岛屿船上乘客的歌声。[85]这个南海上的小岛叫做“雷索卢申岛”。亨利先生和他的猎犬捕捉了近百只巨鸟，然后带到安全的岛上。“在这里它们有个安全的家。”在这里，它们安详地生活，直到有一天，黄鼠狼登上了岸，然后攻击又大又胖的巨鸟，直到一只也不剩。

第8章

穿着精致毛衣的世界公民

原鸽的美就像是灰色交响曲配上彩虹的颜色，随着其他许多鸽种相继灭亡，原鸽开始成为世界公民。

多色果鸠

那是一只漂亮的鸟儿，身上羽毛构成的精致图案，像是由天然羊毛、洞石、花岗石、手工纸以及九月霹雳的天空交织而成的。它的翅膀明亮得如阳光下的白金和山毛榉树皮，也像是镍币和日晒过后的杉木。羽毛的边缘像是以优雅的振幅绘出的一幅日本水墨画。它的头上有如顶着金光闪闪的花金龟，低声咕哝着，身上披着古铜紫色的披肩，像水洼中的油光闪耀着。脚上的鳞片闪烁着由玛瑙和玫瑰石英混合而成的光泽。它在视线范围内笔直地踱步前进，接着转了一百八十度，在林荫道上展示着它的美丽。突然，它猛地一动，展开翅膀拍了一两下，完美地从垃圾桶跃到柏油路上。

我已经不记得曾在哪里见到这种鸟，也许是在金色大地、绿野山谷、宝藏岛、乌龟岛、红树之国、糖之国、天鹅岛，或者是其他地方，因为鸽子随处可见。如果你想要在柏油路上寻找它们的灰色羽毛或者观察它们，也许可以向窗外看看，通常它们会成群结队地在市区里出现。这些鸟类，也就是多数人印象中的鸽子，叫做“原鸽”，它是一种羽毛闪烁着石板灰、白色或鲜艳棕色的无所不在的鸟类。

鸽子无所不在，如果有人环游世界的唯一目标是遇见鸽子，那么他抬头所见的小鸟就是鸽子，这些鸽子和你家窗台上看到的灰色鸟类极度相似，只不过颜色和形状是街上鸽子与养鸽人士的梦想。鸽子的种类大约有三百种，遍布全世界，是一个七彩鲜艳、光彩夺目的族群。地鸠、果鸠以及多色果鸽，从非洲开始，它们一路绽放炫丽夺目的色彩到东方，从印度岛屿到太平洋，伞状似地散开，有如色彩与形状多元的调色盘。在小岛上和岛屿型态的生活环境中，它们延续了上千个鸽子世代，当中有些独特的鸽种，例如头戴蓝色软帽、身型巨大的蓝凤冠鸠，迷你袖珍、有着露水般钻石点缀的宝石姬地鸠、樱桃红的橙鸽、马达加斯加岛上有如无花果颜色的马岛蓝鸠、莱檬黄与柠檬绿相间的黄脚绿鸠，或是橄榄绿、苹果绿的非洲绿鸠，等等。

原鸽是中等体型的蓝灰色鸽，是人们所熟悉的城市及家养品种鸽的野型。

地鸠是鸠鸽科、地鸠属鸟类。体形粗壮，成对或小群在地上行走，觅食掉落的种子。虽然绝大部分时间在地上活动，但也有飞行能力。

金肩果鸠

粉顶果鸠

黄胸果鸠和巨果鸠

丽色果鸠

橙腹果鸠

白胸果鸠

红枕果鸠

多色果鸠

果鸠，隶属于鸟纲鸽形目。栖息在热带和亚热带森林里，主要在树顶觅食，偶尔也到地面上来。主要吃一些油脂丰富的小型水果。

果鸠种类众多。其羽毛颜色丰富，与所栖息的林地树叶的颜色十分相似。

蓝凤冠鸠

蓝凤冠鸠是鸽形目中体型最大品种之一，体长可达 70 厘米。头冠蓝色，羽毛一般为蓝紫色。

宝石姬地鸠

宝石姬地鸠是世界上最小的鸠类。分布于澳大利亚西部和半干旱的沙漠地区。体形小巧，长尾有白色羽缘。

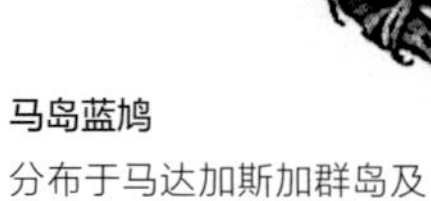

马岛蓝鸠

分布于马达加斯加群岛及其附近岛屿，多栖于热带或亚热带潮湿的低地森林或山地森林中。

橙鸽

即橙色果鸠，体长约 20 厘米，短尾，是斐济诸岛屿森林中的特有种。

非洲绿鸠

绿鸠属鸟类，分布于非洲中南部地区。喜食无花果，藏在果树上时，绿色翅膀是非常有效的伪装。

黄脚绿鸠

黄脚绿鸠，鸽形目绿鸠属的中型鸟类，也叫普通绿鸠。脚黄，上胸的黄橄榄色条带延伸至颈后而与灰色下体及狭窄的灰色后领成反差。

死去的鸽子

鸽子的色彩鲜艳，然而以前的鸽子世界更多彩缤纷。横越西太平洋，从日本到菲律宾海，再往下到所罗门群岛、赫布里底群岛和最南边的诺福克岛，跨越了鸽子种类最多元的区域，同时也跨越了鸽子的坟墓区。

例如，最后一次发现冲绳和北太平洋大东群岛的琉球银斑黑鸽是在1936年。[1] 琉球银斑黑鸽黑得发亮，颈部有白色的标志，鸟喙呈深棕色。日本千叶县的山阶鸟类研究所尚保存了一些仅存的琉球银斑黑鸽标本。邻近的小笠原群岛上曾经住有小笠原杂色林鸽，闪烁着黑灰色与铁绿色。1889年残存的小笠原杂色林鸽遭到捕杀，被制作成四只标本，其中一只保存于法兰克福的森肯堡自然博物馆。[2,3]

索罗门冕鸽有甘草和焦糖般的羽毛颜色和棕色的羽冠，栖息于所罗门群岛北部的舒瓦瑟尔省， 最后一次的发现记录是在1904年，[4] 如今只能在纽约自然博物馆观赏它的标本。

大约1825年时，拉罗果鸠仍生活在它们仅有240平方千米大的家乡，库克群岛。追溯首份科学研究的描述指出，拉罗果鸠应该是美得令人屏息的动物: “前额和头部是接近紫罗兰的粉红色，头部后方、颈部和胸口是粉灰色，羽翼表面、尾翼和背部是有着不同深浅变化的绿色。尾翼尖端是朦胧相间的苍白色、浅绿色和白色的横条。羽翼背面和尾翼是苍灰色。腹部下方是黄色，上方是带黄的粉红色，中间部位是深紫罗兰色。我们在它们的胃里面发现了红莓。” 发现它的人如此记载。[5] 从此之后，拉罗果鸠再也没被发现过。

诺福克岛以前至少有两种岛屿特有鸽种。诺福克岛鸡鸠应该有相当特殊的样貌，它的背部和翅膀是深紫色，腹部是黑色，胸口、头部和颈部却是闪亮的白色[6]，大约在1800年灭绝。诺福克岛鸽有时候也被称为“巨鸽”[7]。头部、颈部带有金属光泽的深绿色，混杂着橄榄和微红的棕绿色。背部和躯干是“变化多端的颜色，略带红色的铜棕色，夹杂着闪闪发光、七彩炫

琉球银斑黑鸽

或称银斑黑鸽、琉球林鸽，是日本冲绳群岛一种已灭绝的鸽。琉球银斑黑鸽容易受栖息地的变迁所影响。它们的生活需要大量未开发的亚热带森林。

索罗门冕鸽

索罗门冕鸽生活在太平洋的所罗门群岛。大小如鸡，头上有深蓝色的冠，前额及面部呈黑色，头部其他部分散布一些红色的羽毛。因人类的猎杀及猫、狗的掠食而灭绝

小笠原杂色林鸽

是日本小笠原群岛中媒岛及父岛上特有的鸽种，于 19 世纪因伐林、被猎杀及被入侵的大家鼠及猫掠食而灭绝。

拉罗果鸠

果鸠属鸟类，曾分布于太平洋诸岛屿上亚热带或热带的潮湿低地森林中，因栖息地丧失而灭绝。

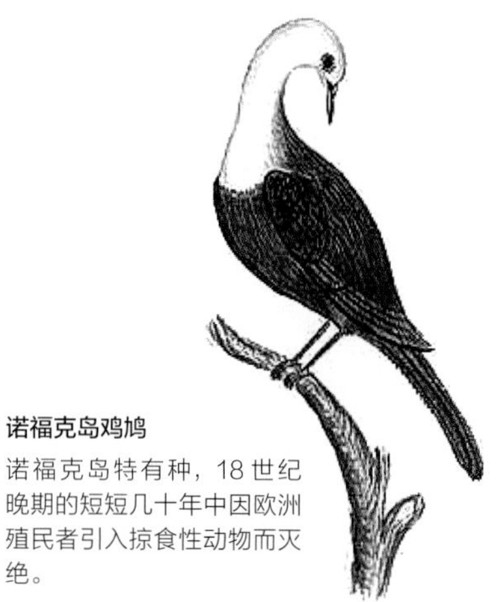

诺福克岛鸡鸠

诺福克岛特有种，18 世纪晚期的短短几十年中因欧洲殖民者引入掠食性动物而灭绝。

诺福克岛鸽

新西兰鸽的亚种之一，栖息于诺福克岛，20 世纪初因为引入猫和鼬鼠、栖息地破坏及人类狩猎而灭绝。

目的颜色”。这段描述出自于19世纪的百科全书。[8]根据德国自然科学书籍《动物百科全书》的说明[9]，诺福克岛鸡鸠“中间的羽毛是金绿色，背部上方是带有金属光泽的棕红色”。有关它的描述还写道：“不同的光线下，可以看到饱和的金属色反射。”[10]然而，再也没有人能看见这道光芒。

厚嘴鸡鸠分布于所罗门群岛南部的马基拉岛和小岛罗摩岛，只留下了两个标本。它的“头部是略带红色的棕色，胸口是肉桂般的棕色，背部的棕色闪烁着紫色微光。肩部和背部的羽毛是有金属光泽的紫罗兰色，腹部则是些微深红的巧克力棕色”。[11]唯一可供科学研究的样本在1882年和1927年被发现，两只都随即被猎杀。[12]一只标本现存于澳大利亚悉尼博物馆，另一只在纽约自然科学博物馆。[13]

它的亲戚名为塔岛鸡鸠，虽然我们不知道它是否真的是源自于万那杜共和国的塔纳岛，但根据猜测，它们应该是19世纪初灭绝，没有留下任何痕迹，也没有任何标本、骨骸和羽毛。我们只能从唯一一张图片认识它。那是一幅由德国研究旅者乔治·佛斯特所绘，现存放于伦敦的大英博物馆，画中鸟的颜色是素淡的锈褐色。根据它存活下来的亲戚，我们能够绘制出它大概的模样，此种鸟类确实非常华丽。

如今就连鸽子坟墓区以外的地方，鸽种也逐渐消失了，例如印度洋上的马斯克林群岛。今日我们能在巴黎和爱丁堡的自然博物馆里看见仅存的毛里求斯蓝鸠，[14]在牛津可以见到渡渡鸟——也是一种具有攻击性的鸽种。而渡渡鸟的亲戚罗德里格斯渡渡鸟的骨骸如今独自伫立于剑桥的动物博物馆。我三番两次地到公牛浅滩之市和桥之都，探访这些属于过去、沉默不语的历史见证人，它们属于能够体验冒险、观察动物的那一段时光。那段时期正是世界生物单一化揭开序幕的时刻。巨大的鸽子被猎杀、遭乱石砸死，即使它们一点也不美味。世界上其他已灭绝的鸽种也曾经住在岛上，住在属于它们的岛上。然而，自从人类与人类带来的动物定居于岛上后，岛屿再也无法为鸽子提供庇护和温暖。

大西洋两端各地的鸽子都灭种了。20世纪初在马德拉群岛上，属于班

鸠亚种的马德拉斑鸠消失了踪影。[15]美国大陆——巨大的乌龟岛——的旅鸽大约在同一时期也销声匿迹。我在芝加哥费尔德历史博物馆看见陈列于玻璃展示柜中的填充旅鸽标本，围绕着它的，是较早时期灭绝于美洲大陆的死鸽子。最后一只旅鸽——名叫玛莎——死于辛辛那堤动物园，不久之后，最后一只卡罗莱纳长尾鹦鹉——名叫印卡斯——也在同一个屋檐下死去。现代的博物馆可以说是这些鸟类的坟场，所有博物馆都是世界上消逝物种的墓园。

旅鸽

属鸠鸽科，为近代灭绝鸟类中最为著名的代表。原分布于北美洲的东北部，秋季向美国佛罗里达、路易斯安那州和墨西哥的东南方迁徙。典型群居鸟类，每群可达一亿只以上。直至 1850 年，还可见到上百万只的鸟群。由于土地开垦、森林破坏以及大量捕杀食用其肉，甚至用作肥料，到 1900 年，曾有五十亿只数量的旅鸽种群完全绝灭。

在位于中央公园边缘的纽约自然科学博物馆里，我见到了一小群坟墓。一堆标本被置放于玻璃柜中，用人造叶子装饰着。如果博物馆陈列柜里的死鸽子全都复活，也许还能够喂养它们，也许它们的基因能够被保存下来，也许可以用激素和其他精密的生化设备帮助它们生长。设法让鸽子复活或者用纯熟的欺骗手段去模拟动物族群的过去，就像是动物园为需要群体生活的红鹤装设镜子营造出群聚感。[16]

也许这种拯救鸽子的方式不难实行，在 19 世纪前半期，奥杜邦赠与英国德比伯爵几只旅鸽，伯爵就成功地饲养了它们。也许把鸽子野放到一个新岛屿，它们也能够存活。一些鸽子逃出伯爵和其他饲养者的手中[17]，却在毫无防备之下就被猎杀了。

也许人工的条件，例如鸟园中人造的庇护岛，能让旅鸽的一些行为特质保存下来，并让人得以观察研究。尽管如此，早有成千百万的生物族群已经遗失了它们最重要的原始特质。一个族群能够被视为单一生物来观察，例如蜜蜂群之于蜜蜂。群居生活是鸟类的“岛屿”的一部分，也是导致物种死亡的原因。住在大陆上的鸟类，也可以是岛屿生态的教学范本。某些鸟类眼中的大陆，对其他鸟类来说可能只是小岛，或甚至只不过是颗鹅卵石。这是视角不同的问题，从鸟类和旅鸽的角度来看，北美洲是一个岛屿，面积大小足以满足一种鸟类族群的需求；对旅鸽来说，一种鸟类族群大约是上百万只。如果人类数量庞大，身上有翅膀，那么一个大岛屿也会变得很小。广大的森林和辽阔的草原，以及庞大的动物群组成了“岛屿”。鸟类在岛屿上筑巢，孵化唯一的一颗蛋。在岛屿的背上，土地的开垦发展使它们遭到了人类的排挤。

这种排挤有如地狱的可怕景象，一些目击者回忆时满是愤恨。人类手持木棍、脚穿马靴，像是邪恶的小精灵般攻击动物，殴打、践踏它们，直到成千上万的动物死亡。[18] 他们赶着猪群，踏越过堆叠成山的小鸟尸体。鸽子羽毛的光辉消失在泥土、屎溺与鲜血中。虽然鸽子通常会避免横越大面积水体飞行，[19] 在大屠杀中，即使疲累时水面上没有地方供它们停下来休息，坚持不懈的鸽子们仍旧飞越水面。有时候，一大片的海湾和沙滩上，漫天漫地都是体力不支的死鸽子。[20] 鸽子飞越天空时，空气中弥漫着一股奇特的气味 [21]，如今算是一股可怕的臭味。几里远外都是斗殴的声音，可以听到猪嘶声叫喊，惊恐的鸽子大声惨叫。[22] 当然，惨叫声之所以震天撼地，是因为整座岛屿都遭到大肆屠杀。

岛屿的意思不只是指水域围绕的陆地，一块从原始海洋中冒出的陆块，而是一个物种所需要的生存空间。没有大炮与步枪的北美洲、没有猎犬的圣赫勒拿岛、没有老鼠的马斯克林群岛、没有猫咪的冲绳、没有老鼠的罗德里格斯岛……这些岛屿的生态系统已经失去了原始独特的形式，而鸽子也随之而去。

奥杜邦手绘旅鸽

1813 年秋天，奥杜邦匆匆赶路时见到一群旅鸽迁徙时震耳欲聋、遮天蔽日的壮观场景。当他在傍晚赶到距出发地 55 英里（约 88 公里）的目的地时，鸟群还在头顶蔓延，数量丝毫没有减少。“整个过程持续了三天，”奥杜邦后来写道，“保守估计，这群鸟约有十亿只。”

路易斯安那州射杀旅鸽的场面

在爱荷华州，人们为保护庄稼而射杀旅鸽

加拿大的旅鸽捕网

1881 年的一份传单展示为了射击比赛而诱捕旅鸽的方法

错误的家乡

有人类的地方，几乎就有洪水。岛屿被洪水吞没后，以焕然一新却又似曾相似的样貌重新登场，随之而来的还是鸽子。因为人类的影响，鸽子没有绝迹，反而变得非常普遍，甚至鸽满为患。因为灰色的石块从森林和大草原上不断冒出、窜升而起，在大自然景观中显得相当突兀。“每一幢建筑物都是一个石块；每一座村庄都是一个岩石堆；每一座城市都是一座岩山。”[23] 这些类似水泥的石块，恰好符合岩鸽对于环境的习性，这些新的人工岛屿几乎一模一样。

野鸽子遍布四处，为水泥沙漠带来一些大自然——野生动物的回响。在剑桥停留的几个星期里，我在通往研究机构的路上观察到一个鸽子巢。鸟巢精准地架在食品店的门上方，里头有正在成长的幼鸟，长相和渡渡鸟相似。我还看见一个鸽子巢，位在大学图书馆——一栋耸立于剑桥的昏暗塔楼——的四楼或五楼。为了顺道看看鸽子家庭是否安好，借书时我都会特意绕到“鸽子楼层”。鸽子把鸟蛋安置于一扇能够看到整座城市的小窗前，因此我可以近距离观察它们的孵育行为。玻璃窗后就好像是一本敞开的书，书上的图案突然活灵活现地出现在眼前。

岩鸽

中等体型的灰色鸽，鸠鸽科鸽属鸟类。翼上具两道黑色横斑。体羽似家鸽，但于腰部和近尾端处各具有一道白斑。主要栖息于亚洲山区多岩石和峭壁的地方，常成群活动。

原鸽并不是欧洲和其他城市中唯一可以看到的原生鸽种。例如斑尾林鸽在某些城市中已经成了当地市民，在巴黎布洛涅森林、柏林的蒂尔公园或是伦敦的汉普特斯西斯公园，都能看见它的踪影。除此之外还有欧鸽，事实上欧鸽必须栖息于有老树和啄木鸟树洞的森林里，但是有时候我们也能在市区的公园里发现它们。欧斑鸠——一种体型娇小的候鸟——也舒适地居住在欧洲许多大城市的绿地。更常见的是欧斑鸠的亲戚灰斑鸠，它是新来的移民，上个世纪才从黎凡特地区入侵中欧和西欧，如今生活于村庄和郊区——人造的生活环境、遍布柏油沙漠的半自然边境地区和都市丛林，也就是水泥大海的边坡。在某些程度上，欧洲所有的鸽种已经习惯了人类，或者说在文化景观中找到它们原先居住的岛屿的替代品——就生存来说，一个比大自然更巨大、有效益的世界。它们在满山遍野都是果子和种子的公园里蓬勃生长，踩踏着用世界各地虫子施肥的土地。城市的气温更加暖和，而且到处都有人类浪费的厨余。

动、植物在与其他环境截然不同且不受气候区的条件影响下，能发展出特有习性的地方，被森林管理员称为"特殊地区"，在这里能够发现特别的物种。这样的地方和其他的环境有很大的差别，然而相互之间的生态差异却很小。柏林、科隆或是慕尼黑的植物种类很丰富，这些城市中的植物种类都很类似，但是和城郊的植物却有很大的差异。尽管不同陆块的城市、城郊、特区的生物环境彼此之间都很相似，而且越来越雷同，其中一个典型的居民是遍布全世界的野鸽子。过去四百多年中，欧洲文化散播于全世界——随之散播开来的还有欧洲鸽子。

有时候，鸽子也会陷入濒临绝种的危机。大约四百年前，当北美洲还是旅鸽的家乡时，野鸽被引进。哥伦布发现了新大陆，而鸽子也来到了新大陆。在新大陆的新城市中，人造石块建盖而成的人工岛屿，从自然景观中的绿色海洋和北美洲草原中，以迅雷不及掩耳的速度窜起。这只鸽子走了，另一只鸽子来了；一只被猎杀了，一只被引进了。这是在其他地方也会上演的典型模式，因为到处都有野鸽子入侵。

左上图 斑尾林鸽及巢

鸽形目鸠鸽科鸽属鸟类。林栖，见于欧洲、北非和亚洲西部。体灰色，颈圈白色，胸粉红，飞行时黑色的飞羽及灰色的覆羽之间具有宽宽的白色横带。

右上图 欧鸽

鸠鸽科鸽属鸟类。体型略小于普通家鸽。颈蓝灰色，缀有葡萄色或淡紫包。羽色为深灰色，翅膀上有两条不明显的黑色横线。遍布欧洲，生活在森林中，于树穴中筑巢。

左下图 欧斑鸠

体型略小的粉褐色斑鸠。颈侧具多黑白色细纹的斑块，翼覆羽深褐，具浅棕褐色鳞状斑。分布于欧洲、小亚细亚、北非及西南亚。性羞怯，常见于有林木或树篱的开阔农田。

右下图 灰斑鸠

中等体型的褐灰色斑鸠。原分布于暖温带地区的欧洲部分地区、中亚、中国和缅甸。留鸟，性格温顺。

野鸽子的矛盾

诺福克岛果鸠和诺福克岛鸽在西南太平洋上的诺福克岛灭绝了，如今那里只有野鸽子；琉球银斑黑鸽的灭绝地在冲绳，如今那里只有野鸽子；曾经住有新喀里多尼亚鸽和卡纳卡鸽——两种都在史前时代灭绝了——的新喀里多尼亚，如今那里只有野鸽子；卡纳卡鸽住在东边几千海里远的东加王国，如今也已经被野鸽子取代。有些地方除了野鸽子以外，也有其他鸽种被引进并定居，少数情况甚至被取代。印度洋的留尼旺岛从前住着留尼旺岛粉鸽，如今住有外来引进的马达加斯加岛斑鸠，以及源自南亚的斑马鸠。[24] 毛里求斯曾经住有羽毛呈红、白、蓝色，像三色旗的毛里求斯蓝鸠，以及斑姬地鸠、珠颈斑鸠，当然还有野鸽。此外，珠颈斑鸠也分布于澳大利亚和新西兰，美国加州南部也能看见。圣赫勒拿岛同样也曾经有“不会飞行的”圣赫勒拿岛鸽，如今只能遇见斑姬地鸠，当然还有野鸽。罗德里格斯岛曾经有灰色的罗岛蓝鸠和神秘的罗岛斑鸠，如今住在这里的是斑马鸠和野鸽。

留尼旺岛粉鸽
曾生活于留尼旺的马斯克林群岛，已灭绝。

加拉巴哥群岛曾经是闪烁着铜棕色的加岛哀鸽唯一的家乡，自 20 世纪 70 年代起，这里只剩下野鸽了。[25] 鸽种数量增加了两倍，但是生活环境却再不适合鸽子家族居住。夏威夷和复活节岛至少在古老时代没有原生鸽种，今日却只有野鸽子。

此外，夏威夷还有斑姬地鸠、粉头斑鸠和哀鸽。岛上鸟的种类似乎变得很多元,但是对全世界鸟的种类而言则不尽然。

如今，留尼旺岛、圣赫勒拿岛和加拉巴哥群岛有一种鸽子，毛里求斯有两种，在人类入侵之前，北美洲有三种。岛屿的物种数量因此明显增加。鸠鸽科的数量比岛屿开发之前的还多。地球的生物多样性一直都在减少，综合上述所有例子来看，至少有五种本土特有鸽种已经永远灭种。原本独特的生态系统跨越海洋与大陆，变得毫无差别。

马岛斑鸠

体淡红褐色，尾尖白色。分布于马达加斯加群岛及其附近岛屿。候鸟，在非洲北部越冬。

斑姬地鸠

鸠鸽科姬地鸠属。产自东南亚，现已扩散至夏威夷等地。

珠颈斑鸠

比鸽子略小，颈部有黑白色的珠花图案。分布在南亚、东南亚地区以及中国南方广大地区。

毛里求斯蓝鸠

是毛里求斯已灭绝的鸽种，羽毛呈白色、深蓝色及红色，令探险家皮埃尔·索纳拉特联想起荷兰国旗。

加岛哀鸽

分布于加拉帕戈斯群岛。

粉头斑鸠（雌、雄鸟）

斑鸠属的欧洲和北非鸟类，粉头，体淡红褐色。

哀鸽

因其哀伤的鸣叫而得名。分布于中美洲和北美洲及其近海岛屿，对人类改变的环境有良好的适应性。

为了观看其他鸽种而环游世界的人，也许仍可看见许多独特的东西，但是他只会不断地看到同一种鸟类，到处都有全球化的鸽子，特别是野鸽子。

非洲的粉头斑鸠被野放到新西兰和美国，然而，它不如野鸽子来得普遍。1974 年，巴哈马群岛一些灰斑鸠从鸟笼里逃脱出来，接着就在岛上筑巢。80 年代，首批灰斑鸠横越佛罗里达海峡，在美国大陆找到了新的栖息地。[26] 同一时间，灰斑鸠在西半球的分布区域，从小安地列斯群岛 [27] 扩散到五大湖 [28] 和加拿大。

我在加州也曾观察过灰斑鸠，也许灰斑鸠身上背负着一些已绝种的旅鸽的遗迹，毕竟它们曾一起过冬。然而，它们再也无法重塑旅鸽群在天上构成的云朵。因为它们，旅鸽在美国形成的自然景观不再复得。灰斑鸠也无法创造出与其他地区截然不同的景象，因为在欧洲、韩国、日本和新西兰都有灰斑鸠。它也无法让其他鸽群画出的景象重现，因为比起它已灭绝的亲戚，或是早它几世纪横行霸道的野鸽，它还不够普遍。

没有其他鸽子能够和野鸽相比较，就连野鸽自己也一样。这一点非常矛盾，因为自从野鸽参与了人类的协定，野鸽就不再是野鸽了。野鸽成为人类居住地的一员，大概已有六个半世纪之久，这段历史中，野鸽的数量有所变化，并且在新的环境中得到发展。

从欧洲森林和中亚草原区中较小的岛屿来的原鸽，逐渐变城市鸽子、街头鸽子，以及随处可见的灰色、彩色鸽子。Feral Rock Dove 是野生原鸽的英文名称，同样也是动物学家口中的城市鸽子，然而野生原鸽的历史却和“野生”背道而驰，它逐渐城市化。动物跨越野生世界与人工生态环境间的流动界线，是不小心被诱拐或是被人类带入的，对于这个过程，我们并没有确切的词汇可以用来表示。

此外，还有另一个人类主道的发展过程。几千年来，这个发展迫使育种更加多元，家鸽与信鸽因而诞生。这个发展使得鸽子种类更多彩多姿，也创造出赛鸽、孔雀鸽、冰鸽，以及其他许多不同的鸽种。鸽子的色彩多变，从红色、黄色到蓝色，各种浓淡的色调都有，但是种类一成不变。

达尔文惊讶地发现，经过人工育种和有目的的人工选择，鸽子种类逐渐单一化。这是《物种起源》书中的一大成就。[29]不只有诺亚将鸽子当作信差，人类几千年来就善用鸟类天生的方向感，这也使得鸽子有许多机会可以逃脱人类的手掌心，建立新的族群；换句话说，就是野放到都市丛林和水泥沙漠中。误入歧途的信鸽和迷路的家鸽在城市中遇见了将它们从野外吸引到水泥世界的原鸽，便将基因与羽毛的颜色留给了城市里的鸽子。在任何一个广场中观察鸽群，可以发现颜色的多样性，从深蓝色到白色，或者是红棕色，大多数都有斑点。街头鸽子因为和不同种类、不同长相的家鸽杂交，因此基因相当多元，环境适应力强、抵抗力高、数量也非常多，某些书中甚至将街头鸽子冠上“超级鸽子”[30]的称号。

上图 传信的鸽子

左下图 英国信鸽

右下图 安特卫普信鸽

鸽子善于飞翔，有强烈的归巢性能。人们提取这种优越性能的一面而驯养出了传递重要信息的信鸽。一只信鸽从清晨到黄昏飞行 800 千米是很正常的。两千年前，中外均有把信鸽作为通信工具的记载。到了现代，信鸽的概念已经改变，信鸽主要用途是用于比赛竟翔，其品种也日益丰富。

球胸鸽

鸽子经常被人们当作宠物或观赏类鸟种来喂养。球胸鸽和孔雀鸽用蓬起的胸部走路和跳舞。鸥鸽和翻头鸽是空中的杂技演员。

球胸鸽嗉囊像吹气的气球，较一般鸽子高一倍。身形挺直，尾小、腿长，有的脚上长着长毛。羽装以灰壳和绛色居多，也有白、黑、赭色等，尤以纯白色最为名贵。

左上图 孔雀鸽

亦称扇尾鸽。尾羽张开时，形如孔雀开屏。羽色有白、黑、绛、灰和雕鞍等。有全身白色而尾羽有色，有全身有色而尾羽白色，也有尾羽镶色，还有尾羽呈丝毛状者。

右上图 鹞鸽

是一种生活在东半球的鸟类，共有 16 个种类，喜欢高飞到空中，然后炫耀着翻着筋斗俯冲下。全身颜色鲜艳。

下图 翻头鸽

飞行中善于翻跟头。

本页图 雅各宾鸽

雅各宾鸽的名字源于 12 世纪的雅各宾修道士，因为他们佩带的头饰与雅各宾鸽颈部周围羽毛的外形十分相似。由于小巧的头部被包裹在一圈华美纤长的羽毛中，视野受阻，它们通常很少飞翔。不过，这种毛烘烘的“领子”配上优雅的站姿，愈发让它们显得雍容华贵。

右页六图

几个世纪以来，鸽子因为美丽、比赛、信息传递或食用性而被人类驯养。有超过 2000 种不同的家鸽，全部来源于原鸽。这些品种由于人工选择而导致在颜色、斑纹和习性上有很大差异，但是在尺寸上差别很小。

冰鸽

因羽色浅蓝似冰而得名。

德国盾鹰

德国叉尾喇叭鸽

因叫声像吹喇叭而得名。

德国修女鸽

原产地德国。基本型的全身羽毛白色，此外也有黄、黑、灰、褐等多种毛色者，但以黑色带有花纹的品种为最佳。

德国美荷马

是对德国赛鸽进行选择育种而来；体型与赛鸽相近，甚至比赛鸽更强壮。

黑神父

基因库里的风暴

那么，野鸽的原始种是什么呢？原鸽被被诱骗来城市饲养之前，和人类“共创事业”之前，又是哪种鸽子呢？原始的野鸽几乎灭绝了。真正的野生原鸽如今生活在少数它们自己岛屿的殖民地，偏僻得有如一座孤岛，与外界切断往来。在埃利安锡尔、奥克尼群岛、昔德兰群岛和法罗群岛以及地中海地区，萨丁尼亚岛或许还能找到“纯正”的原鸽[31]。从船上向外看去，我看见非洲海岸的前端，卡吕普索*的小岛有着陡峭的海崖，悬崖上有面向海洋的岩洞，野鸽子在洞内筑巢，也许那是野鸽子的原生种？这是一座鸟类几乎被猎杀殆尽的小岛。走在水仙花之间，经过铺满弹壳的地毯上，随处可见人类岛屿中的小型炮台，这应当是人类对鲜血和炮灰上瘾，为了和披着羽毛的生物决斗而建造的。鸽子唯一能够幸存的地方是在人类居住地的玻璃窗后，在这里它们不会遭到射杀。

然而，比起发生在岛上的滥杀，眼前灭种的方式更为平和。原始的鸽种——不同作家有不同说法——和它们八到十五个亚种[32]都面临了绝种危机，不是因为被捕杀，而是因为再也找不到筑巢的地方，或是受到外来敌人的威胁。某种程度来说，野鸽已成为它们自我成就的牺牲者。它们成功地“重生”，成为随处可见的街头鸽子，也因为能够和野生鸽群接触，野生原鸽的基因受到一致性的威胁。最后一群野生原鸽混入了城市野鸽的基因库里，淹没在大融炉之中。在英国诺福克郡的岩岸可以看到这样的例子，[33]萨丁尼亚岛上也可以看见原始鸽种和邻近城市的鸽子。[34]这样的情况实际上已经持续了好几百年。在达尔文的时代，如果想研究“纯种”的野鸽，必须从萨丁尼亚岛上取得。[35]

原鸽并不是鸽子家族中，唯一陷入这种情况的鸽种。在塞舌尔群岛上的塞舌尔斑鸠和自马达加斯加岛引进的亚种彻底地杂交混种，如今杂交种的数量占上风。和体型较小的当地亚种鸽子相较，引进的亚种鸽子特征较为明显，羽毛是红棕色的。20世纪70年代时，库金岛是最后一个仍然能

* 希腊神话中的女海神。——译注

看见这种鸽子的地方。其他地方的鸽种当时都已经“和外来的马达加斯加岛鸽大量混种，并且变成灰色”[36]。

欧斑鸠在非洲大陆衍生出本土的亚种。例如南非从邻国莫桑比克引进红眼斑鸠亚种，造成本地亚种的特征变得模糊，且消失殆尽。[37] 由于岛屿不再是它们的岛屿，因此物种和其亚种的特性在狂风暴雨中剧烈摇晃的基因库里被淹没，正如鸽子与其他动物一样。

塔斯马尼亚鸸鹋被认为灭绝于1838年，在它灭绝后不久，陆地鸸鹋被野放到岛屿上。[38] 例如，1845年一对鸸鹋从今日的维多利亚州被带到塔斯马尼亚。也许在岛屿内地，还有一些仅存的岛屿鸟类尚未被发现。外来引进的鸟类通过杂交，使得本土亚种衰亡。1861年，据说有人私自饲养数只纯种的塔斯马尼亚鸸鹋，“多年来在他的保护之下，小心翼翼地繁殖，他将草丛里找到的鸟蛋拿来孵化”。[39] 无论这是真是假，在当时大陆的纯种鸽子就已经被带到岛上。不久之后，外来的鸸鹋再度灭绝，最后尚存的本土鸸鹋也随之消失。[40]

意大利保有灰山鹑唯一尚未灭绝的亚种——意大利灰山鹑（*Perdix perdix italica*）[41]，而这几十年以来，人类为了狩猎，不断地从斯堪的纳维亚半岛、东欧等地引进鸽子，原生种逐渐地融入人工繁殖的鸽种，并于20世纪80年代末期消失踪影。[42]

上图 红眼斑鸠
一种大型的矮壮斑鸠，以草籽、谷物等为食，在树上以树枝筑巢，广泛分布于撒哈拉沙漠（北回归线）以南的整个非洲大陆。

下图 灰山鹑
中等体型的灰褐色鹑。眉线、脸及喉偏橘黄。下体灰，至臀部白。雄鸟下胸有明显的倒U字形栗色斑块。两胁具宽阔的栗色横纹。锈红色的尾羽在飞行时清楚可见。繁殖鸟以家族群育幼，被赶时同时起飞。

左图 珠鸡
一种身体肥胖、头小的中型陆生鸟类，头部和颈部皮肤裸露，体羽黑色有白斑点。翅短而圆，善飞行，但遇到威胁时多奔跑逃走。肉质鲜美细嫩，故常遭捕杀。

中图 小鸊鷉
潜鸟。善于游泳和潜水，常潜水取食，以水生昆虫及其幼虫、鱼、虾等为食。通常单独或成分散小群活动。繁殖期在沼泽、池塘、湖泊中丛生的芦苇、灯心草、香蒲上营巢。

右图 马达加斯加潜鸭
体圆，头大，很少鸣叫，为深水鸟类，善于收拢翅膀潜水。杂食性，主要以水生植物和鱼虾贝壳类为食。在沿海或较大的湖泊越冬。

摩洛哥从前还有一些珠鸡的 *sabyi* 亚种（*Numida meleagris sabyi*）[43]，它们居住于丛林里、森林谷地和海岸到高地间的峡谷中。[44]20 世纪 40 年代起，摩洛哥的珠鸡逐渐减少。[45]70 年代还有一些少数的目击事件被记载下来，[46] 当时珠鸡已经被认定灭绝。[47]

根据谣传指出，直到 90 年代还有一些珠鸡在人类的饲养下存活。

也许摩洛哥的亚种和外来引进的珠鸡混种杂交，而融入消沉于基因库里。如今亚种的所有特质与特性，就像是童话故事中公主的珍珠一样，散落在沼泽中。马达加斯加岛上唯一的一座湖，是德氏小鸊鷉最后的家乡，德氏小鸊鷉几乎是一座接着一座岛不停地在搬家。80 年代时还能看到德氏小鸊鷉，最近几年因为不断地和小鸊鷉混交，加上生活环境被破坏而逐渐消失。[48]2010 年，德氏小鸊鷉宣告灭绝。德氏小鸊鷉和马达加斯加潜鸭共享栖息地，如今，纯种马达加斯加潜鸭因为和外来引进的绿头鸭混种，已濒临绝种。[49]

绿头鸭被当作是打猎活动中的“野生猎物”，而被引进到各大陆，并且在新栖息地到处和当地本土种亲戚相互杂交，因此北美洲的美国黑鸭、绿头鸭佛罗里达亚种（A. fulvigula）、新西兰的太平洋黑鸭或者南非的非洲黄嘴鸭在新出现的混种族群中消失，不过是迟早的问题。[50]

夏威夷鸭消失于混种鸭群的情形发生许久，只有在考艾岛唯一还存有原生种。[51] 当欧洲绿头鸭广泛分散于全世界时，欧洲的白头硬尾鸭因为和1948年从北美洲引进的棕硬尾鸭混种而消失。印尼的红蓝吸蜜鹦鹉在20世纪90年代因为和塔劳群岛的亚种杂交而消失。

上图 绿头鸭
中型游禽，为家鸭的野型。鸭脚趾间有蹼，但很少潜水，游泳时尾露出水面，善于在水中觅食、戏水和求偶交配。以植物为主食，也吃无脊椎动物和甲壳动物。

下图 北美黑鸭
北美地区的大型水鸭。上体黑褐色。羽毛的内侧是黑煤烟棕色，有红色和浅黄色苍白边缘。脸黄色，有深褐色顶帽和眼纹，深褐色的胸部、腹部、背部和双翼，二级飞羽是闪光青紫色，有紫色翼镜。

上图 白头硬尾鸭

雄鸟头白，顶及领黑，繁殖期嘴蓝色。雌鸟及雏鸟头部深灰。典型的群居型水鸭类，善游泳和潜水，在地上行走困难，起飞也很笨拙。分布于地中海和西亚，数量稀少，为全球性易危鸟类。

中图 棕硬尾鸭

体型细小的群居型水鸭。体圆，翼短，尾羽长而尖。雄鸭在繁殖期有鲜艳的淡红色羽毛和鲜蓝色的喙，雌鸭的羽色单调。会用其特殊的尾羽在水下把握方向以寻觅食物，很少上陆地活动。能在风浪里睡觉。广泛分布于北美洲和中美洲的温暖地区。

下图 红蓝吸蜜鹦鹉

印尼特有的吸蜜鹦鹉。羽色鲜艳，主要以花粉、花蜜与果实为食物，鸟喙比一般鹦鹉的长，细长的舌头上有刷状的毛，方便它深入花朵中取食。由于被捕猎与及大部分栖息地丧失，现濒危。

它们之所以出现在岛屿上，是因为那些被动物商人绑架且顺利脱逃的纯种鸟。原生的岛屿种看来是永远消失了。新西兰布布克鹰鸮的德文是 Mehr Schwein（“更多的猪”），不是因为拼字和文法出错，而是将它音译而来的英文名称 Morepork 直译成德文。诺福克岛衍生出一种亚种——诺福克岛布布克鹰鸮。为了保存岛屿上所剩无几的物种，引进了名字误植的鸟类，结果造成今日只有混种鸟类存活下来。八种原始岛屿种的最后一种鸟类，死于 1996 年。[52]

狼

左起，从上到下，依次为灰狼、红狼、白狼、郊狼、黑狼、草原狼、豺。

狼是典型的食物链次级掠食者，体型中等。善快速及长距离奔跑，多喜群居，常追逐猎食。栖息范围广，适应性强，山地、林区、草原以至冰原均有狼群生存，在生态系统中的地位不可替代。20 世纪末期前被人类大量捕杀，一些亚种已绝种，其现有亚种的数量也锐减。

这种问题不只发生在鸟类身上，欧洲的野猫也因为和家猫杂交而消失。家猫是非洲野猫的后代，在地区性的基因结构中发展出新的种类，而非洲野猫也因为家猫广泛性的存在而面临灭绝危机。[53] 苏格兰的欧洲马鹿和梅花鹿都是外来种，它们和非洲及亚洲的豺狼和家犬一样，彼此杂交混种。[54] 在北美洲的某些地区，野牛已经和饲养牛混种，而世界其他地方也有同样的状况发生。野牦牛群曾经奔驰于西藏高原，[55] 如今却逐渐地被驯服或饲养，剩下的野生牦牛则因为和一般家牛混种，而失去了原有的基因独特性。[56] 当世界各地的牦牛被当作家牛饲养时，它们原有的野生习性也面临着消失的危机。[57]

也许在这样的情况下，观察单一族群将会发现单一遗传特征的不同组合，而形成有趣的转变，不仅形式上更具多样性，基因上也有更多变化。然而，单一族群的典型基因结构逐渐消失，世界可能因此失去了基因的完整性。单块的马赛克显得鲜艳多彩，然而整幅马赛克画却变得模糊不清。

蓝色山猫和彩色乌鸦

马来貘
貘类中最大的一种，体长1.8～2.5米，体重250～540千克，分布于亚洲的马来半岛等地。长相奇特，全身毛色黑白相间。胆小，一有风吹草动，便从水中逃跑，或藏在水中，只露出鼻子呼吸。近三四十年来，由于人类活动所导致的栖息地丧失，马来貘的数量在东南亚地区不断下降，已成为濒危物种。

如果承载一种稀有遗传信息的基因在整个族群中数量很少，那么这种表型出现在族群内的机会也会越来越少。一些稀有物种会为了生存而抗争，然而因为族群极度减少，性状的变化性也成为天方夜谭。

当整个欧洲的乌鸦遭到大规模的扑杀时，幸存乌鸦的基因多样性也必然减低。也许法罗群岛上具有白色斑点的乌鸦还有独特的遗传基因留下，然而人类已经许久未见其踪影。它太容易被人类猎杀，因此对法罗群岛的乌鸦基因型的贡献也被破坏了。

随着亚洲象族群不断缩小，稀有的白色动物也逐渐减少，这些珍宝最终将完全消失。

马来貘的分布区域很狭小，因此几乎无法观察到稀有的黑色变异品系。[58] 父母双方具有相同的基因，所生下的动物却有不寻常的颜色，这种几率非常小。

亚洲老虎如今变得如此稀少，以致于基因使毛色呈现白、黑棕相间，黑色或者蓝色的情形非常少见。白老虎在野外已不复见，只被人类饲养并在拉斯维加斯登台表演。

山猫也有蓝色的变种，有时候能在加拿大看到。在欧洲，山猫相当罕见，更不用说蓝色皮毛的山猫。几百年前，也许它们还保有决定这些稀有性状的基因，或许每隔几年会出现一只蓝色山猫，蹑手蹑脚地走过我那被绿色山野环绕的谷地?

在文章中，若提及在全球化的景观和乡村中随处可见的动物散布很快时，经常使用“成功”这个词汇来形容。然而这个成功有时候却是惨胜，

因为物种的生态特性会被破坏，因为物种繁衍成功，它再也不被局限在自己的岛屿，而岛屿也不再是它的岛屿。野鸽就是一个活生生的例子。

单一族群的稀有性在新的基因库被活活吞没的机会非常大，鸽子的独特性也被压迫和迫害。一方面是因为到处都有街头野鸽，另一方面是因为野生族群数量的缩小，被当作是稀有基因的蓄水池。在新物种出现之前，旧物种会被融化于物种全球化的大熔炉中。当物种随着船只或飞机引进到各地，一定的能量也被输入到全球化的系统中。当生态阻碍出现时，熵就会上升，结构就被破坏、溶解和消失。

白虎

虎一般为金底黑纹，应该是环境适应的结果，白底黑纹的白虎非常罕见。1951年，人们在印度发现并捕获了一只野生孟加拉白虎，以人工育种的方式培育出一些白虎。此外，孟加拉虎还有更罕见的雪白色变种和纯白色变种。

山猫

即猞猁。外形似猫，但比猫大得多，属于中型的猛兽。肉食，擅于攀爬及游泳，不畏严寒，耐饥性强，活动隐蔽，听觉、视觉发达，是无固定窝巢的夜间猎手，晨昏活动频繁。曾栖息在欧亚大陆的大部分森林、灌丛和岩石地带，不过由于人类活动所引发的森林面积缩小和猎物的减少，其种群数量锐减。

存在与表现

在动物亚种或本土种的灭绝故事中，仿佛看到经填塞处理的小鸟和一些骨骸碎片的分析研究、古老探险报告的描述或者在易碎的旧书页上的手绘图案在展示橱窗中，同时还看到那些在实验中也许能够显现或在显微镜底下能够观察到的鸟的“形象”——生物家称之为“基因型”（Genotype），出现在我们眼前。

然而，灭绝的过程基本上相当复杂，过程中的耗损远远超出我们所看见的。如今，物种保护不再只是保护我们所看见的，还要特别维护基因信息，也就是要避免物种的每一个细胞中所承载的遗传物质遭到破坏。一个具有特殊遗传物质的族群，其物种遭到灭种，被称为“基因型灭绝”（genotypic extinction）与特定“基因型”的灭绝。我们能够看见的，仅仅只是过程中的一小部分，历史中的一小段。达尔文在《物种起源》中，提出了鸽子杂交试验的相关研究报告。

两种长相极为不同的鸽子，它们第三代共同的子孙长相仍旧能让人想到野生原鸽。然而，它却不是真正的野生原鸽。野生原鸽来自遥远的岛屿，遥不可及。他重复地进行这项大自然与人类已经尝试过的试验：让飞走的信鸽和飞来的野鸽，以及被野放的鸽子与被都市化的鸽子杂交。也许在这些尝试中，至少有一种表型能够再现，然而实际上关键在基因型。基因型在所有生命过程以及基因演化记忆的每一个细胞中，决定是否要显现在我们面前。

对鸽子来说也是。某一鸽种在与野鸽杂交之后，对普通观察者来说，基本上它的外表应该还是和野生的原鸽相同，然而内在的基因型却永远改变了。外表终究只是外在的样子。族群在基因的变化性上虽取得了胜利，但是世界在基因的数量上却输了。世界也许赢得了较高的基因多样性，却只是表面上而已。

没有顾及全部物种的基因量，也没有关注到单一物种，关键字“变化多端”因此失去了意义。在柏林或者纽约、罗马、圣保罗——我在南美洲最先看到的景象是圣保罗机场飞机跑道上的两只野鸽——或者旧金山的街道或广场上，原鸽看起来就像是鲜艳夺目的群兽，有淡黄色的，也有鲜蓝色的，不过主要还是灰色居多。这些鸟儿尽管色彩丰富，却单调乏味，因为世界各地的鸽子都长得一模一样。

单一、被隔离，而且遗传性基因单调的族群，代表它们隐性的特性稀少，并且容易被其他基因库排挤而失去一席之地。基因在基因库中彼此竞争优劣，如果基因特性能够在竞争后存留下来，就会在基因库中显现出来，而落败的基因则不会。这是实验室发现的科学冒险。或许其他物种的基因有能力对完全不同的东西产生免疫力，以一种我们完全无法想象的方式，或者受到时间生物学影响的突变方式，制定自己的生命周期。然而，前提是它们的远亲后代经常出现突变，基因才有机会在未来的演化中呈现出来。纵使一个族群的基因变化单调，它所拥有的罕见基因仍然有助于提高基因多样性。如果人类可以理解偏僻地区生物的重要性，知道生物的存在固然重要，更重要的是生物对生态学与基因结构的重要性，也就可以确保生物基因相同性的生态系统结构。

人类经济作物的野生亲戚也有同样的问题。经济作物的身上也许还有一些对未来相当重要的基因，然而几千年来，在人工种植下，这些重要基因早已不经意地被摧毁了。

这个故事不仅和物种重要的商业特性有关，也和其他更多的因素相关。受破坏威胁的景象也许现在不见了，然而，保护乍看之下不像岛屿的岛屿，以及一开始不稀罕的物种，是非常重要的一件事。

即使我们自己看不到岛屿、找不到岛屿，但是动物可以。最后，动物将带领我们到一个看不见的岛屿上——如果我们得到允许的话。

失落的岛屿与沉没的群岛

绿色鹦鹉再也找不到它的岛屿，在田野、森林景观已经改变的新沙漠中，它再也找不到它的绿洲。印度洋上不会飞行的秧鸡，脚下的地毯像是被抽走般再也找不到它们的岛屿，因而步向灭种的命运。爱斯基摩杓鹬再也找不到它每年迁徙路线上的驻足地——加尔维斯顿岛或者巴贝多岛，巴芬岛或者火地群岛，或者整个北美洲。旅鸽再也找不到它们飞行的岛屿和地球上的乌龟岛。

大约在最后一大群旅鸽消失之际，航海家在美国东海岸边看见庞大的鸽群飞向海上的船只，它们宛如在绝望中寻找诺亚方舟。在西方水手的传说中，停在甲板上的鸟类不能捕杀。[59] 绝对不行！然而鸽群强占船只吓坏了乘客，乘客因此用棍棒把飞来的客人打落甲板。[60]

有些乘客说，进入纽约或者费城港口之前，成千上万的鸽子尸体为他们的船铺上了一条震撼的红地毯。有时候，横越死鸽子区域的旅程长达数日之久。在景象完全改变的陆地上，小鸟再也找不到属于它的栖身之地、它的岛屿，海岸前方的大海是它的坟场。乌龟岛上再也没有它的容身之处，它也找不到绿洲，只能在大海上迷失方向。

第9章

在航海和海鸟之间

跟随大自然的征兆，太平洋的水手不断发现新岛屿，而如果没有动物的指引，航程便不可能顺利完成。

红胸辉鹦鹉

发现大溪地

我回忆着那次搭火车从桥之都向北行，为了寻找野生动物、阳光与空气，不断地深入北方，直到听见海鸥预告大海临近。我记得自己为了寻找岛屿，为了感受脉动巨大的海洋冷血动物的心跳搏动，登上一艘渡船，在流动的背脊上穿越世界，而海鸟在船边寻找食物和休憩。我记得，海鸥队伍环绕着一艘挂有凯尔特文名称的船，大声地喧哗，好像是在引导船只离港出航。

光、气味与味道结合的指引者

岛屿上有许多的禁忌。当风从海上吹拂而来时，会有一股像是混杂着草与湿泥土的气味随着薄雾迎来。还有海鸥从某处飞来，仿佛在确认船只是否找到正确的入港口。欧洲四周的岛屿就像是云结晶一样，试图透过光线的折射产生略带暗红的颜色，从烟雾中升华。越来越多的海鸥聚集在渡船口。当船只抵达港口，快要触及防波堤时，白色群鸥中出现了一只准备振翅起飞的灰色海鸟，嘶声尖叫地飞越白色空中英雄的身边，企图停在甲板上看看能找到什么。那是一只陆鸟，毫无耐心的岛屿信差，在远离内陆、远离城市大融炉的地方，也许它的身上还留有一些野性的血。没错，它是一只原鸽。

海獭
海洋哺乳动物，很少在陆地或冰上觅食，大半时间都待在水里。白天常常成群在海里嬉闹、觅食，晚上有时睡在岩石上，但更多的时间是躺在漂浮于海面的海藻上。上岸时，会用石头构筑漂亮的巢穴。

在每一座岛上，除了草地、天空和海洋等基本的元素外，我还找到了——寂静。寂静如此深沉，仿佛鲜血潺潺流过的声音，仿佛陌生而美妙的歌唱声。当我沉醉于海风的吹拂时，正值全盛期的蚁群迷幻般地在神圣岛屿的低矮草地上奔跑。无穷尽似的鸟群像云朵般，在草地上投射下身影。喧哗的椋鸟振动着翅膀，撕裂地面上的气旋。海獭在海草和岩石之间嬉戏，头颅和眼睛都圆滚滚的海狗在一旁站岗守卫。绿茵和海草的芬芳，小鸟和小黑羊的鸣叫，都预示着岛屿即将现身。

若是已经知道何去何从，那就能够按照星星的方向航行，或者靠地图、指南针和卫星导航指引方向。若是为了发现未知事物，则必须知道如何辨

海狗
海洋哺乳动物，体型像狗，皮毛浓密而光滑。体呈纺锤形。头部圆，吻部短，眼睛较大。四肢呈鳍状，适于在水中游泳；上陆后可用四肢缓慢而行。白天在近海游弋猎食，夜晚上岸休息。

读特殊的征象。汪洋大海中有许许多多精密的小细节。为了在茫茫大海中寻找岛屿，必须不断地判读各种迹象，并且综合所有的资讯。

陆地上方的云层结构，也许是在指引从波利尼西亚往毛利人口中的“绵绵白云下的大地”——奥特亚罗瓦（Aotearoa）的方向，或者是在指引葡萄牙人从圣港岛航向马德拉群岛[1]。海流和海水中的盐分可以作为局部地区的路标；流窜于大海躯体中的污浊血管和浪花，能够指引淡水水域的方向。[2]直到现代，冒险家都还能够从生物身上的微小细节中发现岛屿上的重要信息。海水和风为陆地的动、植物世界带来了香气，对需要呼吸的我们来说是很重要的信息。例如，草的香气随风吹拂到海面上。

对于生长在北半球温带地区的黄花茅来说，香气传播最短的距离是从北方岛屿到附近的海面上。然而，澳大利亚来的航海家兼飞行员哈洛德·盖特却在距离新西兰海岸 70 海里远的地方，觉察了黄花茅令人迷醉的芳香。[3]作家西蒙·温切斯特说，圣赫勒拿岛还没出现在眼前，他就嗅到了香气。[4]一名周游列国的植物学家写信告诉我，她在亚速群岛经历了类似的体验，她还没看见岛屿就感觉到那里常年弥漫着百合的甜蜜芬芳。地中海地区的岛屿就像是看不见的花园，四处漫溢着香气。在拿破仑的回忆中，科西嘉岛有着独特的香味；在俄罗斯作家伊凡·蒲宁（Ivan Bunin）的记忆中，意大利“每座岛屿都有各自独特的香气”[5]。希腊政治家米基斯·提奥多拉基斯回想起当他们尚未下船看见陆地，就“因为那奇特的柑橘香味”而闻到了克里特岛。[6]

海岸的植物种类越丰富、原始，散发出的气味给人留下的印象就越强烈。因为海风时而离岸时而向岸，花香在一天当中也有不同的阶段，因此天时尤为重要。19 世纪的一份资料提到，夏威夷群岛的黎明时刻，带来了令船员们倾倒的香气。[7]特别是船员们未曾闻过的植物香气，留给人的印象格外深刻。越久远的旅游报告越生动，是因为旅行中遇到更多未知的新事物，还是因为旅行家尚未受到人工香料的刺激而失去感官能力，因此有较深切的感受呢？

发现夏威夷
最早发现夏威夷群岛的欧洲人是西班牙的胡安·盖塔诺，不过真正使夏威夷为世人所知的是英国航海家库克船长，他于1778年1月登陆夏威夷群岛，然后前往阿拉斯加附近，于1779年1月返回夏威夷时死于与土著的冲突。

“还没看到岛屿，就能闻到它。香气在15公里远外的海上轻拂。”1616年的圣诞节，英国探险家科特普（Nathaniel Courthope）靠近肉豆蔻岛时如此描述。[8] 从前横越大西洋的船员在美洲海岸前方，最先与新大陆接触的是从陆地吹拂而来的气味。[9]16世纪的意大利探险家乔凡尼·达·韦拉扎诺（Giovanni de Verrazano）提到：“欧洲为人知晓的树木，正在远方散发着香气。”[10] 哥伦布穿越加勒比海地区时，古巴的树木百花齐放，甜蜜的芳香涌向大海。水手们无不着迷于魔法般的委内瑞拉海岸，“他们享受着陆地上的植物散发出的惬意香气”。[11]“在特利尼达岛的岸边，经过清晨露水洗涤的草与树木，甜蜜芬香迎面袭来。”[12,13] 类似的经历于1606年在加拿大的海岸边发生在法国冒险家的身上。“陆地上无与伦比的香气，随着暖风迎面袭来，浓郁地像是无法再传递更多的东方异国气味。我们伸出双手尝试抚摸风，它是如此容易地抓在手中。”[14] 这是多么棒的体验啊！

法兰索瓦·勒戈（Franois Leguat）描述从留尼旺岛散发出的、涌向大海的美味芳香。那股强烈的气味唤醒了许多熟睡中的水手。[15] 当然，闻到如此充满岛屿和冒险味道的香味，谁还舍得睡觉呢？

海景——海洋是一幅风景画

岛屿上的生物常常通过海浪和漂流木传达较容易理解的线索，例如哥伦布发现的树枝上有红梅，海洋动物也是即将靠岸的线索。

史前时代的航海家必须跟随鲸鱼和鲔鱼群，或者在海中游水的大海雀寻找陆地。在海洋中，它们是人类的指路者。庞大的海龟群横渡今日充满垃圾的热带海洋，朝孵卵的海滩前进。有时候，鸟会在游泳的海龟背上休息。[16,17,18] 夜晚时分，成千上万只动物的鼾声缭绕在大海上。加勒比海上迷失方向的近代海盗们，能够透过神秘的声音信号辨别方向。[19]

然而，海洋中最重要的辨位辅助生物是鸟类。地中海一带流传着的探险故事，背景发生在神话般的遥远世界，其中一些传说与鸟类有关。直到近代，岛屿和北大西洋中的大陆沿岸才被发现。爱尔兰的修道士比维京人还早抵达岛屿——他们应该是跟随鹅群抵达的。[20] 鸟类也会带领人类前往加那利群岛和佛得角群岛。根据航海文学中经常提到的，[21] 应该是葡萄牙人发现了亚速群岛，他们在那里改变了航向，跟随鸟类前进。[22] 第一个知道这则故事的人是哥伦布。因为跟着小鸟航行，所以弗洛勒斯岛最终被发现了，哥伦布如此记载道。在旅行与世界历史的转折点上，他也是因为跟随小鸟而改变了航向。

许多候鸟在夜晚飞行，因此以它们作为“指标”的作用也许受到了局限。然而，现今的鸟类学家观察月圆前的鸟类飞行，发现即使在没有月光的时候，鸟类仍然能在海上指引方向。[23] 有些鸟类在海上默不出声，例如军舰鸟和热带鸟，[24] 但是其他小鸟却为航海家带来了声音飨宴。哥伦布记载:“一整个晚上都能听到鸟儿飞过。”[25] 而爱斯基摩杓鹬和它的流浪伙伴——美洲金斑鸻，应该是不情愿地担任指路的工作。“在晚上能够听到（爱斯基摩杓鹬）悲伤忧愁的长鸣笛声，让人想起风的呼啸声，而非鸟叫声。它的声音是大自然中令人难忘的一种奇特声响。”[26]19 世纪美国一本与鸟类相关的书籍如此记载。如今，爱斯基摩杓鹬的声音已经在候鸟混音合唱团里消失了。

曾经成群结队飞越美国的鸟类应该已经绝迹了。夜晚视线不佳，船只要靠近岸边时，陆地上的小鸟还有昆虫[27]的叫声随着水面传到远方，可借以辨别方向。约瑟夫·班克斯在新西兰的海岸边无意中聆听了一场小鸟音乐会，并且给予了生动的描述。[28]根据故事的描述，葡萄牙的水手随着沿水面传来的公鸡叫声，找到了锡兰南部的城市加勒。有些人可能有这样的印象，在柏林的某个朦胧早晨，听到随着万湖*湖水传来的孔雀鸣叫；或者秋天时，被正在薄雾中旅行的野鹅叫声唤醒。

鸟类和其他动物将声音转换成看不见的空间信息，即使视力不佳的人也能接收到，这些信息也能再经由人类的声音转译出来。

许多海岸和岛屿是根据鸟类命名的，这绝非偶然之事。例如加州的阿尔卡特拉斯岛**、旧金山的鸟岛（Bird Island）和鸟岩（Bird Rock），或是靠近圣塔芭芭拉的海鸥岛（Gull Island）。夏威夷群岛北边是燕鸥岛，夏威夷群岛中的一个小岛尼豪岛在地图中曾被标名为鸟岛。马利亚纳群岛北边的一座岛屿被西班牙航海家命名为“帕哈罗斯岩”（Farallon de Pajaros）——鸟的悬岩，或者“乌鲁卡斯”（Urracas）——喜鹊之岛。塞舌尔群岛中有鸟岛，阿留申群岛或新西兰附近也有鸟岛，以及根据红嘴热带鸟命名、在阿森松岛附近的水手鸟岛，还有不能遗漏的波兹坦的孔雀岛或者天鹅小岛。这些名称之中，有的和古老世界伟大壮丽的画面有连结。因为一种巨大而不会飞行、长相像天鹅的鸽类，水手们将 Ilha do Cerne 岛命名为天鹅岛——该岛后来被改称为毛里求斯岛。亚速群岛的名称是由一种名为 Acores 的老鹰而来，并不是因为那里有很多老鹰，而是因为那里的鸟类从没与人类对峙过，和老鹰一样，从小就习惯人类，一点也不畏惧。[29]

从古至今，鸟类一直在航海上扮演着重要的角色。大航海时代的船长仔细地在航海日志上记载所有海洋哺乳动物、海龟、飞鱼或鸟类。1722 年 4 月 3 日，荷兰籍船长雅可布·罗赫芬（Jacob Roggeveen）在前往东南太平洋的航程中记载到数种鸟类出现在海面上；随后，在 4 月 5 日发现了海龟、

* 万湖，柏林西南的一个湖泊。
——译注

** 俗称恶魔岛。阿尔卡特拉斯（Alcatraz）是西班牙文“鹈鹕”的意思。
——译注

军舰鸟

热带海鸟。翅极长，尾长呈叉形，飞翔能力强，常在空中抢夺其它海鸟的食物，其英文名为“海盗鸟”之意。雄鸟具鲜红色喉囊，求偶时充气膨大如球形。

红嘴热带鸟

鹲科鹲属的鸟类，嘴为红色，俗名红嘴鹲。中型海鸟，分布于整个热带海洋。除繁殖季节登陆产卵育雏外，其余时间均在海洋上飞翔。有时长期跟随渔船飞行，于桅杆上歇息。

爱斯基摩杓鹬

又名极北杓鹬。是体型较大的海岸鸟，曾在北美洲的北极圈里大量繁殖，冬天则迁徙到南美洲彭巴斯草原过冬。19世纪时遭大量捕杀，数量锐减。目前已是全世界最珍稀的鸟类之一。

美洲金鸻

涉禽，繁殖于阿拉斯加及加拿大北部；越冬在南美洲。鸣声嘹亮，十分悦耳。哥伦布在第一次航海旅程中，有65天看不见陆地。他根据爱斯基摩杓鹬与美洲金鸻的迁徙时间及模式，得以到达邻近的陆地。

在海水中漂动的植物和许多鸟类，[30] 同一天他还发现了复活节岛。

乔治·罗伯森 (George Robson) 是发现大溪地那次远征中的甲板军官，他写道：“因为我从未在距离陆地十多公里之外的海上看见小鸟，所以看到在海岸边歇息的小鸟时，我一直猜想陆地应该不远了。譬如，玄燕鸥和军舰鸟几乎每个晚上都会在岸边休憩，除非海上有许多小鱼，它们才会滞留在海面上。”认识鸟类是最基本的知识，葡萄牙探险家佩德罗·费尔南德斯·德·基罗斯（Pedro Fernandez de Quiros）记载道：“如果看见秘鲁鲣鸟、鸭、赤颈鸭、海鸥、燕鸥、雀鹰或者红鹤，就代表非常接近陆地了。但是如果是红脚鲣鸟，就不用多加理会，因为在距离陆地遥远的地方也能发现这种鸟类。同样地也可以忽略热带鸟，因为热带鸟会随意乱飞。”[31] 人类不断地观察大自然，将其当作星象图、罗盘和地图之外的补充资讯，直到每一个海岸都被发现，原来的方向指引者便失去了作用。

左图 玄燕鸥
鸥科玄鸥属鸟类，以海中游鱼或软件动物为主食，主要栖息于热带及亚热带区域之海岸或岛的礁岩峭壁上。

右图 赤颈鸭
中型鸭类，雄鸟头、颈为棕红色，额至头顶有一乳黄色纵带；雌鸟上体大都黑褐色，翼镜暗灰褐色，上胸棕色，其余下体白色。栖息于江河、湖泊、水塘、河口、海湾、沼泽等各类水域中，尤其喜欢在富有水生植物的开阔水域中活动。

上图 燕鸥
鸥科中体型较小的类群，因与家燕的尾型相似而得名。此属鸟类分布几遍全球，绝大多数分布于热带、亚热带。

左下图 雀鹰
中等体型而翼短的鹰。从栖处或伏击飞行中捕食，喜林缘或开阔林区。其模式产地在瑞典。为世界濒危物种之一。

右下图 红脚鲣鸟
鲣鸟科下的一种大型海鸟，广泛分布于太平洋、印度洋及澳大利亚等温带及热带地区附近的海岛上。飞翔能力极强，也善于游泳和潜水，在陆地上行走也很有力。

诺亚的鸽子

也许早在千年以前，海洋对我们来说还很陌生的时候，当我们变得没有耐心，再也不想等待鸟群出现的时候，当我们的感应能力无法创造奇迹，而学着求助其他生物的时候，当我们学着强迫它们为我们指引方向的时候，人类、航海与鸟类的故事就发生了改变。长久以来，欧洲航海家[32]和美国原住民[33]就已经知道他们养的狗即使离家再远，也能够自行返家。波利尼西亚人经常携带能够靠嗅觉挖掘松露的猪上船[34]，就连船上的猫咪也有相同的技能。[35]当然，我们也强行占有鸟类（譬如鸽子）的技能。

船、鸽子和岛屿都是古老航海故事中的原始角色，尽管故事早已过时，甚至遭人遗忘。当诺亚为了在滔滔洪水中寻找岛屿而释放一只鸽子时，[36]他应该早就知道这个方法了。鸽子嘴上衔着橄榄树枝，表明洪水已退去。然而，当它停留在远方时，也表示接近陆地了，因为鸽子飞行的时候也需要到地面落脚休息。《吉尔伽美什史诗》中，苏美尔的英雄乌特纳比西丁先放出一只鸽子，再放出一只燕子，最后放出一只乌鸦。然而，乌鸦却再也没飞回来，因为它找到了陆地。鸽子能够用来寻找印度洋上的陆地，[37]应该也能协助寻找类似于阿尔达布拉环礁的岛屿。[38]普力纽斯（Plinius）曾经说过，在一世纪时，僧伽罗人并没有航海天文学。公元前550年左右，有“印度水手”之称的著名古希腊作家科斯马斯·印第科普莱特斯在锡兰描述说，小鸟被当地的水手当作是“副驾驶员”使用。[39]9世纪时的中国文献记载了波斯船队如何利用鸟类指引方向。[40]只要印度洋中的一个民族懂得这个诀窍，所有民族都会知道。如果这个方法在这里行得通，其他任何一个地方一定也行。北方的航海家一定也知道鸟类能够指引方向。冰岛的冒险家弗洛奇·费格拉森（Flóki Vilgerarson）在846年携带着来自法罗群岛的乌鸦旅行。[41]它们是否身披色彩交杂、带有斑点的羽毛呢？

小鸟通知陆地即将接近，不单纯只是预告而已，也是在警告会有狡猾的暗礁、危险的狂风、无法预见的漩涡和巨浪，以及在不熟悉的海岸边隐藏着的危险。腓尼基人应该曾经为了特殊任务而雇用乌鸦，[42]这一点在地中海地区的神话故事中可以获得佐证。希腊英雄伊阿宋（Easun）为了知道阿尔戈号（Argo）能否平安穿越敘姆普勒加得斯巨岩（Symplegaden）而释放出一只鸽子。那是两块巨大的岩石，任何人从中穿越都有可能被压碎，鸽子像箭一样从两块互相撞击的岩石之间飞过，尾部有部分羽毛被夹到，阿尔戈号马上使劲地往前滑行。这次的冒险中，只有船身稍微受到损害。

"有时候我们再也无法知道，神话或传说中提及的小鸟，是陆地上指引方向的鸟类，还是海上的野生鸟类。一个有关希腊商船的故事这样描述：商船在黑海遇到狂风暴雨而偏离航道，船只跟随着一只天鹅航行，终于找到了通往救命海岸的路。后来，罗马船队在西庇阿的带领下，跟随着老鹰来到非洲。鸟类显然是活生生的旗帜，在前方引领方向。这些有关鸟类和航海家的古希腊罗马故事也能在图画中发现，画中有无数只陶制的船与小鸟。"[43]

使用鸟类指引方向的事例不胜枚举，让人不禁想问：古希腊罗马的船只是否敢在没有鸟类的帮助下，前往北方海域寻找陆地呢？即使有小鸟随行也无法避免所有风险，必须定时追踪"探测鸟"所看见的陆地，和它们停留的"正确"方向。但是，当陆地还躲在遥远的地平线后方时，这样的做法也具有争议性。

航海家与小鸟的故事是人类踩踏其他生物足迹的冒险故事中，一个例证清晰的篇章。故事就像是所有与生物相关的东西一样，层次多而且复杂。而最明显的例子不是发生在旧大陆或新大陆环绕地中海的陆地，而是在清楚展现进化史的地方：海洋岛屿。越小、越偏僻、越孤立的岛屿，所有特征就越明显，焦点也越清晰。有"蓝色大陆"之称的太平洋，因此呈现出一幅描述岛屿冒险故事、令人印象深刻的画作。考古发现与文化遗产证实了住在偏僻岛屿上的人类，用贝壳、红色羽毛互相交换石器用具和手制工具。当莱夫·埃里克松（Leif Erikson）第一次在新世界过冬时，波利尼西亚的航海家就已经在海上串连出货物与资讯的交流网络。

在太平洋海域，从夏威夷到新西兰、从复活节岛到所罗门群岛进行开垦定居，无疑是一大创举，早期航海家只有通过观察大自然才可能达成。船员在没有地图和罗盘的情况下，通过大自然的协助来找寻方向。星星不会透露遥远地平线一端的陆地资讯，太平洋实际的方向导引者则是活生生的动物们。

水手跟随着动物（例如海洋中的鱼、鲸鱼、海狮和海龟）的指示，不断地发现新岛屿。由于距离非常遥远，岛屿也相当迷你，因此描绘精细的路标也很重要：例如，微小的藻类和发出神秘光芒的浮游生物，能在下雨过后指引数海里外岛屿的方向；海水细微的味道差异、岛屿的气味或者遥远天空上反照出绿色的岛屿森林，也能引领水手找到方向。

Kolea-a-me-kah——空间和声音图像

鸟类能够横越的遥远距离，对于在太平洋寻找岛屿是最重要的事。海洋史中，军舰鸟具有这种功能，就如同鸽子、乌鸦跟着船横越印度洋和北大西洋。因此军舰鸟在马克鳌岛[44]上的波利尼西亚神话和民谣中，经常扮演信息传递者的角色。在19世纪末和20世纪初，旧金山的作家亨利·米内·瑞德在南海小说《远方的哭泣》（*The Far Cry*）[45]中，描述水手们都是利用鸽子指引方向，直到一名船员想到，他曾经在埃力斯岛看见当地岛民用军舰鸟在岛屿之间往来传递信息。作者是延续了某个海上冒险故事，还是在观察了太平洋地区后，改编当地所用的沟通方式写成这一节文字的呢？[46]他也许是读过，或者是在某个港口边的小酒馆听过这个故事?

在大海上自由翱翔的野生鸟类也会指引陆地的方向，例如燕鸥和热带鸟，以及所有在陆地筑巢、在大海上捕鱼的鸟类。此外，像北大西洋鸟类的迁徙也能够指引出偏僻海岸的位置，提供寻找陆地的线索。例如青铜金鹃，一种羽毛呈金属绿色、肚子有斑马条纹的鸟类，它迁徙的路线和新西兰的所罗门群岛一致。太平洋杓鹬随着季节的转换规律地来回于阿拉斯加与大

青铜金鹃

杜鹃科鸟类。分布于太平洋诸岛屿、华莱士区，以及澳大利亚、新西兰。

溪地，或者其他的热带海洋岛国。长尾噪鹃及短尾蕹[47]——曼岛海鸥的亲戚，会从新西兰迁徙到社会群岛后再折回，飞越上千千米的航程，年复一年。另一种经常奔波的鸟类是太平洋金斑鸻，每年往返于北极的繁殖地和冬季的夏威夷，及太平洋其他热带岛屿上的栖息地，飞行里程累积上千千米。周而复始，来来回回，一年又一年。

从前的移民者和发现岛屿的人应该是经年累月地观察这些鸟类。鸟类每年在特定的季节定时启程往同个方向飞去，消失于某个遥远不知名的海域，也固定地从那里返回，同时也提供给观察者相关的信息。[48]几乎不为人知的夏威夷传说故事[49]中，鸻鸟化身为 Kolea-a-me-kahiki，一种来自卡黑卡（Kahik）的鸟类，从祖先的神话家乡穿越海洋飞到此地的迁徙者。[50]神话传说生动地描述了从前的波利尼西亚人对鸟类飞行模式的熟悉，他们知道，特定的候鸟——包括太平洋金斑鸻——无法在海上取得食物，也无法在海上休憩。他们知道这些鸟类每年固定出现的地方，也知道它们的抵达时间，甚至连哪一天抵达都知道。就像在绿野山谷中，人们知道普通楼燕大概在 5 月 4 日那一天会出现。

虽然不知道这些鸟类从多远的地方飞来，但是有一点是确定的：它们飞行的路线是固定的，路线中的某处一定有陆地。

鸟类在长途的飞行距离中要保持正确的方向，必定和静态的星象图有关联。接近未知岛屿时，必定需要借助有指标意义的海上生物。一些学者质疑鸟类的可靠性，因为鸟类的感官功能在夜晚会受到限制。学者低估人类的感应能力，认为人类在大自然中仍然用平常的方式适应环境，因此在噪音、恶臭和不佳的导航条件下，会不小心错过导航指标。“鸟类在夜间也具有导航功能，例如哥伦布曾在夜晚听见爱斯基摩杓鹬和太平洋上的金斑鸻的声音，叫声回荡在寂静的大海上，千百万双翅膀在天空中沙沙作响，这些令人惊奇的声响为波利尼西亚水手指引着方向。您也可能在某些夜里听见鸟类陪伴左右，谁舍得错过这般体验呢？”[51]

左图 太平洋杓鹬
中型涉禽，在阿拉斯加繁殖，冬天前往热带太平洋岛屿。

右上图 长尾噪鹃
杜鹃科鸟类，分布于太平洋诸岛屿、澳大利亚和新西兰等地。

右下图 短尾鹱
中型海鸟，俗名细嘴鹱。一生当中有90%的时间飞在海上。为了找寻食物，每年穿越赤道两次，足迹遍布太平洋。每年飞行时间约为200天，可飞行6.4万千米，相当于环游地球一圈半。

太平洋金斑鸻

中等体型的健壮涉禽。头大，嘴短厚。繁殖羽下体纯黑，上体密杂以金黄色斑点，使整个上体呈黑色与金黄色斑杂状。繁殖在俄罗斯北部、西伯利亚北部及阿拉斯加西北部；越冬在非洲东部、印度、东南亚及马来西亚至澳大利亚、新西兰及太平洋岛屿。栖于沿海滩涂、沙滩、开阔多草地区。

海洋的音乐世界

鸟类和其他动物能够将还很遥远的空间资讯转译成声波图，即使是近视的人也能听见，而且能够通过人声加工处理。

许多文化中的旅行与冒险，尤其是用声音和文字的方式进行转述。[52] 一直到近代，德国的许多故事，包括绿野山谷的传说，仍然以文字和文章长短作为距离的单位表达："三篇主祷文的距离，然后就到了。"虽然现在在旅途中仍然能听到声音——从汽车收音机和耳机里传出的声音——然而，所播放的却和大地、道路和人类没有关系。每个地方、每只耳朵以及每条道路都能听到相同的声音，而这些声响再也无法指引方向。

神话传说、歌谣和故事中所挖掘出来的宝物，比从珊瑚砂滩挖掘出的考古文物透露出更多的信息。在波利尼西亚传说中，一种家庭或村庄世代相传、祭祀用的大型独木舟，也用来航行于大海之上。从现今保存于柏林人类文化博物馆中的来自卢福岛（Luf）[53] 的独木舟，可以看出它的华丽。搭乘独木舟的旅行被记录在歌谣里，这是旅行者在脑海中记录旅行的一种方式，因为从夏威夷到复活节岛的航程长得足以描述和记住旅行过程。

大海的音乐世界是由海浪的回音和鸟类的歌声组成，它的道路不是由柏油，而是由音乐铺成的。其他文化中或许也有这样的音乐世界，然而，破坏越来越严重，音乐的回响越来越薄弱。在古希腊神话中，水手就像坐在地中海水塘里的青蛙，他们的神话故事也许就像是一个"音乐世界"？也许为了能够更加绘声绘影地进行描述，便将故事中的自然现象拟人化、妖魔化？例如，船只经过女妖斯库拉（Skylla）峭壁激起的波浪和卡律布狄斯（Charybdis）旋涡，或者行经卡吕普索小岛的风平浪静？海妖塞壬是否在《奥德赛》的军队唱船歌时制造了混乱？这种混乱是否干扰了动物指示方向的正常声音和频率，而产生"魔鬼般"的致命混乱？只有俄耳甫斯（Orpheus），一个能够指引通往地下世界和回程道路、余音仍缭绕至今的伟大歌手，他的神乐才能够压制魔鬼般、混淆的、干扰人的、迷惑人的和诱骗人的声音，阿尔戈号的伊阿宋也才能够平安地通过海妖塞壬的礁岩。[54]

由于塞壬被塑造成小鸟的形象，因此她的歌声虽和鸟类一般迷人，却无法透露出距离陆地有多远，只会让被迷惑的水手搁浅。事实上，有些鸟类的声音同样难以辨别方向，例如鸮鹦鹉的声音。[55]知道听到的是什么声音，唱的是谁的歌，非常重要。那些声音是为了寻找、编撰新故事而产生的吗?

鸮鹦鹉
又名鸮面鹦鹉，因脸盘酷似猫头鹰。为夜行性鹦鹉，是新西兰的特有鸟类。是世上唯一一种不会飞行的鹦鹉。主要是草食性，吃原生的植物、种子、果实及花粉等。它是世界上寿命最长的鸟类之一。属极危物种。

来自太平洋地区大海音乐的片段、一些神话和船歌，如今就如同博物馆的那艘独木舟，沉寂于图书馆之中。再也没有人划这艘船，再也没有人唱这首歌，就像被淹没的考古发掘地，被保存下来的歌词，浮现出了一幅古老海洋世界景象的图画。德国神父奥古斯丁·艾尔德兰[56]在1914年记录了马绍尔群岛上谣传的一个故事。故事描述瓜加林环礁岛屿的两个男人发现了一座怪兽住的小岛，他们仔细地观察苍鹭的飞行途径后跟随它的轨迹前进。事实上，它嘴上叼的是红树树枝，和诺亚方舟上嘴衔橄榄树枝的鸽子一样。在这故事中，树枝无疑是指示陆地距离的象征，就像是地图集上经常出现绿叶的浮木，并且明白地显示出鸟类是海岸“信差”的重要意义。事件的顺序是这样的：跟随鸟类，使用火，开垦土地使当地物种灭绝，这就是波利尼西亚任何一个小岛的开垦简史。相似的过程不断地在各地上演，所有的岛屿在千年之间逐渐地越来越像，越变越新，直到没有一座岛屿不被破坏。

尽管如此，千年来波利尼西亚的扩张中，传说和船歌织成的网不断扩大，并且和鸟类迁徙交织而成，使马赛克画更加丰富地描绘出多元面向的大自然现象。海洋与岛屿的景象描绘得非常精准。奥古斯丁神父还写下了一份详细的海洋指标与神话中角色的对照表，其中有许多鸟类像是鹅与鹭，它们各自表示接近岛屿，或者某个特定的沙滩或海湾，需要转弯多少角度。海洋指标与路径的歌唱所谱成的路线网，恰如精细缜密的海洋图。

像用梦境或歌声所编织的地毯，呈现出一幅色彩丰富的生物与文化景观；似一幅数个世纪以来反射在海洋上的图画；似一道彩虹，一端的光芒仍然强烈闪耀，另一端则已逐渐暗去，然后消失。

奥德修斯与塞壬

塞壬是古希腊神话传说中人面鸟身的海妖，飞翔在大海上，拥有天籁般的歌喉，常用歌声诱惑过路的航海者而使其航船触礁沉没，船员则成为塞壬的腹中餐。奥德修斯的船队经过塞壬岛时，奥德修斯用蜜蜡封住水手的耳朵，并让他们把自己捆在桅杆上。海妖们如约而至，要唱出人间的秘密。倾听音乐的奥德修斯示意伙伴们松绑，但大家依然按照约定将他捆得更紧。而水手们因蜜蜡封耳，听不见塞壬的歌声，一往无前地划桨，安全地驶出了险境。

沉默之谜

14 世纪，当欧洲骑士团往世界另一尽头的日出之国前进时，当炮弹改变世界时，当北非的冒险家伊本・巴图塔（Ibn Battuta）在伊斯兰世界旅行十万多公里时，海洋的梦之小径已逐渐荒芜。[57]船歌沉静了，远方的岛屿寂寞了。大约在同一时期的世界另一端，连接两块大陆的格陵兰和纽芬兰逐渐下沉，最后太平洋岛屿群之间出现大面积的裂缝，有些岛屿甚至沉没了。曾经相当详细的海洋地图不再清楚可辨。

波利尼西亚岛屿所挖掘出的古物，提供了当时陆地崩塌毁灭的痕迹。这些古物显示出哪些东西不再被使用，哪些商品不再被交易，并且证实了文化交流的消失。为什么会这样？石头、骨骸和贝壳无法解开这些谜题。

在这时期是否发生或出现了什么，造成海上航行变得危险？气候变化是相当值得探讨的原因。“气候考古学家证实，公元 900 年至 1300 年之间气候温暖且相当稳定。之后地球气候变得不稳定，并且进入了所谓的小冰河时期，地球上许多地区也逐渐气候失衡。尤其是太平洋许多地区似乎严重受到气候变化的影响。”美国作家史提夫・罗杰・费雪（Steven Roger Fisher）写道。[58]然而，在缓慢的变化中，为什么没有地区受到正面的影响，这个问题尚未有解答。当海洋潮流变化时，为什么不会导致其他路线更加容易航行，为什么不会因此开拓其他航道或有新的发现，并且和旧有的船歌共谱一首和谐的新曲呢？也许经济因素凌驾于气候因素之上？是因为这个时期的岛屿群间缺少贸易商品和交换物品？很难想象哪些矿物原料会涉及这一个问题，因为以当年的采矿技术来说，他们几乎无法破坏环境资源。今日仍然能够在皮特肯群岛找到用来制作斧头的岩石，这种岩石被出口到芒加勒瓦岛和亨德森岛。[59]较容易理解的是，有生命的生态资源被破坏消灭，因此经济危机也变成了生态危机：例如贝壳、木头或者鸟肉、蜥蜴肉。然而，这些物品在偏僻岛屿群的贸易总值中占比极少，因为这些物品在热带气候中容易腐败，而且对狭小的运载船来说，数量过于庞大。如果商品数量少、重量轻、价值高、不易腐败，那么运送的可能性很大，例如药物，香料，制造工具所需的贝类、蜗牛壳和动物骨骸或鸟类羽毛。

小红鸟的岛屿

马克萨斯群岛上流传着水手阿卡的传说。阿卡为了帮女儿搜集头饰所需的羽毛，展开了他的航程。[60] 当然，羽毛必须是红色的，必须是马克萨斯群岛上，甚至是整个太平洋地区都相当罕见的颜色。“除了草地、木头和沙子的自然声音，热带岛屿自然景观的壮丽是由三种不断重复的颜色所组成：蓝色、绿色和白色。事实上，也有一些红色的花短暂地绽放迅速地凋谢。除了这些以外，还有夕阳与泛红的晨光，以及鲜血。”作家安东尼·阿尔佩斯（Antony Alpers）写道，并且激起读者的想象。勾勒出一个“被蓝色、绿色色调，以及暗礁和珊瑚礁碎石子铺成的小径所闪烁的白色，不断疲劳轰炸的世界。吸蜜鹦鹉的羽毛的确名不虚传，有如欧洲的珠宝般珍贵”。[61]

由此可以理解，为什么有人为了获得热带鸟类稀少的红色尾羽，夜晚时分爬上海岸边的悬崖峭壁，[62] 或者像水手阿卡一样出海寻找鹦鹉。水手在远处看见的每一座岛屿都有自己独特的东西，独有的植物、香料或者用来交易的物品，水手随着这些独特需求而决定航行的方向，要取得香料 *Meie* 就去摩塔尼岛（Motani）和莫忽坦岛（Mohutane），要取得可以编织的草就去摩忽通那岛（*Mouomatito no te tahia*）。然而，这一次想要得到的是绿领吸蜜鹦鹉的红色羽毛。要取得这种羽毛必须历经一段漫长的特别旅程。从马克萨斯群岛到库克群岛，从希瓦岛到拉罗东家岛，得穿越大洋约一千五百多海里。根据传说故事，从前在红羽毛小岛上可以轻易地捕捉到这种红色小鸟。燃烧椰子的气味能够吸引它们靠近，它们上当后会被活生生地拔下羽毛。当然，红色羽毛也用来支付水手们的薪资。[63] 波利尼西亚移民搜刮红色羽毛的热潮，从热带地区的北部，扩及到新西兰气候温和的低纬度地区。因此，几世

绿领吸蜜鹦鹉
鹦鹉科鸟类，斐济群岛特有种，当地名为 *Huukua* 或者 *Kula*。因为羽毛鲜艳，在整个西波利波利地区备受珍视。在西方人的殖民时期到来之前，基于绿领吸蜜鹦鹉羽毛的海上贸易网络一直存在于斐济、萨摩亚和汤加之间。

卡卡鹦鹉及其变种
新西兰境内特有鸟种，体型硕大，生活于险峻寒冷的高山地区的稀木灌丛中。因时常发出类似“Keeaa”的沙哑叫声而得名。毛利人常利用诱饵鸟以及树叉等工具来诱捕卡卡鹦鹉。人类的大量捕捉加上栖息林地大幅缩减，使得卡卡鹦鹉的数量大幅减少。

纪以来，毛利人捕捉卡卡鹦鹉不只为了鹦鹉肉，还为了它的羽毛。[64]

和来自热带地区的鸟类亲戚相较，卡卡鹦鹉的颜色显得不那么有光泽。它的羽毛带着棕色和绿色，深色的边缘形成鳞片状，肚子和下腹则有一些闪闪发亮的红色羽毛。有一种叫作卡卡库拉（Kaka kura）[65]的鹦鹉应该是它的变种，只是颜色不同。“红色卡卡”因为具有象征统治者的红色羽毛而崭露头角，被认为是鹦鹉界的翘首，因此遭到大肆捕杀。

以红色羽毛作为“重点资源”，成为贸易商品和吸引人类踏上遥远冒险航程的重要意义，多到几乎无法估计。库克船长的船队带着极受欢迎的欧洲瓷制小人偶来到大溪地，却无法攻下当地的市场。当时通行的储备货币是东加的红色羽毛，红色羽毛甚至可以换购价值无比珍贵的珍珠钮扣。[66]我想象着有人提出无理的要求，想要用玻璃珠或鼻烟烟草充作货币购买物品。大溪地人的反应就像是英国公车司机，看见我不小心把先令当成欧元向他购买车票。

波利尼西亚民族对于这种物品的喜好程度，也许就和欧洲人为了几乎没有营养价值或者医学用途的香料远赴摩鹿加群岛是一样的。或者像欧洲人积极设法取得一种既不能制成刀剑，也不能做成犁的黄色金属，还因此谋杀掠夺，甚至在整个大陆、国家四处抢劫，就像对待海洋上的鸟群一样。

无法永远如此地陶醉

当年亨德森岛岛民从皮特肯群岛进口石头，或者从芒加勒瓦岛购入食品，也许都是用红色羽毛进行交易，也就是来自本土种的史蒂芬氏吸蜜鹦鹉，以及同样是本土种的亨岛果鸠，[67] 使原本依赖其他资源生存的穷困小岛，能够安然度过五百多年。[68] 史蒂芬氏吸蜜鹦鹉栖息于亨德森岛，胸口有火红色羽毛，曾经散居于其他岛上。还有哪些鹦鹉属于它的亚种和变种呢？孔氏吸蜜鹦鹉是它的亲戚，今日仍然居住于里马塔拉岛，法属波利尼西亚到库克群岛都曾经有它的足迹。它应该是阿卡和其他搜集羽毛的猎人能够轻易捕捉到的一种鸟类。我们无法得知马克萨斯群岛上宫城吸蜜鹦鹉和凯撒吸蜜鹦鹉的羽毛颜色，因为它们至少在七百多年前就已经绝种了。[69] 如果它们也身穿亮眼危险的火红色衣服，那么整个族群都有灭绝的危机。复活节岛上是否也曾经有披着红色羽衣的鹦鹉呢？

如果某种动物或植物商品能够适应老客户的地区环境，或者有替代商品出现，那么这类商品的交易就会中止。早在史前时代就已经定居于东加的红胸辉鹦鹉，[70] 英文名称是 Tier Red Shining Parrot，它的羽毛至今仍被用于装饰。从挖掘出来的骨骸可知，东加曾经有折衷鹦鹉或者它的亚种。折衷鹦鹉存活下来的亲戚有摩鹿加群岛和美拉尼西亚的折衷鹦鹉，雄性鹦鹉的羽毛闪烁着绿色，雌性则是火红色。[71] 如果在史前时代的东加，它们的亲戚也有类似颜色的羽毛，那么它们应该也面临着很大的存活危机。许多鸟类的羽毛在孵卵期展现出最华丽的光采，因此雷仙岛（Laysan）的亚洲羽毛猎人在此时期大肆扑杀小鸟，佛罗里达的美国猎人也用野蛮的方式对付正在孵蛋的玫瑰琵鹭夫妻。毛利人在镰嘴垂耳鸦 [72] 孵蛋的期间捕捉它们，想必波利尼西亚的羽毛猎人也是在这个时期攻击小鸟，直到它们全部消失。

上图 史蒂芬氏吸蜜鹦鹉
栖息于亨德森岛潮湿的低地森林中，又名施氏吸蜜鹦鹉、亨德森吸蜜鹦鹉。羽色鲜艳，主要以花粉、花蜜与果实为食物，鸟喙比一般鹦鹉的长；细长的舌头上有刷状的毛，能深入花朵中取得食物。

下图 亨岛果鸠
又名绯红顶果鸠，南太平洋皮耶凯恩群岛的亨德森岛特有种，生活于潮湿的低地灌木林中，为易危物种。

左上图 凯撒吸蜜鹦鹉
大型吸蜜鹦鹉，活动范围在库克群岛、社会岛到马克萨斯群岛之间，700—1300年前灭绝。

右上图 红胸辉鹦鹉
岛国斐济的瓦努阿莱武岛和塔韦乌尼岛特有种，史前时代被引入南汤加群岛。生活于亚热带或热带潮湿的低地森林、红树林。喜聚群活动。

左下图 折衷鹦鹉
又名红肋绿鹦鹉，是所有鹦鹉中两性外表差异最明显的种类，雌鸟鲜红色的羽色与雄鸟亮眼的绿色形成强烈对比。主要栖息于热带雨林和低地森林当中。主要分布于印度尼西亚、新几内亚、澳大利亚等地区。

右下图 镰嘴垂耳鸦
因雌鸟的嘴状似镰状而得名，又叫黄嘴垂耳鸦。是一种产于新西兰的特有鸟，已经灭绝，人类最后一次观察到此鸟是 1907 年 12 月 28 日。绝灭的准确原因仍不十分明晰，但很可能是由于栖息地的减少伴随人类的捕杀和种群的疾病。

玫瑰琵鹭

又名玫瑰红琵鹭或粉红琵鹭。南美洲留鸟，分布在安地斯山脉东边、加勒比海地区、中美洲、墨西哥及美国墨西哥湾沿岸地区。会在浅水区觅食，涉足及将喙放入水中寻找食物。会在丛林（一般在红树林）或树上筑巢。

左页图 西班牙羱羊
西班牙羱羊，又叫北山羊，是欧洲仅有的野山羊，分布于欧亚大陆和北非的崇山峻岭中，是典型的高山动物，登山技术高超，可攀上最险要的悬崖绝壁。其巨角长可超过一米。其身体的各部位，甚至排泄物，都是治疗不同疾病的特效药成分。曾一度被大量捕杀，19 世纪初曾接近灭绝的阶段，现为低危物种。葡萄牙羱羊为西班牙羱羊的亚种，栖息葡萄牙山区、加利西亚、阿斯图里亚斯及坎塔布里亚西部，灭绝于 1892 年。

这也说明了某种特定的大自然产品的市场如果消失了，代表物种也会惨遭灭绝。每一个物种的交易，都伴随着物种的死亡，如斑驴皮，葡萄牙羱羊胃里头的马粪石，大海雀的标本，旅鸽、爱斯基摩杓鹬或卡罗莱纳长尾鹦鹉的羽毛。东加的折衷鹦鹉灭绝后，人类试图从其他岛屿引进红胸辉鹦鹉来取代。找不到替代品的地方，就会造成严重的外汇短缺，经济连带受到负面影响。红色小鸟的灭绝，也使许多岛屿面临破产的危机。太平洋红色鹦鹉的命运从来没有明朗的一天。即使在我们的时代，大洋洲只剩下零星几个为了红色羽毛而捕鸟的行动[73]；即使出现了其他比红色羽毛更能象征地位的进口装饰品，鹦鹉的红色警戒名单仍然不断地增加。今天，现代萨摩亚人已使用涂上红色的鸡毛，制作传统服饰和祭典用的装饰品。[74]

全世界的博物馆——柏林达勒姆、剑桥、纽约大都会博物馆，或者哥廷根大学的收藏室，都陈列有夏威夷和其他岛屿统治者的羽毛长袍。[75] 那长袍就像是高更画作中希瓦瓦岛巫师的长袍，每一件都是由成千上万根羽毛编织而成。每一件都代表着几百、几千只鸟被杀害，或是被活生生地拔下羽毛——即便没有立即死去，它们也会因为失去羽毛的保护而逐渐死亡。这是多么悲惨的壮丽。这些鸟儿在失去生命之后其羽毛再也不像活着的动物那样散发出生命的光芒。当我们试着想象鹦鹉的鸣叫、生命中美好的噪音时，却只能听到震耳欲聋的杀戮声。

在文化的字母表中迷失

鹦鹉只是能够说明人类与动物之间关联性的鲜明例子。在许多情况下，人类的开垦导致从未被接触的生态系统退化或者完全崩解，有时候甚至使当地居民赖以生存的物资（无论是营养来源或是原料和贸易商品）产生巨大改变或者被彻底破坏。[76] 由于大洋洲岛屿之间的交通是海运而非陆运，再加上岛屿生态系统特别缺乏抵抗力，因此整个联系网相当脆弱。

早在欧洲人抵达之前，波利尼西亚移民就大肆砍伐岛屿上的树木，例

如马纳格列佛岛（Managreva）就是如此。此举导致岛屿脱离了原本紧紧相连的联系网，岛屿文化也因此瓦解。18 世纪欧洲水手上岸时，克马得群岛杳无人烟，默默无名。詹姆斯·库克 1774 年发现诺福克岛时那里无人居住，但是考古研究证明，14、15 世纪时有人类居住在此地。邦迪号的暴徒抵达皮特肯群岛时，那里是无人岛，原先住在那里的波利尼西亚居民在几世纪以前就已消失不见。我们不知道这些人从何而来又去了哪里，也不知道他们如何称呼自己的岛屿。

从欧洲的编年史中可以发现一些岛屿群和岛屿生态系统大震荡后的迹象，首批访客[77]从未看过岛屿的样貌，更别说它“原始的样貌”，他们也没注意到色彩鲜艳的鸟类缺席了。另一个重要资源的用途变化更完整地被记录下来，此资源即为树木。

复活节岛栽种的棕榈树曾是当地棕榈树种，它的高度相当醒目。从复活节岛棕榈树存在到“已消失”的过程中什么也没留下，除了罗隆古（Rorongo）文中的语素文字——一个瓶状的符号，形状和智利酒椰子球状的树根极度相似。智利酒椰子如今被当作景观植物，种植于世界各地的地中海型气候区。在岛屿上，它的树干是少数原木资源中的一种，并且应该是唯一能够用来打造成行驶于高水位的独木舟，也是横梁和支架的原料。我想象杂草丛生的岛屿上，斧头落在最后一棵棕榈树树干上的敲击声。对生物来说，“树”是上帝赋予的礼物，不该轻易被丢弃，但是它的意义却变得与“金钱”“财富”一样。[78]

很明显，独木舟的停止制造和棕榈树的绝迹关系极大。另外，1680 年复活节岛停止建造壮硕的摩艾石像也与此有关。也许是因为竖立石像、搭建支架和搬运所需的树木已不敷使用，因此停止建造石像。[79]其他岛屿也因为人类开垦而导致当地的棕榈树灭绝，[80]许多灭绝的棕榈树甚至不曾有过名字。今日，和世界各地类似气候的地区一样，大洋洲的大部分地区仍然在持续地供应木材，例如澳大利亚的尤加利树或者加勒比松。

尽管如此，海洋贸易不只让复活节岛棕榈树灭绝，进而使得岛民无法建造独木舟，对方向导航也产生巨大的冲击。有种生物对于航海有无比的重要性，但是在人类存活的时代，太平洋岛屿上的它们大都已经灭绝了——它们就是鸟类。

太平洋岛屿地处偏僻，当地的陆鸟繁衍兴盛，海鸟也形成庞大的族群。海鸟曾经占满整个岛屿海岸，如今却因为坚硬不易靠近的礁岩而受阻。从前岛屿上应该萦绕着令人陶醉的鸣叫声，从前那里一定能看见鸟群的飞行队伍。如今，这些景观只能出现在历史书与歌曲中。它们曾经引导人类来往于岛屿之间。

人类一踏上岛屿，即如往常般，开始大肆破坏，不只羽色鲜艳的鸟类受到巨大冲击，连岛上其他色彩朴素的小鸟也遭遇危难。因为它们有其他的珍宝：肌肉中的蛋白质、脂肪、骨头、坚硬的羽翮、细致的肌肤、鸟爪和新鲜的鸟蛋。考古证据显示，小鸟是波利尼西亚移民的蛋白质来源之一。岛屿动物都很天真无畏，至少在人类开垦岛屿的初期是如此，直到恐惧与逃亡变成了攸关生命的关键，直到畏惧人类的基因以另一种方式传承下去。然而，对大部分的岛屿动物来说，一切都为时已晚。“太平的”太平洋动物的命运有别于那些住在新开垦地区的生物。古时候的植物学或鸟类学文章提及鸟巢时，有时会使用“虐待”这个字眼。然而，这个字也适用在整个生物圈。上千种的鸟类叫声永远沉默了，太平洋变成了“沉寂的海洋”，鸟群的出现变成了无人岛的象征。[81]

新西兰与夏威夷之间的岛群也许还有一小部分的珍宝，[82]就像博物馆中被蠹虫啃食的华丽羽毛大衣，只剩下一点羽毛。在夏威夷至少有三分之二的当地鸟种，在波利尼西亚人开垦岛屿之后灭绝。[83]

第一次大规模的破坏活动应该在首次开垦后的短短几个世代中就结束了。

也许鸟类族群的瓦解，造成了类似卡罗莱纳长尾鹦鹉的命运模式。也许当雏鸟与鸟蛋年复一年被吃掉后，岛屿周围的天空还继续住着成群的鸟儿。许多海鸟相当长寿，例如信天翁。年纪较大的信天翁，暂时保有了健全的鸟类世界模样，然后突然间瓦解。

当所有岛屿不利于候鸟居住时，当岛屿的绿色地皮被扒光时，当海鸟的同居室友及在长途飞行中能停靠在其背上短暂休憩的海龟灭绝时，当青铜金鹃、长尾鵼或信天翁再也找不到能够安全孵蛋的地方时，许多“航线”就会彻底中断。

纵使物种未遭到灭绝，留下一小部分族群，或者一小撮族群没有完全绝种，而有极少数的个体幸存下来，天空上的指标也不再清晰可辨。就像是一大片天空消失不见，一个信号遭到践踏，或者缺少了某个字母的文章，就像是漏字文（Lipogram）会随着字母舍弃的数量增多，而变得更难阅读。

随着鸟类的绝种，不仅仅重要的营养来源或者贸易资源消失了，活生生的方向指引者和能够完成太平洋长途旅程的“飞行领航员”也不见了。这是“鸟类卫星导航”的终结。[84]

新西兰学者或者波利尼西亚人称呼 Ornithogaea 这个岛屿为“鸟类之国”[85]，因为这座小岛曾经是鸟类的岛。然而，这个名字早已被人遗忘，走入寂静的不只有指引方向和警示功能的鸟叫声，人类的船歌也永远走入寂静。

第10章

沙漠中的漫游者

人类失去了指引方向的动物，也失去了它们极强的方向感。被辗过的刺猬和蟾蜍是人类违反大自然交通规则的直接证据。

獾

大山雀

诺亚释放了一只鸽子，因为我们星球上最优秀的方向指引者就是这种生物。早期的航海家在它们的帮忙下，在茫茫沙漠中找到葱郁的绿洲岛屿。鸟儿也帮助试图穿越茫茫大漠的漫游者和冒险家，因为在沙漠中，星星遥远得不见踪影。自从被驱逐出伊甸园，我们就在路途中探索着。我们在尘土飞扬中漫游，望着远方的星星闪烁，然而不知星星能否指引方向。若是没有辅助工具，很难估算位置。“跟着星星行走250千米，就算只有百分之一的误差，经过巴黎铁塔时也看不见铁塔，即使是在明亮的白天。”小说《凤凰号》（*Phonix aus dem Sand*）中的副机长莫兰解释说。[1]

为了追随一颗星星，寻找真理的道路和人生，必须由东方智者或上帝之手指引方向。

沙漠中的漫游者必须根据大自然的指标，辨认路途遥远的商队行进的路线及方向，有时候也能借助荒漠中那些知晓通往伊甸园之路的生物。当然，那是因为那时它们还没被驱逐出沙漠。绿洲是“了无生气的沙海和岩海”[2]中有如弹丸之地的绿色小岛，沙海中的船只不经意就会错过小岛，航向无垠的荒漠。许多时候，我们凝望着星星，却是天空的鸟类给了我们答案。鸟在空中为我们指引水源和陆地的方向。

所罗门王在示巴利用飞越广大沙漠的戴胜鸟，与他的女官员传递书信。[3]两只乌鸦带领马其顿的亚历山大穿越沙海，来到西瓦绿洲的阿蒙神谕[4]——这是一幅描述中古时代亚历山大的史诗画。[5]根据希腊罗马时代的史料，鸟类不只引领国王一个人，也带领整个民族迁徙。根据历史学家查士丁的记载：“高卢人比其他民族都更懂得辨识自然界的标志。在鸟类的带领下，他们穿越遭到野蛮人破坏的伊利里亚海湾，定居于潘诺尼亚。”[6]

15世纪葡萄牙的编年史作家戈梅斯·埃亚内斯·德祖拉拉（Gomes Eanes de Zurara）写下了冒险家约翰·费南德（Joao Fernandes）的冒险之旅，他在西非的里奥德奥罗（Rio de Oro）被当地人绑架，像航海一样借着星星位置和风向并观察鸟类飞行方向，找到了脱逃的路。[7]

往后的几世纪中，不断有旅行家在鸟类的帮助下找到方向。例如，非

戴胜

头顶具凤冠状羽冠；嘴形细长且向下弯曲。以虫类为食，多选择天然树洞和啄木鸟凿空的蛀树孔里营巢产卵，主要分布在欧洲、亚洲和北非地区，是以色列国鸟。

洲探险家理查德·波顿（Richard Burton）一辈子都很感激白腹沙鸡，并且让它免于成为弹下冤魂。因为当他在非洲“干渴垂死”时，白腹沙鸡指引了水源的位置。[8] 另一个故事源自于《可兰经》，描述鸟儿为一支游牧民族指示了麦加渗渗泉（The Zamzam Well）的位置。[9] 从古老东方到北非的沿途客栈，从印度河流域到里奥德奥罗的商队旅社，还流传着许多鸟类拯救人类和指引方向的故事。

发现岩石壁画的匈牙利冒险家拉罗·阿玛斯（Lazlo Almasy）对此有很写实的描述，[10] 距今还不到一个世纪。他在沙漠中看见两只燕子出现在他车子的上方，就好像在波涛汹涌中驾驶一艘船。接着，这位“在沙漠中游走的”冒险家就发现了“小鸟的绿洲”。它们飞行的方向——阿玛斯称其为“燕子航线”——给了他萨竹拉绿洲位置的重要指示。他对燕子的观察是否促使他“描述一个有关扎维耶酋长对一只乌鸦的长年观察。这只乌鸦总是在秋天时，往同一个不知名的沙漠深处飞去”——酋长是否因此发现了库夫拉的绿洲群?

在同一次的探险之旅中，阿玛斯的旅伴——一个名叫理查德·阿诺·贝曼的奥地利旅游作家——在沙漠中遇见某种金丝雀。“这不是候鸟。”他记录说，“它不可能是从遥远的地方来，这情况就像是我们有时候能在沙滩中看到送子鸟的足迹，或者像是经常飞进仓库的燕子。它是一种温驯的鸟，一定无法飞越几千千米的沙漠。这里空气新鲜、生气勃勃，不远处一定有棵可供鸣禽栖息的绿树。它一定是从我的家乡飞来的。”[11]

鸟类带领我们寻找绿洲、寻找上帝赞扬的土地，这不只发生在非洲的沙漠，在全世界都能找到不计其数的例子。西伯利亚半岛上的楚科奇地区有一个神话故事，故事中的小鸟领头，带着冒险家在悬崖峭壁中穿越危险的路径。[12] 这个故事让人不禁想起北美原住民故事《风之子》（*The Sons of the Wind*）中的描述：在北美洲的拉科塔，鸟类迎着北风飞行，指引杰森通往肥沃土地的方向。[13] 神话故事中指引水源和陆地方向的鸟类图像直到今日仍然保存下来。德国和丹麦因为费马恩海峡上的“小鸟航线”而相连。

上图 白腹沙鸡
沙鸡科沙鸡属的鸟类，因腹白色而得名。在平坦干燥的地域活动，羽毛上精致的色斑在沙地、卵石和稀疏植被中具有保护作用。繁殖于葡萄牙、西班牙、法国南部、非洲北部、中东和亚洲中部，中亚种群冬季迁至巴基斯坦和印度半岛西半部。

下图 金丝雀
燕雀科丝雀属鸟类，是羽色和鸣声兼优的观赏鸟。原种分布于摩洛哥、加那利群岛、亚桑尼士及马德拉群岛等地。

大海与小鸟一同响起号角，漫长的暑假中，阳光洒落在波罗的海沿岸。“跟着小鸟飞往度假胜地——威斯康辛！”20 世纪 30 年代的旅游广告邀请大家前来享受夏日清凉，[14] 因为小鸟指引的方向就是通往天堂般的圣地。

美国的退休民众在寒冷的冬天到临北方之前，就逃往佛罗里达，直到今日他们仍被称为“雪鸟”，因为他们也跟随候鸟的飞行路线，朝温暖的阳光与生活能量奔去。[15]

然而，我们在陆地上也像在海上一样，不只是尾随有翅膀的生物。北美洲岩石图绘上的公牛跨越了许多世代，这期间虽不断地改变，然而直至今日，人类仍然跟随着它们的足迹前进。例如，巴尔的摩与俄亥俄铁道公司的一些铁路，经过了美国野牛群穿越阿勒格尼山区行经的路线。位于美西的跨州火车路线，越过齿状山脊、穿越中央山谷的每一路段，经过我在金色大地的木屋，直到旧金山海湾，都可能是模仿羚羊和加拿大马鹿沿着谷地和河流的古老路线迁徙。

今日，我们无意间仍跟随着哪些原始时代的迁徙路线呢？哪些动物族群如庞大的鸟群般，曾经带领我们穿越大地，行走在如今已覆盖沥青的路线上？在欧洲，尽管阿尔卑斯山和比利牛斯山横跨在中央，由北往南的道路仍然建设得比由东往西的路还要完善。我们仍然跟随着动物们季节性的迁徙路线，即使我们不再与它们分享路线，也不遵守大自然的交通规则，我们仍然毫不警觉。

铁道堤坡上的美洲野牛

从前，若要寻找能登上岛屿的海岸，必须依赖鸟类。如今，鸟群和蝙蝠因为和飞机相撞[16]，变成世界各地空中交通的阻碍。在候鸟迁徙路线交错密集的地区，意外事故率特别高，例如以色列。在季节交换之际，大约 280 种候鸟蜂拥穿越空中走廊。“天空中的鹳知道它折返的时间，欧斑鸠、鹤和燕子则是当时候到了，才知道该踏上原返的路。”[17] 然而，人类的空中交通却无视大自然的节奏，因此候鸟迁徙的季节中，鸟类撞击飞机的事故特别多。[18]

如今一些岛屿已不再是鸟类的殖民地，为了清除空中交通路线上有着翅膀的云朵，旅鸽和爱斯基摩杓鹬也许已经灭绝了。撞击事件不只发生在偏远的海洋岛屿上。几年前一架从美国东岸附近一座岛屿起飞的客机，遭到一群加拿大雁袭击。客机紧急降落在哈德逊河的惊人画面传遍全世界。这使人想到过去鸟类迁徙的路线经过现在全世界人口最密集的中心，也穿越长岛和曼哈顿区。在牙买加湾盐沼附近的甘迺迪国际机场有庞大的海鸥群，早在20世纪90年代就已经被扑杀了几万只。在鸟袭事件导致飞机迫降于哈德逊河之后，猎捕行动更趋频繁，几年内，纽约地区有上千只燕子遭到猎杀。长岛南端的布鲁克林展望公园、曼哈顿岛上的英武德公园或监狱岛（莱克斯岛）上的鸟类，都在无法飞行的换毛期内被赶尽杀绝。[19]

遇到鸟类时，不只是飞行员必须要保持冷静。几年前我曾经在交通广播电台听见一则警讯，告知大家在斯图加特附近的逊布赫地区要小心燕雀群所造成的危险。不久之后，南边的绿色山区出现了当地从未见过的自然奇景，[20] 它们在天空逐渐变暗之际，从森林和柳树间呼啸而过，振着翅膀掀动大地。由于数量极为庞大，短暂而令人赞叹的演出，使鸟类聚集的街道因此封闭了好一阵子。[21]

鲸鱼

完全水栖的哺乳动物，除几种生活在淡水外，大部分均栖息于海洋。由于环境恶化和人类的大量捕杀，许多鲸类已濒临灭绝。

鸟类不是今日人类唯一无法共享道路的老同伴或向导。从前鲸鱼是接近陆地的指标，因此被称为“方向指引者”，然而，自19世纪以来，文件记载的却是鲸鱼和船只相撞的事故。50至70年代人口逐渐萎缩，但是海上交通越来越拥挤，船只航行越来越快，和鲸鱼相撞的频率剧烈增加。[22]

当蟾蜍在春天成群结队地朝池塘前进之际，这趟蜜月之旅非但没创造出新生命，反而使它们魂断车轮之下。绿野山谷中一条狭窄的必经小道，从中切断了大蟾蜍长久以来的行经路线。从前的居民用围栏将这些在柏油路上跳来跳去的两栖动物队伍圈住放进水桶里，带它们穿越马路。不久之前，只要遇到蟾蜍出游的日子，街道就会完全被封锁。然而，附近有一条新路把大地分成两半，道路又宽又长，不止人类，动物也无法活着穿越。

随处都可以见到人类的道路和动物出没的路径交汇重叠。从前我们跟随着野生动物的足迹漫游，如今我们的道路使自然景观破碎，也切断了动物的路线。在内布拉斯加州和怀俄明州，联合太平洋铁路将美洲野牛的栖息地切成南北两个碎块。在加州，铁路把中央谷地和所剩无几的羚羊分散成两群。有时候道路阻碍和陷阱似乎是故意地被放置在路中央，就好像英国小说《象宫鸳劫》（*Elephant Walk*）中所描述的一座房子有目的地被盖在大象行经的路线上。[23] 根据不久前的消息，横越非洲的高速公路建设计划将会截断非洲大陆最后一条动物迁徙路线。在被破坏之前，唯有在这里才能看见仅存的动物大迁徙景象。

独自迁徙的动物也受到了牵连。现今，黑熊有时候会从齿状山脉跑到山底的中央谷地。我住在金色大地的时候，有一只熊跑到离安全山区相当遥远的地方，而被车子撞死。有一次，我在马路上发现一只死掉的巨大水獭，路上扬起的灰尘像是灰色的面纱覆盖在它美丽的栗色皮毛上。道路交汇处，不只是人类，连动物也经常遭遇意外事故。即使是美国高速公路上羽毛丰满、速度敏捷的路上赛跑者——走鹃，也无法闪过，被辗死的事件达数千次。

路上撞死动物的意外使得濒临绝种的动物族群微型化。21 世纪初期，死亡的佛罗里达山狮中，有将近一半死于交通事故。[24] 道路的开发也加速了伊比利亚猞猁的绝种。[25] 它们的生活领域被截成一块又一块，使它们无法聚集在一起，形成一个健全的族群。绿色山区的猞猁和同伴分隔两地，切断它们联系的不是河流，因为逆流而上对它们来说轻而易举，而是高速公路 A5 的灰色死亡路段。

关于动物的和人类的道路的故事就是这样。人类追随着动物，也将它们送上了绝路。动物和我们同样需要水和绿色草地，它们还会继续带领我们到“流淌着奶和蜜的地方”吗?

上图 美洲黑熊
属大型熊类，体型硕大，四肢粗短。广泛分布于北美洲，是现存数量最多的熊。在现存所有陆地食肉动物中体型仅次于北极熊、棕熊、老虎、狮子。

左下图 走鹃
鹃形目杜鹃科的鸟类，长相滑稽，其英文名称（road runner）意为“路上赛跑者”。只能做短距离滑翔，但非常擅长快速奔跑，每分钟可以跑 500 多米。

右下图 佛罗里达山狮
美洲狮的亚种之一，栖息在美国佛罗里达州南部的松林、针叶林及沼泽中。视、听、嗅觉均很发达，善于游泳、攀岩和爬树，也善于奔跑，跳跃能力极强，喜欢在隐蔽、安宁的环境中生活。

在非洲某处

非洲有一个传说故事，描述寻找路途的人类与指引方向的动物。这则故事流传于尚比亚的东加族、肯亚的波让族、刚果的姆布蒂族、安哥拉的卢瓦勒族、南非的班图族，[26] 以及故事中主角会出现的所有地方，描述的是一种聪敏的小型鸟类——黑喉向蜜鴷，它具有和最危险或最令人担心的帮凶一起共事的本领。这种鸟味觉相当敏锐，而且是珍馐美馔专家，喜爱蜂蜡。[27]16 世纪时，非洲东部的葡萄牙传教士观察到小鸟如何入侵他们的教堂，以及如何急切地啃啄教堂里的蜡烛。神父用棍棒驱赶这些不敬畏上帝的喧哗者，把虐待蜡烛的小鸟们赶出圣殿，并且将所发生的事情记录下来，以警示后人。[28] 对黑喉向蜜鴷来说，没有任何其他东西像蜂蜡一样好吃。

黑喉向蜜鴷
向蜜鴷属的小型攀禽，其消化系统中有一些特殊的微生物，因此能吃一般动物无法消化的蜂蜡。它没有能力捣毁蜂巢，发现蜂巢后，常用叫声吸引蜜獾来捣毁蜂巢，并分享其食物。

不能偷窃，那又该从何处取得蜂蜡？鸟类有天生厚实的皮肤，也许可以用鸟喙和爪子觅食，但是如果可以让别人来做，为什么要自己去啄蜂巢、被蜜蜂叮呢？再者，小鸟无法接近许多岩石深缝和窄小树洞中的蜂巢。它需要既强壮又尖锐的爪子和牙齿，以及有修长手指的同伙一起行窃。它在鼬科猛兽的家族派系中，找到了其中一个伙伴。“开普敦地区的蜂蜜嗜食者”，又被称为“蜜獾”，恰如其名，除了蜂蜜没有其他东西是它更渴望得到的。它是制造麻烦榜上的第一名。根据报道，当它进攻蜂巢时，会先喷射肛腺的分泌物，味道臭到让蜜蜂停止呼吸、失去攻击能力。在蜜蜂从昏迷中苏醒之前，蜜獾有足够的时间掠夺蜂巢，拖走蜂蜡巢室，狼吞虎咽地享用里面的蜂蜜。等臭味散开时，蜜獾早已享用完毕，消失在臭气中。留在巢室

的蜂蜡对蜜獾来说是厨余，却是黑喉向蜜鴷的飨宴。

蜜獾能否准确找到蜂群，并用臭弹使其昏迷，要仰仗黑喉向蜜鴷，后者的任务是告诉小偷偷窃的地点。内行的黑喉向

蜜獾
栖息于热带雨林和开阔草原地区。杂食性，尤喜食蜂蜜。常跟随向蜜鴷，用利爪捣毁蜂巢后取食蜂蜜。

蜜鸳几乎还没看见蜜獾，就开始嘶声尖叫、拍翅指引蜜獾，并且飞在前头引导蜜獾前往下一个蜂群。

然而，不只蜜獾有爱吃甜食的嘴。人类自古以来就喜欢吃甜食。除此之外，因为人类在非洲居住最久，和动物相互适应的时间也最长。人类什么时候是个威胁？什么时候只不过是有点烦人？什么时候也许有用处？数百万年来，这些信息都已经深植于非洲动物的基因之中。早在我们远祖的时代，人类就开始夺取非洲蜂群的宝藏，也没忘记与在一旁发声警惕的小鸟共同合作。如果蜜獾一直被关在笼子里不能出来，这些积极的小鸟就会和这个属于灵长类、极度渴望蜂蜜的共犯合作。

自从第一个欧洲人在非洲沙漠进行研究，他们就听到了许多有关人、动物和幽灵世界的故事。来自葡萄牙的神父将他们的经历记载下来，欧洲编年史中因此出现了有关黑喉向蜜鸳的摘要。根据记载，它发出尖叫声，振翅作响，以吸引人类的注意力。对于它们来说，看到人类等同于“午餐”的出现，或者至少有机会用尖叫声让人类“签下合约”，甘愿揽下窃取蜂巢的危险，留下蜂蜡作为小鸟的报酬。赞比亚的东加族[29]、肯尼亚的波让族、刚果的姆布蒂族[30]、安哥拉的卢瓦勒族[31]，以及其他有人类、蜜蜂和喜欢蜜蜂的鸟类的地方流传着这些故事。在非洲传说、童话、歌谣中，黑喉向蜜鸳被诉说、被咏唱、被拿来跳舞。几个世纪以来，到非洲旅行的人都有个疑问，例如美国探险家欧莎·强森（Osa Johnson）说：“以前我非常怀疑这个传说，我确定这些年轻人一定又是在和我开玩笑。”直到有一只灰色小鸟，一边发出尖叫，一边振翅作响，吸引别人的注意。“小鸟不断地飞翔、发出尖锐的叫声，在树枝上等我们追上它，然后又再度起飞。我不带期望地将整件事情记录下来。突然，其中一个年轻人大叫说他发现了蜂蜜。接着，他就带领着我们到一棵满是野生蜂群的树前。”[32]

一直有许多来自非洲的报告证实这种“向导鸟”的行为，“向导鸟”是瑞士记者汉斯·罗恩贝格在他的非洲游记中所使用的名称。[33] 此外，科学家也不怀疑黑喉向蜜鸳故事的真实性。“我自己也曾经被黑喉向蜜鸳带路过很多次。”一名在非洲追踪鸟类多年的鸟类学家向我如此保证。[34]这种鸟类行为，以及人与动物之间的共生行为，在过去几十年的科学研究中也不断地被印证。例如，20世纪50年代加州鸟类学家赫曼·费里德曼（Hermann Friedmann）在一篇专题论文中，为当时有关黑喉向蜜鴷的资讯做了总结。[35]还有一位名叫贺赛恩·亚当（Hussein Adan）的鸟类学家，他近期的一份研究报告引起了更多的关注。1987年他在公牛浅滩之市[36]攻读博士，他来自非洲，属于肯尼亚北部的波让族，并且研究黑喉向蜜鴷。他的研究结果发表在《科学》[37]杂志上，并且吸引了全球的报刊注意这种来自非洲的鸟。《芝加哥论坛报》（*Chicago Tribune*）的标题是“鸟类带人类找蜂蜜”，《旧金山纪事报》（*San Francisco Chronicle*）报道说：“带领人类寻找蜂蜜的鸟类传说，已经获得证实。”[38]

传说故事的结局

非洲人和在非洲旅行的人几千年来所知道的事情，如今经过科学证明后，已有了可信度。有关小鸟的故事也成为典型的例子和行为学中的隐喻。然而，从20世纪80年代起，世界彻底地改变了，非洲人早就知道的人鸟合作，以及令西方人振奋的人与动物共生发展的例子，无一不幸免于难。也许这不过是再一次，或是最后一次呈现共生的重要性，以及与人类经济体系的相似性。

共生是人类与生物相互依存最直接、最容易理解的理想范例，共生也是经济与政治作业流程中最佳的范本。黑喉向蜜鴷就被社会经济学当作参考例子。[39]共生也说明了分工合作与外包之间的差异性。因为只有当所有参与者都尽一份力，分工合作才能够运转。多余无用的服务性工作都将被剔除。工业也是如此：当较廉价的劳力能够从外面雇用，或者工作能够全面转移到他地，那么原有的老员工就会被驱逐于门外。当原本的材料被更廉价的物品取代，旧有的订单就会被取消。同样的情况也发生在人类和黑喉向蜜鴷之间，因为一个“替代品”突然间出现了。

自从哥伦布把蔗糖带到加勒比海地区，并且打开了潘朵拉的糖罐子之后，旧世界与新世界对碳氢化合物成瘾，导致土地被大火燃烧，而招致不幸和贫困。无法种植这种危险植物的地方，甜毒品——蔗糖——就被引进过来。根据进化史的规则，突然之间，在仅仅几个人类世代与数十个黑喉向蜜鴷的世代之间，蜂蜜在干燥非洲的乡村地区再也不是唯一一种甜食。突然之间出现了糖，而且糖不仅甜，又便宜。人类对于甜食的喜爱当然不曾改变，然而，如果能够轻而易举地买到糖，谁还会想要跟随小鸟穿越树丛、爬树攀岩呢？也许还会被蜜蜂螫？在非洲，糖早已取代蜂蜜成为糖分来源，因为那些不可缺少蜂蜜的地方，可以轻易且大量地从仿效欧洲的养蜂场中取得糖。小鸟因而失业了。

黑喉向蜜鴷虽没有绝种危机，但是生活方式却受到了波及。在容易取得糖的地区，在城市和乡村的邻近地区，以及不再寻找蜂蜜的地方，都不再有剖开蜂巢取蜜的必要性，因此共生行为也面临着危机。因为有糖的地方，不再需要它作向导，因为再也没有人跟随它了。黑喉向蜜鴷的共犯现在只剩下蜜獾，它经过了一次巨变幸存下来，却失去了基因连续性，在分类学中，逐渐地与另一种鸟类越来越相像。

突然间，黑喉向蜜鴷失去了些什么，人类与动物的关系间也突然少了某样东西。这不是物种灭绝，不是动物和植物灭种，也不是消灭族群的“基因”，而是另一种能够解释鸟类和人类彼此行为的信息单位总体，一种非固定于基因中，而且有别于 DNA 遗传密码，在记忆中被传承下去的东西。

这是一种和记忆痕迹一样难以解释的遗传记忆，[40]理查德·西蒙（Richard Semon）根据动物研究猜测，它与记忆基质（Mneme）[41]相似，使动物在面对敌人时，具有逃跑的能力。这些元素被一些学者根据分子生物学的表达方式，或者以押头韵的方式，将理查德·西门的定义改成“文化基因”（Meme）[42]。理查德·道金斯（Richard Dawkins）取用鸟类世界中的一个例子来解释这个定义：20 世纪 20 年代时，英国的山雀学会了如何把置放于门前的牛奶瓶打开，[43]学习成果相当优异，山雀也将此能力散播出去，甚至代代相传。

然而，在黑喉向蜜鸳身上却是完全相反的情况。和蓝山雀一样，如果牛奶瓶盖一直啄不开，黑喉向蜜鸳就马上放弃，这样的行为因此不再传递下去。[44] 如此一来，非洲的向蜜鸳也失去了与人类合作的文化基因。

在汪洋大海上的孤岛中，在小鸟不知道何谓恐惧、何谓逃跑的地方，动物看见人类出现时的反应变成了闪躲与逃跑，就和其他地方的动物一样。相反，人类再也不知道，那些发出尖叫声、拍动翅膀想要吸引注意的小鸟，是想要和人类合作。

传说故事是这么说的：出于报复心态，当战利品被抢走时，黑喉向蜜鸳会把采蜜人引到有蛇或者有其他危险动物的地方。[45] 然而，这种反抗方式在今日是无效的，就像是在失业潮和约聘制盛行时举行罢工活动一般。

人类和生物共谱的历史篇章，在我们居住最久、比其他地方还能够追溯更多历史的非洲，画下了句点。

英国的鸟类（依次为长尾山雀、文须雀、沼泽山雀、大山雀、蓝山雀、煤山雀、凤头山雀）
山雀，是体型较麻雀纤细的食虫鸟类。除南美洲、大洋洲和极地外，山雀几乎遍及全球。在英国，有山雀学会了用尖尖的喙刺穿铝制瓶盖以取食瓶中的牛奶，这种行为很快就传遍了生活在大不列颠岛的所有山雀（大山雀、蓝山雀、煤山雀等）。这种行为与其剥离树皮的行为极其相似。原来，山雀经常在桦树皮上搜寻昆虫，因此，撕破瓶盖的行为就是在剥树皮行为的基础上发展起来的。

蓝山雀

又名蓝冠山雀。有蓝色的冠，眼睛间有一条蓝线。是欧洲普遍的观赏鸟，分布在欧洲温带及亚北极地带的林地。

第11章

生命边界形式

人类语言的灵感来自大自然。物种的消逝使得语言和文化的多样性也随之消失，我们的表达方式将变得更加贫乏。

山兔

罂粟

还有另一种共生的生物体，有时候我们跟随着它，有时候我们让它先行，它在这个世界上对于我们的感官与方向感非常重要。分类学和生理学中有许多关于它的研究。几千年来，科学家不断地尝试了解、解剖、分析、描述及测试它，并且提出有关它的生长和发展过程的假设。然而，我们对它仍不甚了解，甚至从来都无法确定它是否为一种生物。也许我们用以称呼它的名字也只是个譬喻而已，因为我们对它并没有形象上的概念。我们可以称它为“生命形式”“有机个体”，一种“组织基因个体”、一种“生命边界的形式”，也许就像病毒、类病毒、普里昂蛋白（prionen）或者噬菌体？

我们无法用既有的定义理解它是用哪种独特的方式生存的。然而，它和我们生存的时间一样长久，也许我们是因为这个存在物而存在的，因为它而成为现在的样子。它和我们的生活密不可分，某些程度上可说是共生体。它紧密地和我们共同生长，以至于只能用特殊的方式才能勉强它离开我们，并且具有生命地存在着。没有它，我们也称不上“完整”。以共生伙伴各自的角度来说，共生体究竟是否为独立的个体？事实上，两者之间的界线几乎是模糊的。叶绿体和粒线体曾经是独立的生物体，几亿年来存在于植物细胞中，它们仍然有自己的基因组，但是长久以来已不再独立生存。真菌类和藻类互相纠缠着生活在一起，因此它们是一个有机体吗？或者是两个分开的有机体？顺道一提，我们自己的基因组即是病毒的一大来源。[1] 我们体内的共生细菌细胞比人体细胞还要来得多。[2] 那么我们该如何画定共生的界线呢？当我们提到一个、两个或许多个个体时，共生又该有多紧密呢？无论如何，我们可以谈论这些神秘而非细胞的共生体。只要我们说话，这些个体就会在所有人的嘴巴里。从无法想象的年代开始，我们就利用并通过这些个体进行沟通。

这些个体在许多生态系统和生物环境中起作用，因为事实上它和在我们身体内与我们共生的微生物一样，我们存在的地方就有它。共生体的分类与植物、动物和微生物的分类一样复杂。研究越久越深入，它们就变得

右页图　矛隼
是一种非常美丽的大型猛禽，栖息于寒温带的森林地区，主要以野鸭、海鸥、雷鸟、松鸡、岩鸽等各种鸟类为食，也捕食中小型哺乳动物，捕猎时像掷出的矛枪一样迅疾无伦，因而得名。别名有白隼、巨隼，汉语中根据最早命名它的女真名称音译为“海东青”。

越是复杂，难以解释共生体是哪种种类、亚种、哪种当地变化种或变种。也许这种个体根本不属于一个种类，而是许多种类，究竟有多少种我们不知道，就像我们也不清楚自己体内生存有多少微生物。我们可以想象，每个人体内都存在另一个变种，甚至常常是许多个变种。

我们知道，它是一个能自行发展、改变形态的生物体。它生存于岛屿上或者像小鸟一般，流连于太平洋的许多岛屿上，对于我们的共生体来说，一个岛屿是拥有各种现象及景物的大自然，其他岛屿则是有生命的我们，就像是一个病毒株存在于某个热带森林，[3] 但是同时又和人类相关。今日，病毒因为人类的影响四处传播，散布到世界遥远的另一方。

虽然我们一直背负着它，却没有任何人见过它，我们只知道它存在于大自然中，而且几千年来它都像是展示品和艺术品。因为科学研究所需，特殊的种类被引进和保存。就像是其他的生物一样，为了科学，它成为我们保育动物园中的稀有物种。驯服、控制、训练这个特别的生物是一门高超的艺术，就像在马术学校中和搜救犬、搜寻松露的猪或者矛隼打交道。有些变种和驯养种的动物被视为一种符号，如同好莱坞女明星手提包上的小狗图案、被绑在车头上的美洲豹，及象征皇家马厩的阿拉伯马。为什么这个生物会和运动扯上关系呢？因为人类在与它的交流中产生了训练的效果，就像是在森林、公园里骑马的人，练习用双眼观察大自然的结构和变化。我们与它在精神上紧紧相连，以至于产生了问题。它在人类的思考中，是否如现代许多生物对于生活和思考那般不可或缺？

像我们生活环境中的所有生物一样，它被绑架到各地的学业、运动、比赛中。此外，它能够携带病源，就像毒蛇或者带有传染细菌的昆虫那般具有危险性。尽管如此，它仍然一直被悉心照料与培养。它被运用在表演比赛上，[4] 像公牛、火鸡、鱼或者甲虫，也被当作生化武器运用在战争上，像能够引发疾病的微生物，或者被释放到田野、任意啃食植物的昆虫。

上述的生物可能因为人类的私利，而被控制、伤害，甚至失去生命。难怪早在很久以前，人类就已经有目的地将这样东西萃取出来，绑架它、

消灭它、在它身上注入变种、强行使它与变种共生，它因而彻底遭到改变与同化。

为了使它无论是在战争中还是和平时期都能派上用场，人类一直在努力重建它，正如今日人类能够繁殖人工病毒，[5]甚至几乎可以人为创造生物。[6]然而，这些人工形成的形式就像是以DNA和细胞组合而成的嵌合体（Chimera），是由碎片组成的。如果没有正常的发展，碎片就无法彼此包容或者各自生长。即使它和我们的历史一样延续了很久，我们之间的牵绊仍然不明确，而且有时候我们好像几乎对它失去了控制。

我们可以用句子和字母将它书写下来，并且像有机体病毒中的遗传密码，将它储存起来。然而，就像基因或基因序列，我们尚不知道它们之间的相互作用，也不清楚基因与蛋白质、细胞、组织与器官之间的生理关系。如果将某个生物的基因组呈现在纸上或荧幕上，甚至是将拥有此基因组的人类、老鼠或长毛象活生生地摆在面前，也无法较多地获知它们之间的信息。而我们的共生伙伴也正是如此，我们能够仿造它，就像我们仿造博物馆中的恐龙模型，然而它却不再具有生命力——再伟大的画家都无法强迫一幅图画活起来。

这个东西的“野性特质”非常不稳定，如果你能掌握它的情绪，那么也就能完全地掌控它。[7]想必读者应该已经受够了这个谜团——这个强大、顽固、危险、多彩多姿的“生物”，就是我们的“语言”。

来自黑海的信

语言化做有机体的形象始自于19世纪，一个变动的时代，一个许多事物从前被逼入静止状态，如今又再度复活、再次改变与发展的年代。威廉·冯·洪堡(Wilhelm von Humboldt)和语言学家奥古斯特·施莱谢尔(August Schleicher)[8]是最先将语言描述成有机生命的学者。语言学家兼美国自然保育运动的发起人乔治·帕金斯·马许（George Perkins Marsh）也支持他们的观点。[9]

有机体的隐喻也被用在数十年后的文学上，有机体被诠释为历史发展的特征，一种“有机体爆发”[10]，并且被其他能够诠释此现象的隐喻和定义取代。后期作家的语言则不是有机体，而是机械装置，原本有生命的物质减弱成为交流的媒介，一种沟通的技术。然而，这样的形象缺少生命力。

语言的早期形象也许过时，就学术标准来说也许老旧，幸存下来的，却不是假的。语言有机体的概念并没有完全灭绝，今日的语言学家仍然不断地追溯语言在生物学中的定义和比喻。语言的生物形象或者说“生命的边界形式”，不再只被理解为隐喻，有些科学家将之诠释为一个定义：语言是共生有机体。荷兰莱登的语言学家乔治·冯·德林（George van Driem）写道：“语言既不是器官，也不是本能。在过去250万年中，我们获得了必要的基因，成为共生体的主人。”[11]

事实上，语言能够像基因编码一样传达信息，也能像病毒一样，互相交换“杂交”和“乘载信息”的元素。病毒不是生物，因此不会死亡；语言具有生命，顾名思义，它会死亡。语言甚至会被杀死，奇怪的是，语言是被它自己唯一的共生体——人类——杀害的。

人类横越大地行经的道路，是用灭绝的动物、新引进的植物，以及被破坏后残余的文化，和在一旁默默陪伴的灭绝语言所铺成的。

印欧民族抵达欧洲半岛前，那里应该有许多多样的古欧洲语言。[12]这些语言被现代的语言侵蚀、削平，并且被新的文化水泥层覆盖。有时候还能看见水泥层上有一些从底下冒出的碎块，就像平原上的小山丘，或者冰河上的冰原岛峰。伊比利亚语、塔特希语、利古里亚语或者伊特拉斯坎语已经消失了。某些时候会有几个单字存留下来，就像是洞窟中的图画上遗留下的一点动物残骸，也许是一只蹄、一只角；或者像戴着头灯在水中看见透明鱼类或洞穴生物的影子；或者像从隔离于西伯利亚冰川中取出的DNA，借此推断那些曾经生存在这块土地上的动物特性。然而，它们确切的长相、它们的生存方式，我们永远无从得知。同样地，我们也无法听到被中古拉丁语和古法语取代的勃艮第语或者高卢语，或者是被拉丁语排挤的奥斯坎语、翁布里亚语和法利斯克语。[13]我们再也听不到盖塔语（Getae），它应该是古罗马诗人奥维德（Ovid）写诗所使用的语言，[14]但是诗集已经消失无踪。关契斯（Guanches）人的语言，在希洛岛（Hierro）的岩石上还留有一些文字作为见证。[15]至于瑟雷斯语、弗里吉亚语、加拉提亚语、南阿尔卑高卢语、凯尔特伊比利亚语或诺里克语听起来是怎样，我们也难以知晓。我们过去从不知道这些语言究竟叫什么。它们是否有个名称？是否需要一个名字？或者像大部分的语言一样被称为“语言”？我们永远不知道特维希族（Treverer）、切卢斯克族（Cherusker）、马拉撒特族（Marsater）、斯卡姆布里族（Sygambrer）、纳肯族（Nauken）、卡蒂族（Chatten）、厄布隆内斯族（Eburonen）、鲁基族（Rugier）、门奈比人（Menapier）和巴塔易族（Bataver）的语言。或者某个时期曾经在欧洲生存的部落和民族的语言，我们不知其名，它们也没留下任何痕迹。哪怕只是几颗把后期文化彻底颠覆的石头，或者无法辨认的原始声音片段。我们很难再追溯这些语言的产生，只能透过现代的其他有机体来推测，例如透过其他的语言。眼前已经有太多近代的例子了，因为语言的死亡被视为全球化的现象，与转变、消逝和融合的自然动态不同。语言逝去的现象与生物的老化衰亡一样，在我们的年代仍然让人感到恐惧。[16]

词汇与人类的痛击

许多语言就像是和宿主一同步入死亡的共生体或寄生物，为了生存必须依赖某一特定生态系统，并且在其中生存，它急速且彻底地被消灭，被它们依附的人类痛击而死。格陵兰最后一批使用古诺尔斯语的人，据说在16世纪时被邻近的爱斯基摩人谋杀，他们的语言也随之沉寂。我们不知道历史记载中被称为萨斯奎汉纳克人（Susquehannock）的亲属如何称呼自己。我们也无法追溯查证，因为1763年部落中仅存的24个人，几乎全被英国移民野蛮地杀害了，而他们的语言也被消灭了。[17] 南非最后使用科伊桑语系中 !Xegwi 语的人是一个名叫尤批・乌宾达（Jopi Mabinda）的人，他在 1988 年被杀害后，这种语言也随之消失。[18]

达尔马提亚语的最后一个使用者叫 Tuone Uda ina，突然在 1898 年的一场意外中死亡——他死于一场道路施工中完全没有恶意的爆破装置的爆炸[19]，也可能是死于一场矿难[20]？抑或他是个渔民，在出海时不幸遇难[21]？又或许像一些地方记载的那样，他既不是渔民也不是矿工，而是一个理发师？更有甚者，这场悲剧究竟是发生在 1896 年，而不是 1898 年[22]？我们终究无法知晓，他与他的语言究竟是何时如何从这个世界消失的。这样的情况发生在世界上大多数的语言身上。我们甚至不知道大部分的语言是在何时悄然无息地永远走入寂静的。

有时候，语言的唯一使用者幸存了一段时间，因为外在的掠夺不至于使他们的语言受重击而突然死亡，只会造成某些程度上的伤害。这就像某物种的最后一个代表在其他同伴都灭绝后，仍然幸存了一段时间。然而，当狩猎持续地进行到最终才停止，物种也终将死于寂静。语言的灭绝过程类似鸟类的灭绝。如果使用这些语言的长者还有不少仍存活着，也许就能够唤醒一些印象，仿佛他们的民族仍然完好地存在着。然而，死亡一直都是预设好的必经过程。

有些语言消失于偶然之间，几千年来几乎没被发现，就像是在进化过程中，某个物种在没有人类的干涉下，隐没于另一物种之下，或是潜入演变后的形态中，例如古希腊语、古德语或者拉丁语。另一些语言则像那些因杂交或逐渐被排挤的物种一般，在与其他语言杂交或缓慢的受排挤过程中逐渐消失了。

生物遭到温和侵略的毁灭性影响，几乎就和语言所经历的一样明显。语言的灭绝通常没有狩猎、没有大规模的谋杀，语言的毁灭通常不是突然之间发生的暴力行为，也没有显著的过程。在澳大利亚草原上吃欧洲杂草

的欧洲兔子，对澳大利亚的景观产生了非常平和的影响，然而在历史中却被记载成是强大的破坏力。

很多时候，某个语言纵使仍然有许多使用者活着，却已经被预测最终将走向死亡。几年前有项预测指出，将不再有孩童的母语是东弗里西亚语。[23]

兔子
澳大利亚的兔子是一种原产于西南欧（西班牙和葡萄牙）的穴兔，1788 年被引入澳大利亚。由于缺乏天敌，食物充足，兔子泛滥成灾，曾严重威胁到当地农业和生态。

一个德国诗人说："语言的暴力不在于它把陌生的语言击退，而在于它让陌生语言与之融合在一起。"[24] 在世界各个地方都能观察到语言如何互相排挤以及融合，数量不可小觑。通常被吞噬的都是结构较简单、较容易受到影响、较小众、特殊、复杂的语言，或者因为人类经济利益或暴力威胁而被排挤的语言。例如中文曾经融入于阗语，事实上，于阗语曾是一个约有一千万人的民族所使用的语言，如今只有几十个人在使用。阿拉伯语和突尼斯的柏柏尔语互相融合，而西班牙语吞噬了萨尔瓦多的卡卡欧培拉语（Cacaopera）[25]、瓜地马拉的奇寇拇谢提语（Chicomuceltec）[26] 和波多黎各的泰诺语。葡萄牙语则将 20 世纪 70 年代仍然存在的安哥拉科依桑语系中的夸迪语（Kwadi）融入其中；在美洲新世界，葡萄牙语还吞噬了阿卢阿语（Aruá）以及巴西其他不计其数的语言，包括曾经被认作是巴西大部分地区通用语（*Lingua geral paulista*）的图皮语（Tupi austral），或者是曾经在大约公元1500年时，广泛使用于今日巴西巴伊亚州塞古鲁港地区，开启了巴西葡萄亚语历史的巴塔秀语（Pataxó Hã-Hã-Hãe）。

此外，法文也并吞了新喀里多尼亚岛上瓦芒族的语言，[27] 并几乎完全侵吞了布列塔尼语、欧西坦语和普罗旺斯语。同样地，英语吞没了诺恩语、曼岛语和康瓦尔语，也不断地侵蚀苏格兰语；[28] 它和所有塔斯马尼亚语言融合。没有人确切知道大洋洲和北美洲有多少语言，更没有人熟悉阿拉斯加最后使用的埃雅克语。[29] 一些作家将英文称为杀手语言，[30,31] 将另一些称为通用语（*Lingua Franca*），*Lingua Franca* 本来指的是地中海地区的通用语，如今这个称号已挪给世界各地的通用语（法语、阿拉伯语和英语），却也被它们吞噬。

有时候在一种语言排挤另一种语言的语言交汇区，或者所谓的“交战区”，会产生混种语。在近代，混种语经常是殖民主义的副产品。然而，在它们实际蓬勃发展之前，就已经被另一强大的邻居吞没了。荷兰的混种语[32]就是这样消失的，还有太平洋或非洲西南部的殖民地，一种以德语为基础的混种语[33]和纳米比亚黑德语[34]，在发展成为“真正的”本土语言之前，就几乎消失了。

语言遭到猎食和排挤，就像被赶出栖息地、没有共生体或者缺乏食物来源而无法生存的动物。事实上，语言学家也使用“栖息地”这个词汇。[35]语言的栖息地当然也是一个拥有植物、动物、微生物、病毒、天上小鸟和水里鱼群的生气蓬勃的环境。语言可以是栖息地，也有如生态系统，一些其他看不见、非细胞构成的有机体也和语言共生，同时也和我们人类相连在一起，并且在大自然中生根。

19世纪末期，非洲探险家里欧·佛本纽斯（Leo Frobenius）[36]将其中一个有机体描述为“一个赐予人类的神圣表象世界，也就是一个社会或城邦展现独特世界观的圈子”。它就是一般情况下我们所称的“文化”。“文化是一个生物。”佛本纽斯从其他的角度下此定义。[37]

搜索的时间越久，找到的有机体也就越多。也许还有另一个和语言、文化共生的生命边界形式，它无疑也具有有机体的特质。[38]正如奥地利经济学家海耶克（Friedrich August von Hayek）所描述的，文化是“许多人用来交易的产品，但不是人类计划下的成果”。这就是我们通常所称的“经济”。[39]佛本纽斯猜测，我们对于文化的定义和我们对经济的定义一样，是亚里斯多德在广泛定义中对于“城邦”（Polis）的称呼。[40]他眼前所看到的是希腊的岛屿和城市。如果他见过大地的语言、文化和经济变得不再多元，看见水泥世界中几乎到处都是一样的演员，他们用从前留下的财富（语言）来思考、行动，并且创造一个与其他地方都很相似的环境，那么，亚里斯多德或许会将此现象定义为：全球化城邦。

动物如何教我们说话

词汇是一切的起源。亚当赐予生物以词汇和名字时，也就开始了所有的一切。那些他捕捉到的、害怕的、躲避的，那些让他又尊敬又惊讶地去观察、注视、触摸、偷听的事物词汇，是一切的起源。

词汇是一切的起源。人类借由名字和手势指称生气蓬勃的大自然。除了伊甸园里的生物，还有什么能够激起我们描述的欲望呢？[41] 是天空中的小鸟、大海里的鱼群，大地上的家畜和所有爬虫。和大自然断绝关系将使我们变得贫乏无味。而断绝与人类的关系同样使我们以另一种方式变得“贫乏无味”，就像狼孩那样。

词汇是一切的起源。创造物最初的名称无非是源自于大自然的声响、水声和风声，其他生物的名字亦是源自于它们自己的声音。有一种动物，人们不需要字典也能猜到它是什么。[42] 它在希伯来文里的名字叫 Tselatzal，阿拉伯文里叫它 Sarsur，而德文也是借用它的叫声取名 Grille。它就是蟋蟀。圣经里所有的蛇名都是模仿爬行动物的嘶嘶声和呼噜声。[43] 今天，在许多语言中，牛、角马、杜鹃鸟、雕鸮和不计其数的动物名字都是利用拟声命

角马
非洲草原上的大型食草动物，在生物分类学上属于牛科的狷羚亚科。外形似牛，形体结构又介于山羊和羚羊之间，故又称牛羚。角马是地球上最大的“动物嘉年华会”的主角。每年的 7 ~ 9 月，上百万头角马为了避开旱季，都会从坦桑尼亚的塞伦盖蒂北上，跋涉三千多千米，最终到达肯尼亚境内的马赛马拉。

左图 杜鹃鸟
因其叫声似“布谷”，又叫做布谷鸟。是大自然中高明的“大骗子”，产卵于其他鸟类的巢中，幼鸟孵化后会把同巢的寄主卵或幼鸟推下，让寄主亲鸟仅仅抚养自己。

右图 雕鸮
夜行性猛禽，听觉和视觉在夜间异常敏锐。和毛腿渔鸮是世界上最大的猫头鹰。叫声为沉重的 poop 声。因人类猎捕、捡拾鸟卵，以及投放鼠药等原因，数量日益稀少。

名的，而且名字背后仍然隐藏着声音的影子，听起来像是大自然的回音。有时候我们只能听到回音，因为原有的声音已经沉寂了。南非的斑驴在科伊科伊语中的名称是借用它的叫声。[44] 然而，名字和斑驴叫声有多相像我们不得而知，因为斑驴已经灭绝了，被“禁声”了；我们也不知道该如何发音，因为这个语言也消失了。

诗人莎拉·琳赛（Sarah Lindsay）在她的诗作《斑驴挽歌》（*Elegy for the Quagga*）[45] 中问道：谁还需要听到斑驴的声音？或者观察斑驴如何一动不动地和苍蝇对抗？观察它的脖子如何转动，栗色条纹转了个弯，直到深色的屁股，以及纯白的双腿……

一位英国鸟类学家记载：镰嘴垂耳鸦的声音听起来就像是在森林里呼喊“Who are you”（你是谁），他还尝试将鸟叫声用音符记录下来。[46] 后来大概还有几个毛利人知道如何精准地模仿它的叫声，[47] 使镰嘴垂耳鸦感到困惑而好奇地飞来——然后就被猎杀了。毛利人用这种模拟的叫声称呼镰嘴垂耳鸦，这个称呼和它的叫声很相像，叫作“Huia”。这一个它自己教会人类说的名称，留存在了人类的语言中，同时也是它唯一保存下来的叫声。

我曾经看过死后被拔毛染色，然后陈列于柏林自然科学博物馆的镰嘴垂耳鸦，[48] 并且试图想象它的叫声。

然而，空气中一片死寂，就像 19 世纪的一些作家所猜测的，也许人类语言事实上是模仿自大自然的声音。[49] 也许语言这种“生物”为了能够自己发展，会向其他有机体借元素使用？否则的话，我们又该以什么样本学习发声呢？人类的声音与从大自然中发现的东西之间又该如何产生相关性呢？地球上其他生物的名字不仅只是我们对它最初的称呼，它们最初的名字是它们最原始的声音，也是人类语言的根源。第一个词汇、第一个发音都是动物教会我们的。

也许就像模仿熊在岩石上留下抓痕，我们也想用声音的形式来称呼一种生物，模仿其他生物的声音。就像是大自然的每一幅景象都有一个摹本，所有故事都是抄袭生活中所发生的事情。

罂粟（两图）
一年生草本植物，原产小亚细亚、印度和伊朗。别名有虞美人、丽春花、舞草、百般娇、赛牡丹等。其花大而艳，有红色、紫色、白色、金橘色、杂色等，香气浓郁，是世界上最美丽的花之一。花早落，结球形蒴果，其含有吗啡、可卡因等物质，过量食用后易致瘾。

濒临灭绝的语言和濒临绝种的动、植物常常在同一个地理区域发生，这绝对不是意外。[50] 许多地区过去有很多样的物种，这些区域大部分也都是岛屿，例如乌龟岛西边的龟背状山脊，一个今日金光闪闪，而且不会再变绿的丘陵，充满外来草种的地区，叫做加州。没有人知道这个名字从何而来，这是一片已经彻底改变的土地。这里原本是棕色小鸟和金橘色罂粟花的故乡，从前我曾在当地火车沿线的一个城市中，住在一间美洲杉搭建的房子里。

我在加州北部游荡，从中央谷地通过海岸山脉，从圣华金河和沙加缅河通过底特律的盐沼泽和芦苇岛，直通到旧金山和太平洋海湾，这是一场穿越灭绝物种的古老栖息地，以及逐渐无声的语言栖息地的漫游之旅。这趟旅行就像是在森林里漫游，穿越充满鬼魅声的大地。

第12章

铁道旁的鬼魅声

加州曾经拥有丰富的生物及文化，现在却完全地“全球化”了。新的“多样性”取代了原先的独特性。

捕杀鲸鱼

普通秋沙鸭

我喜欢搭火车。当火车行驶过木造房子时，我耳边响起的鸣笛声几乎就像是候鸟飞越谷地的声音，好像在说："一起来吧！一起来吧！"火车行驶在长长的铁道上，不到一个小时就来到了太平洋海岸铁路线的最后一段路程。

作家史都华·爱德华·怀特（Stewart Edward White）在他的一本小说中如此描述这片平原："平原向南北延伸到尽头，地面上满满一片高耸的棕色杂草，在风中像是海浪般波滔起伏。成群的野生动物四处奔散，有加拿大马鹿、如同鬼魅一样快闪的羚羊，泥泞水洼边的草地上有鹿，有时候甚至还有熊经过。接着，大地静静地坠入梦乡。"[1]这里出现的杂草显然是外来种，然而，鹿和加拿大马鹿仍然是属于当地的原生种。"直到不久前，沙加缅度河和圣华金河两岸都还有许多鹿群和加拿大马鹿群在此地生活，但是因为它们数量庞大且容易捕捉，因而被人类捉到牧场中饲养。"约翰·缪尔在19世纪写道。[2]"数量庞大且容易捕捉"是许多岛屿背负的诅咒。

不久之前，这片平原还住着许多当地原始的居民和语言。当地人所说的语言称为帕特温语（Patwin），帕特温就是如今位于铁道旁的城市。这里是地球上的一个小村庄，一个帕特温语中称为Pu-tah-toi的地方，意思应该是水流经草地的地方，或者在优露语（Yolo）中是芦苇之地的意思。[3]

附近的邻居则称这里为温顿（Wintun）或米渥克（Miwok）。人类学家艾弗列德·克洛柏（Alfred Kroeber）写道："圣华金河是属于约克特族的。"或者这句话中的"属于"（belong to）在这里应该翻译为"属于约克特族，而沙加缅度河属于温顿族和米渥克族"？两条河流倾注于旧金山海湾的地方，是寇斯塔诺（Costanoans）地区的起点，这里从前是河坎族（Hokan）、沿海米渥克族（Coastal Miwok）和波莫族（Pomo）的居住地。

往西边走迎面会碰上小山丘，像平坦的谷地撞上一道门槛，在此终止。或者更像谷地相互层叠，同时往山丘的方向翻滚，往平坦的深处沉陷。谷地有长了许多芦苇的水坑、河流和渠道，沿岸还有接连不断的海湾，直至被沙加缅度河与圣华金河张开双臂环绕着。

谷地的中间有人类居住的城市，以及一座接着一座的岛屿，层出不穷。火车站标识的牌子上，还使用温顿语写着站名：休森市。休森指的是从前住在这个小岛上的人，他们使用的是与帕特温语有渊源的温顿语。1817 年，西班牙军队大规模屠杀休森市的居民，[4] 他们选择了自焚作为反抗的方式。当他们一边唱着歌，一边走入火焰时，也带走了他们的语言和歌谣。

一个半世纪后，这里重新建立了一个新村庄，“四周围绕着芦苇，洪水侵袭时村庄就被淹没，洪水退去时则遥望无际”。为了使土地干燥，村民重新翻松土地，使用“来自其他地方的土壤”[5]，或将坟墓移走。此外，也有从别的地方来的人，到这片新土地安家落户。然而，在中央谷地和太平洋海岸之间，一些固定或流动的岛屿和半岛留存了下来，而且成为一些特有种动、植物的家乡。例如，有淡紫罗兰色花朵的休森盐沼菊和休森蓟都再次出现在休森海岸。[6] 偶尔还能看见水白前的花朵，它并没有因为外来引进的丝路蓟而遭到取代。

这一小块土地原本应该是鸟类真正的领地。1875 年，一名观察家看见一群使天空骤黑的赤颈鸭，它们浩荡的队伍让人想到东方的野鸽群。在候鸟迁徙的的季节里，清晨的天空总是被鹅和鸭遮蔽。[7] 这个地区仍然是许多鸟类的家乡。例如，休森歌雀——一种朴素的棕色小鸟，乍看之下很像雌性的欧洲麻雀——在欧洲麻雀尚未侵夺它的栖息地时，仍然能够偶尔看见它的踪影。

加州长嘴秧鸡只有在必要、危急的时候才会飞行，但是这在岛上不常发生。这里也有只出现在海湾区和加州某些海岸段的加州小白额燕鸥。还有一种腹部黄色的小动物普通黄喉地莺[8]，以及小型动物红腹盐沼禾鼠亚种——只有在南部和东部的海湾才能够发现它的踪影。而它唯一仍然在世、颜色明亮的亲戚盐沼禾鼠只居住在海湾区北边的盐沼中。

当然，过去和现在都有一些生物居住的“岛屿”，它们是由连接岛屿与岛屿之间的路线所组成的。这些路线是其他动物以及谷地中的羚羊曾经想要接触的路径。如今会有牛背鹭骑在牛背上的地方，两世纪以前也许有黄色鸟

左图 加州小白额燕鸥
小白额燕鸥亚种，数量稀少，其繁衍面临自然灾难或人为干扰，被美国联邦政府列为濒危物种。

右图 黄喉地莺
雀形目森莺科鸟类。20 世纪初到 1976 年其数量曾急剧减少了 80%，经人为保护，现已是北美地区常见鸟类。

喙的喜鹊，从叉角羚的背上跳到温驯的加拿大马鹿背上。泽地加拿大马鹿是加拿大马鹿中体型较小的亚种，从前族群庞大，成群结队地穿越岛屿和河流，横越人类的道路，抵达水源区和草原区。就像是拉斯科洞窟石壁上游泳的鹿，鹿角像桅杆伫立于水面之上。19 世纪 30 年代，有一个名叫威廉·黑斯·达维斯（William Heath Davis）的欧洲裔夏威夷人，当他驾着小帆船在卡基内斯海峡（Carquinez Strait）上航行时，看见了成群的鹿伴随着野性的叫声，游泳穿越海峡。“有几次我们差点撞上这些动物，大约经历半个小时，我们才顺利穿越它们。”[9]

斐迪南·冯·瑞格（Ferdinand von Wrangel）的探险调查中描述了在另一块大陆上的另一鹿种的类似景象，而发生在西伯利亚河川边的狩猎情形，也与这里没什么两样：“打猎非常危险。在水中游泳的动物聚集在一起，当中有一艘小船逐渐靠近它们，被跟踪的动物会用各种方式保护自己。雄鹿用鹿角和牙齿，雌鹿为了避免被小船撞上，举起前蹄保护自己，小船因此翻覆。在如此庞大拥挤的鹿群中，几乎无法猎捕，所以猎人通常都会吃败仗。成千上万在水中游泳的鹿群挥舞着鹿角，这个景象只有一位目击者能够描述。”[10] 这个景象的加州版本已经永远失传了。20 世纪 30 年代，作家史都华·爱德华·怀特再次提起这个画面："数不胜数的加拿大马鹿群，雄赳赳气昂昂地朝岸边游去，这样惊人的画面只有在今日的马列岛（Mare Island）才有机会看见。海湾的水面上应该有上千只的马鹿，它们巨大的鹿角看起来就像是一座有许多枯树的森林。"[11]

从前在海上划着芦苇船的人，和这些动物之间又有什么样的际遇呢？这些人是卡基内斯族（Karkines）或卡基内兹族（Carquinez），如今岸边的城市也沿用这个名称，西班牙传教士将他们命名为塔奎内斯人（Tarquines）[12]，意思是"住在沼泽的人"。如此命名，是因为他们也像这里的其他民族一样，把泥巴涂抹在身上抵挡阳光吗？然而，我们对这些民族一无所知，甚至连名字也不知道。

近年来，巨大的水上生物有时候会游到卡基内斯海峡大约每五十年一次。座头鲸迷路了吗？它是为了甩掉身上的海洋寄生物，所以在寻找淡水水域吗？座头鲸最近一次游到这个区域是在2007年，当时它经过休森海湾，沿着河道横越中央谷地，逆流而上抵达西沙加缅度港口。[13]

某个夜半时刻，我听到有人在运河看到一只巨型动物的消息。我马上出发，想要亲眼目睹、亲身体验。

知道有鲸鱼从海上游来运河，谁还能睡得着呢？

我沿着河畔来回走了数个钟头。如果坐在船上，可以很清楚地看到河畔。从水上看过去，河畔看起来就像非洲草原，热带草原上的椰枣树，是桨手的地标。如果不搭船观看，而是徒步行走，看到的景象大不相同。河畔看起来会像是被易开罐摧毁后的田园景色。人们当初没有料想到工业区范围大得无法遮掩。我想起河边工厂散发出刚出炉的新鲜面包香味；我想起水的味道，以及外来种杂草与干枯的蓟草间散发出燃烧垃圾与生锈铁罐的味道。

当一个活生生的巨型动物出现在眼前，感觉就像大风暴来临前，空气中弥漫着一股不断涌升的紧张感，直到这水中的庞然大物突然在我面前大大地喘了一口气。

以前的当地居民会将这样的际遇描述成什么样的故事呢？鲸鱼是否就

是欧隆族少数仅存的故事[14]中所描述的海上巨兽马可威克（Makkeweks）？

软木制的索具拖拉着被船的螺旋桨割伤的鲸鱼，它的伤口就像是尼沃洞窟壁画中，被加画在披毛犀上的伤口，就像是水泥道路扯裂了绿野山谷。也许母鲸鱼带着小鲸鱼游到淡水水域，就是为了要减轻伤口疼痛，或者是遏止伤口感染？过去也有目击者看到鲸鱼出现在河流中，例如哥伦比亚河[15]、哈德逊河[16]和特拉华河[17]。1733 年，在特拉华河出现了一只鲸鱼妈妈和它的孩子。[18]

鼠海豚应该是沿着塞纳河游到巴黎，然后从艾伯河游经马格德堡。[19] 20 世纪前半期，画家汉里希·佛格勒（Maler Heinrich Vogeler）观察到“鲸鱼圆弧型的背脊浮现在艾伯河的浊黄色咸淡水中”[20]。直到今日，鲸鱼有时候还是会游到河流里，如育空河、泰晤士河、莱茵河，或者像这一次我在沙加缅度运河看到的。

也许对鲸鱼来说，游到淡水区是正常的行为，只不过因为数量锐减，我们很难见到。或者是因为这样的行为模式和其他的“文化基因”一样，已经消失了。从前游到淡水区的鲸鱼并不稀奇，如今却很难再有，因为它们已经被杀害了。例如，1890 年，有一只鲸鱼游到美国马尔兰州的马诺金河。“它带来了欢乐的气氛，最后却下场凄惨。”[21]一份报纸如此报道，意思应该是：“它活生生地被打死了。”我无法用其他词语翻译报纸的这句话，鲸鱼只不过是出现在那儿，甚至带来欢乐的气氛。“它带来了欢乐的气氛”，直到失去生命。

如今，许多地方的人总算能够善待这些巨型动物。很难想象，曾经在某个时候某个地方，有许多鲸鱼在河里面溅水嬉戏，危及一旁的船只[22]；众多鲸鱼的呼吸声在夜晚让当地居民不得安眠[23]……当然，如果鲸鱼从海洋跑到河流冒险，谁还能睡得着呢？

今日，人们架出了横越卡奇尼兹海峡（Carquinez Strait）的贝尼西亚—马丁尼兹桥（Benicia-Martinez Bridge），然而水里却再也没有鹿群游水，再也听不见鹿的叫声和鹿角相击的声音，只有火车行驶的鸣笛声和高速公

捕鲸船

人类长期猎取鲸类以充当食物和提取油脂。早期的捕鲸，是将系有绳索的铦或叉、镖等，采用射击或投掷方式刺入鲸体进行猎捕。猎捕对象有须鲸和齿鲸两类，以蓝鲸、长须鲸、露脊鲸、抹香鲸、座头鲸、北极鲸、灰鲸、鳁鲸、小鳁鲸等为主。

捕鲨船
从前游到淡水区的鲸鱼并不稀奇，如今却很难再有，因为它们已经被杀害了。人类无止境捕杀的不只是鲸鱼，还有鲨鱼以及其他海洋动物。海洋日益沉寂……

17 世纪上半叶丹麦的捕鲸站
由于鲸油是贵重的工业原料，历史上欧洲和美洲一些国家的捕鲸活动长盛不衰。在 17 世纪，荷兰人及英格兰人均组成庞大的捕鲸船队。18 世纪时，由于捕鲸船上安装了提炼炉，捕鲸者在海上就能把宝贵的鲸脂提炼成油，并把鲸油贮存在桶里，而不必把捕到的鲸拖回岸上再加工。石油发现（1859）以及过度捕杀等原因，使得捕鲸业在 19 世纪末期日趋衰落。

路上车子穿越的轰隆声。在水面上烟雾之间闪烁的也不是呼吸温柔却强而有力的座头鲸，而是美国闲置于休森海湾、被封存的后备舰队，一个在迷雾中的未来军事幻影——“那簇成一团的灰色阴影，来自远方的战争，停泊在战火纷飞的山区之间”[24]。然而，除了闪烁的战争鬼魅以外，背景是一个平坦的岛屿。灯心草、沼泽、水道，一小块和平未受到破坏的地方，大约从三十多年前开始，这里再度出现马鹿。这块水域环绕的地区，直到20世纪50年代都是用来种菜的农地，如今再度成为野生水鸟和马鹿的岛屿。如果不是打猎的季节，它们就能安然无虞地生活在岛上。这座岛屿叫作葛利兹利岛（Grizzly Island）。然而，曾经在暗黑山（Mt. Diablo）山脚下的海湾中游水的葛利兹利巨熊，早已经不在了。

在海湾边、海湾里、海湾上空，到处都是新的生物。旧金山海湾与它四周的水域中，充斥着从世界各地绑架来的海洋生物，数量比当地演化的物种还要多。例如，栖息于旧金山海湾潮间泥滩上的加州角螺，被来自美国大西洋海岸的东泥织纹螺入侵排挤。又如，旧金山海湾北部的加州淡水虾，一种几乎透明的生物，能够像变色龙一样变换身体颜色。然而，它过人的伪装术或者说地主优势，都不敌外来引进的虾种。自20世纪60年代开始，来自加拿大与美国北部的莫里斯绿螯虾就已经在这里定居。此外，1989年证实，旧金山海湾出现了克式原螯虾或普通滨蟹。它们从海湾扩散到河流与运河，甚至深入中央谷地，直到沙加缅度西边和首府。今日，在世界各地都能发现河蟹，当然也包括在德国海岸。河蟹从东海游向哈维尔河（Havel），直到万湖（Wannsee），甚至在首都柏林都能看见它的踪影。河蟹也不知道用什么方式从北海沿着莱茵河向波登湖前进，并且为“淡水河生物越趋相同，生物分区界线越来越模糊，海洋生态系统独特性逐渐瓦解”做了详细的诠释。如今，我们已经完全无法辨认出许多物种的原产地。

暗黑山与橡木之地

从温顿方言区出发，穿越卡基内斯海峡，会到达欧隆方言区，而这些语言都已经灭绝了。Ohlone Park 意思是“细长的树”。欧隆荒野区是菲力蒙特（Freemont）附近的自然保护区。居住于卡基内斯海峡的欧隆族的语言，在西班牙文中被称为 Los Carquines。除了名字以外，这个民族什么也没留存下来。住在这里的居民曾经被称为 Tarquinez，意思是“生活在沼泽中的泥巴人”。[25] 不过，这指的是一种身体绘画，还是保养的方式呢?

自 19 世纪 70 年代开始，麻雀大肆入侵加州，未受到入侵的地方，居住着另一种麻雀的本土亚种，它沿着海湾边的铁路沿路唱着，它的名字是 Sao-Pablo 鸣鸟。[26]

来到瑞奇蒙特区（Richmond），总算到了丘前右族（Chochenyo）的居住地，范围从瑞奇蒙特区到南边的菲力蒙特和东边的暗黑山山脚下。人类在动物的帮助下，在这座古老神圣的山上，躲过了洪水的来袭，之后却被从欧洲来的新移民妖魔化。然而，妖魔真正住的地方是在瑞奇蒙特桥的另一端。根据统计，这里也是教育程度最高、最富有的美国人的住宅区。那里保存着使人变成杀人犯的野蛮仪式。

直到 1916 年，监狱博物馆的最后一个警卫仍然住在那里，同时也成为博物馆的展览品之一。就我们所知，他是最后一个“野人”，是真正的美国原住民，也是最后一个说亚那语（Yana）的人。他和他的语言也是暴力之下的最后一个幸存者。他被叫作伊希，真正的名字不得而知。他的回音被保存了下来，存录于蜡管中。几十年来一直存放着，然而因为蜡管被置放在高温的房间里，蜡溶解了，所有录音档案也几乎消失了。艾美利村火车站旁的那条街叫作薛尔蒙特，意思是贝壳堆。和其他海岸、其他大陆的史前原住民一样，这里的早期居民也留下了许多堆叠成山的贝壳。在这些他们主要食物所残留下来的垃圾中，还有一层又一层以前生物的残骸，例如鹅骨头，证实了过去曾经有庞大的鹅群。[27] 数量大到整个海湾黑压压一片，几百万只鹅起身时的

本页图 普通秋沙鸭
加州秋沙鸭为秋沙鸭属亚种之一，已灭绝两千多年，无从绘其形貌。倒是普通秋沙鸭仍然繁殖于北美洲北部和欧亚大陆。普通秋沙鸭是秋沙鸭中个体最大的一种，为体长、有冠的潜水鸟；嘴形侧扁，边缘具锯齿，适合捕捉身体光滑的鱼类；雌雄鸟均有羽冠。

右页图 歌带鹀
又名北美歌雀，是一种常见于北美洲的中型鸣禽。它能唱出 10 种不同的调子。每种调子都从三次重复相同的音符开始，紧接着是一阵颤声。整首歌婉转悠扬，令人难忘。

声响，就像是远方的打雷声。[28]

欧洲移民抵达时，鹅群首次见到人类，却丝毫不畏惧。欧洲移民抵达时，鹅群首次见到人类，却丝毫不畏惧。它们极易捕获，用根棍子就能打死。[29]如今，已看不见骨头堆建而成的纪念碑。1924 年，艾美利村的薛尔蒙特街被铲平，先盖了工业区，接着是购物中心。一层又一层地，一下子搭建，一下子铲平，这个地方盖了许多我们这个时代的祭坛，就像是绿野山谷中公牛的堡垒，或者是雨国凯尔特人的城堡。搭乘往奥克兰和阿拉米达（Alameda）方向的火车，沿路经过丘前右海岸与丘前右族的部落，这里也是本土种鸣鸟、歌带鹀的 *pusillula* 亚种（*Melospiza melodia pusillula*）[30] 的栖息地。我偶尔跟划船队一起划船，经过许多水上人家，应该有许多原住民曾经在那划着芦苇船捕鱼、捕捞贝壳或者猎捕不会飞行的加州秋沙鸭。[31] 也许他们在水上划船的角度、划桨的姿势，都和我现在没两样。加州秋沙鸭绝种已经超过两千年了[32]，而芦苇船也消失已久。

我之所以知道奥克兰的梅莉特湖（Lake Merritt），是因为当地是帆船赛举办的地点。梅莉特湖是美国第一个自然保护区，成立时间甚至比黄石国家公园还要早，许多小岛在 20 世纪前半期被规划为鸟类保护区。从船上看过去，我看见鸬鹚出现在城市的水泥山丘上，这个城市今日被称为“橡木之地”，也就是奥克兰（Oakland）。这个名称也不是没有道理，因为加州的自然植物中，就属橡木数量最多。

路经佛李蒙特（Fremont）来到圣荷西（San Jose），途中也经过欧隆自然保护区。圣荷西以及今日的“圣塔克拉拉谷地草原”南边，以前被称作塔姆燕（Tamyen）、塔米（Tamien）或者塔米安（Thamien）。这里是土地丰饶的谷地，引进了许多果树，1853 年开始大片种植欧洲梨子树、外来果树种，也因此有了新地名，比如，一些地区叫作“常绿”（Evergreen）、“七棵树”（Seven Trees）、“水果谷”（Fruitdale）或“花开山峰”（Blossom Crest）。这些外来植物像是城市蔓延效应（Urban Sprawl）般，逐渐地吞下了乡村。

如果改从艾莫利维尔（Emeryville）去旧金山，则必须在中途换搭巴士走旧金山—奥克兰海湾大桥，并且跨越芳草地岛（Yerba Buena Island），这个小岛也许曾经是独特生物的庇护区。芳草地岛旁边就是“金银岛”，但它是一座人工岛。没过多久，海湾的尽头出现了金门大桥，红色的桥跨越海湾的金色大门，直通太平洋另一端。接着，穿梭于旧金山高楼大厦之间的道路出现在眼前。过去，人们划着小舟或者由芦苇草搭建的船，在黑压压的鸟群下，穿越旧金山海湾，也横跨了语言区的界线——旧金山半岛，岛上使用的是拉玛土须语（Ramaytush）。住在半岛东边，也就是今日旧金山的市中心的原住民叫作耶拉姆，他们的村庄叫作“丘揪”（Chutchui）和“希灵塔克”（Sitlintac），位于八十号公路的交流道口。丘揪村也有贝壳堆，但是早已被铲平，消失在都市的柏油路下面。

普通鸬鹚
是鸬鹚科鸬鹚属的大型水鸟。是一种广泛分布的海鸟。普通鸬鹚主要生活在旧大陆和北美洲东海岸，一般在悬崖上或树上作窝，但是越来越多地也在内陆生活。

面向太平洋的城区，今日叫作培雷希迪欧（Presidio），那里的本土特有种特别多。这里有一个拉玛土须族的村庄，叫作培雷努克（Petlenuc）。此地有一些除了植物园，世界上其他地方都没有的花种：黄色的加州小滨菊、锦葵花颜色的克拉克花[33]，或者旧金山湾刺花。这里还有越来越罕见的旧金山爆米花、蝇子草属的旧金山蝇子草（*Silene verecunda* ssp. *verecunda*），有亮黄色花朵的半寄生植物——直果草属的丰花直果草（*Triphysaria floribunda*），还有同样是黄色的荷包蛋花（*Limnanthes douglassii* ssp. *sulphurea*）[34]，它相当惹人喜爱，被当做是园艺观赏植物，在加州四处都能看见。

拉玛土须族的阿姆塔克村（Amuctac）和土布因特村（Tubsinte）位于圣布鲁诺山脚下，如今则埋没于排山倒海的楼房之间。“被重重包围的大自然，似乎不太可能逃出推土机与其他先进机器的手里。如果仅存的大自然消失了，旧金山将会变得贫乏又无趣。"植物学家与岛屿专家雷孟·佛斯伯格（Raymond Fosberg）于1970年写道。[35] 然而，这个岛屿尚未完全沉沦，这里还有本土种的圣布鲁诺卡灰蝶；陌生的杂草之间还生长着白霜，一种毛毛虫赖以为生的景天属植物；有时候还能看见色彩鲜艳的旧金山袜带蛇。

我们已经无法得知，岛屿上各个族群的语言中，用什么独特的名字称呼这些本土生物。旧金山半岛原始的语言声响，已经消失不见，就和曾经在那飞舞、如今已灭绝的本土蝴蝶一样：双眼蝶属的湿地双眼蝶（*Cercyonis sthenele sthenele*）、豆灰蝶属的伊卡爱灰蝶（*Plebejus icarioides pheres*）*[36] 以及加利福尼亚甜灰蝶。我造访了铁道之都的博物馆以及旧金山一间收藏馆，在灰蝶的坟墓与玻璃棺柩中，看见了它们的身影。

在此安眠的还有史托本凤蝶，一种华丽的白色蝴蝶，与它的亲属阿波罗绢蝶明显相似。唯一不同的是，它已经死了。我还看见一个小棺材中，装有一只黄色带状的"安提诺奇亚地蜂"，这种动物没有德文对应的名称，因此我为它取了这个名字。三四十年之前，它还生活在鹿与鲸鱼的水域的沙丘附近。一个上了年纪的科学家，小心翼翼地为我打开玻璃厨柜。当我看完所有能看的标本后，为了避免晃动，他又小心翼翼地把标本放回去。加利福尼亚甜灰蝶身上的蓝色非常漂亮，我试着想象它生前的样子，猜想着是否曾有一个词汇可以形容这独特美丽的蓝。这个词汇或许和这蓝色的灰蝶共同生存了几千年，直到某一天，最后一个拉玛土须族人闭上双眼和嘴，或者直到蓝色的蝴蝶永远地阖上翅膀。

树上长了面包

如果从拉玛土须族的领地出发，划着芦苇船穿越海峡，或是在收费站付一把美金驶过金门大桥，然后继续向北方探险，就会来到位于海岸边的瓦普族（Wappo）语言区、位于内陆的波莫族（Pomo）与米渥克族（Miwok）语言区。在这些过去的语言区中，还能看见一些当地种生物，例如歌带鹀等。

* 维基百科里现在把伊卡爱灰蝶（*Plebejus icarioides pheres*）放到了 *Aricia*（爱灰蝶属）。
——译注

往旧金山南边走，就到了阿瓦斯瓦族（Awaswas）语言区。这支民族以前住在围绕今日圣塔克鲁兹市（Santa Cruz）的地区。无论是经过拉玛土须族、阿瓦斯瓦族的领地或者是穿越塔米族的土地往南方旅行，只要靠近海岸，就踩到了慕森族（Mutsun）的地盘。慕森族的语言自从 1930 年起，就随着最后一位母语者的逝去而走入寂静。同样消失的，还有他们邻近的语言。1939 年，最后一个说卢姆森族（Rumsen）语言的人在蒙特雷市过世。卢姆森语区遍及今日沃森威尔市（Watsonville）的沙漠区，有“沙拉城市”之称的，同时也是作家约翰·史坦贝克故乡的萨利纳斯市（Salinas），以及大索尔海岸与海岸边的森林谷地区，直到海岸的最南端（Point Sur）。半岛内地某个地方则是夏隆族（Chalon）语言区，确切位置已经不得而知，我们也不知道彭特之地（Land of Punt）或者示巴女王的王国究竟在哪里。就连谁是最后一个使用夏隆语的人，也已经无从考证。大索尔海岸也曾经是艾森伦族（Esselen）的居住地。早在 1833 年，使用艾森伦语的人就已经所剩无几，19 世纪结束前，这个语言就已经灭绝了。从语言到文化，没留下任何东西，一篇文章也没有。人类学家艾菲德·克罗伯（Alfred Kroeber）发现，“甚至连主祷文”也没保存下来。[37] 除了族名，我们对艾森伦族一无所知。

许多民族留下的垃圾，比他们留下的其他东西来得多。比如，旧金山海岸边的贝壳堆与骨骸堆，再比如，我在巴伊亚州的海岸边，几乎就在那个欧州人永远改变美洲大陆的起点，在一座一眼可看到海的小山丘上发现了贝壳。我也在大索尔海岸边的小山上，在红杉木下找到许多贝壳。贝壳是他们主要的营养来源，他们在海边捕捞贝壳，然后带回村庄。村庄里有木柴与橡木，树上长满的果实是他们的面包。如今，在村庄的遗迹中还发现了石臼上面有用来磨碎橡木果实的规则凹槽。在洞穴中发现了许多石臼。他们或许曾经聚在一起，在木槌的敲击旋律下一边唱歌，一边研磨橡木果实。我注意到，有些石臼是在视野特别好的地方找到的，如在可以看见云朵的大海上，或者小鸟与蝴蝶成群飞舞的山顶上。

天空中的候鸟与蝴蝶有它们自己的时间表，甚至海里的鲸鱼也知道自己什么时候该回来。也许原住民可以观察到鲸鱼出现在海域的时间，进而制成“鲸鱼日历”，并且编织成一首歌，只要他们还能够从山上看见许多鲸鱼。

随着艾森伦族人口数量的萎缩，研磨橡木果实的团队也越来越小，直到几乎没有人在石头边工作。最后一个族人，是否独自为自己、为最后一个家庭或最后一个孩子研磨橡木果实呢？他是否还能独自唱出昔日族群存在时才唱的歌呢？他是否还能正确地唱出这些古老的歌曲呢？他什么时候放下了手中的木槌，停止研磨橡木果实，独唱歌曲呢？艾森伦族人究竟说了什么故事，唱了什么歌，为了什么事情欢笑？在面包树森林中看见、听见或经历了什么？我们都只能猜测。因为这些人的思想，已随着他们的语言永远消失了。美国诗人威廉·默温（William Merwin）写下：“我要把这片森林过去的样貌告诉你。我必须用一种被遗忘的语言述说。”[38] 大索尔海岸的艾森伦族人可能会告诉我们有关世代生活在这里的人，有关这片大陆与海洋的故事，可惜它们都已经永远地沉寂了。

消失的可能性，消失的未来

一个物种、一种语言，或者一种文化的死亡，不仅仅是和过去、和根切断了联结。一个物种的灭绝，也代表这个物种未来的发展将遭受潜在的毁灭。同样，当一种文化被毁灭时，所有可能的未来发展，所有它可能发展出的概念与思想也毁灭了。一种死去的语言、一种被抹灭的文化都留下了生态学上的空白：不再被提出的问题，不再被思考的理路，不再被述说的故事。这些被抹灭的事物都被其他的新事物取代了。然而，交流越来越频繁、随意，造成新旧之间产生更大的距离，新的文化、语言、生物等在任何一个地方都能得到发展。世界的生物多样性和文化多样性因此逐渐地单一化。大自然和文化的过去景象快速地被新的景象覆盖。

在旧金山，我们可以听见上百种不同的语言，可以聆听意大利语的歌剧，吃巴西料理，看印度电影，跳阿根廷探戈，喝埃塞俄比亚蜂蜜酒或德国啤酒，泡日本温泉，以及发现所有能买到的东西都来自中国。和过去相比，今日这半岛上有更多的语言和文化，形成了一个色彩鲜艳的混合体。然而，对我们来说，对所有的未来而言，特有的东西却永远消失了。炫彩的融合在世界上每个大城市几乎都能体验到。

然而昨日与明日之间的联结已经有了裂缝。进化的可能性消失了；冒险体验的可能性不见了；这些可能性在世界上再也找不到了。

我们变得越来越全球化，彼此之间的相互交流越来越迅速。从某些方面来说，我们自己也变得越来越能够被替代——包括我们的工作能力、我们的想法，还有我们的体验及思想基础。

在全球化交流越来越频繁、元素越来越相似、物种越来越少、基因和文化基因越来越单调的情况下，几百万年后，人类肯定会情不自禁地想念起地球生命早期发展的景象，就如同詹姆斯·洛夫洛克（James Lovelock）在《盖娅假说》（*Gaia Hypothesis*）中所描述的：“在某一个时期，细菌完全地控制地球的运转系统。在这很长的时期中，大地所有的有机物质都是唯一的生物组织。细菌可以自由活动，而且不受地方限制，也能够随着风和洋流穿梭整个地球。细菌迅速且毫无阻碍地运用低分子量核酸链——也就是所谓的质体——传递遗传信息。地球上所有的生命都连接在一个缓慢而运作顺畅的网络之中。在马歇尔·麦克卢汉（Marshall McLuhans）提出的‘地球村’中，人类与不断发出喀哒声的通信网相连在一起，这个通信网是原始时代生命网络的进阶版本。”[39]

因此，我们逐渐接近永世时期之前的景象，逐渐接近人类几百万年来逆游向上、抵抗地球引力、抗拒熵流之前的地球景象。由于结构的崩解、信息传输的突飞猛进、熵的上升，产生了一个不断加温、变热的系统，粒子运动越来越快速，直到熔炉中的物质完全均匀地混合。这个系统就是人类手中的地球。而掌握世界未来的生物，会越变越渺小，适应性越来越强，而且地球各地的生物都将变得完全相同。

第13章

洪堡的轶事或瀑布上的悬崖

回忆失落的美好让我们长时间抱有希望和期待。由此出发，我们尝试回复失落的、被摧毁的一切，因为大自然总是能为我们带来惊喜。

兀鹫

西方松鸡

如同美好的回忆一样，已灭绝的生物的多样性及其演化发展的潜在性，只能借由博物馆内死气沉沉的标本重生。文化遭到毁灭后，只会遗留下碎片：例如，博物馆里有夏威夷首领穿的红色长袍、大索尔海岸上洞穴中的石器，或者岩洞壁上的绘画，这些都只是我们所谓的文化中的一小部分。说到蜂状的有机体时，就会提及“标本”或者“样本”。一本列举许多已消失语言词汇的辞海，或者一本解释某种无人使用的语言的句子结构的文法书，它们所解释、蕴含的语言有机体远比原始动物的DNA还要少。纵使DNA完整地排序并且经过分析，所透露出的消息远不及鸟类歌声所传达出来的多。

桥之都的英国学者大卫·汉德烈（David Hindley）尝试借用电脑技术模拟已绝种鸟类的叫声[1]，例如新西兰镰嘴垂耳鸦的声音，这种鸟类至少还有目击者所留下的微弱模拟声音。然而，标本无法唤醒生命力。渡渡鸟的声音是参考它幸存亲戚的叫声而仿造出来的，不可避免地，它们也被拿来和另一种仍存活的样本做比较。“复制”声音是错误的措辞，因为声音是无法替代的。由于几百年来没有人听过它的声音，因此电脑也无法模拟。

德国艺术家沃夫冈·穆勒（Wolfgang Müller）尝试用人声重建灭绝已久的鸟类叫声。歌唱者必须试着让自己进入鸟类的角色，不受外在影响，想象鸟的声音，进而模拟出其叫声。我很仔细地听了他的鸟音专辑 *Séance Vocibus Avium*，也试着思考这种重建鸟叫声的方式是否可行。专辑里有新西兰鹌鹑的叫声、昆虫的低鸣声、赤白秧鸡的咕噜声和大海雀最后的呐喊声。我心想，鸡、鸽子、白头翁，或者任何一种今日人类随处可听到的鸟类声音，是否已经潜入了艺术家的潜意识，或者因此进入了被唤起的幻想声音中。尽管如此，每种声音中都有一个低沉的声音：这些声音听起来都很悲伤，但这也许只是我的幻想罢了。

原本我期望专辑中歌唱者模仿绿头辉椋鸟的声音听起来会是绿头辉椋鸟真正的声音，然而实际上

红白田鸡
秧鸡科南美田鸡属的鸟类。栖息于低山丘陵和林缘地带的水稻田、溪流、沼泽、草地、苇塘及其附近草丛与灌丛中，有时也出现在林中草地和河流两岸的沼泽及草地上。

听起来却完全不一样。这就像是我们听到一种鸟类的声音，并且将之字译，声音其实由我们自身的母语左右。对于双母语的人来说，同一种鸟的声音听起来一定会有区别，这全都是取决于“用哪种语言去聆听与转译”[2]。诺福克语是英语和大溪地语的混合语，如今使用的人非常少，因此我再也无法听到用诺福克语转译的鸟叫声，学习这种语言的人应该也听不到了。

人类文字中那诉说着消逝动物声响的图像，有时候甚至会被反射回来。人类、语言和鸟叫声的自然历史中，领唱者和模仿者轮番替换着上演，并且述说着不可挽回的悲剧。德国博物学家洪堡（Alexander von Humboldt）在今日哥伦比亚和委内瑞拉边界的某个地方记录说：“有个传说是这样说的：受食人族加勒比人之排挤，勇敢的阿图列斯人来到瀑布旁的礁岩下。在这个悲伤之地，被排挤的族人和他们的语言在那里逐渐绝迹。没错，其中一个成员较晚才死去，因为在马普列斯（Mappures）还住着一只老鹦鹉（一个不寻常的事实）。当地的原住民说，没有人听得懂它说什么，因为它说的是阿图列斯族的语言。”[3]

后来，洪堡曾经一两次在信中顺带提及这只鸟的轶事。[4]过了一阵子，这件轶事激发了小说家[5]、诗人[6,7]和自然科学家[8]的灵感。

故事也被翻译成其他的语言。据称，凯尔特岛上的曼岛语，最后也只有一只鹦鹉在使用。[9]康瓦尔语（Cornish）也有这样的传说[10]，诗人艾夫兰·贡塔（Avram Gontar）因为看到意第绪语逐渐没落，因而设法让一只非洲鹦鹉学习语言，并且让它子孙连绵不绝[11]。巴西人马力欧·德安达德（Mário de Andrade）的现代神话小说《丛林怪兽》（*Macunaima*）[12]也描述了一只鹦鹉，它是最后使用书中人物所使用的已灭种语言的物种。

几年前，一名美国艺术家在伦敦蛇纹石画廊展列了两只鹦鹉，她根据洪堡留存下来的笔记，教会了鹦鹉说马普列斯语中的几个词汇，讽刺的是，其中刚好就有“马普列斯”。鹦鹉同时也模仿了毁灭阿图列斯族[14]的另一个族的语言中的几个词汇。很显然，这个错误一定程度上是由洪堡的德语翻译成世界通用的英语而造成的。

就如同我们模仿鸟类的叫声一样，通过鹦鹉的声音，我们也很难重拾人类的语言。每一个尝试的结果都令人失望，然而，留住眼下已经遗失的事物也无比重要。

昆虫缤纷世界的多样性画面，最终还能在过热的全球化大熔炉中找到吗？哪些碎片最后还能从平坦、一成不变的水泥地、草地中崛起呢？什么会是最后一个陌生而特殊的，而我们仍然能透过全球化都市中的水泥墙听到的声音呢？

抵抗潮流

有些人仍然在仔细聆听，他们的双眼不疲惫，他们的日常工作就是在保护岛屿土地、维护地球细胞与非细胞的丰富性。自然保护运动兴起以来，他们就不停地尝试使岛屿重新恢复成岛屿，并且保存岛屿的冒险性，保护岛屿上所有的特殊事物。例如，洪堡的轶事中，那在悬崖上、在波涛汹涌的礁岩上坚守，或者在深谷边缘垂死挣扎的阿图列斯族人。自然保护是一场对抗冷漠与残酷的长期斗争。这是一场对抗强大势力的抗争。而且，抗争远未结束。

人类甚至试图在熵的洪流中逆游而上，适当地建造堤防阻止洪流，殚心竭力地重建被破坏的生态系统。为此，人们还必须聆听大自然的信息，跟随鸟类指引的方向，从树木中寻找答案。

这些努力也有了成果。这几年来，苍鹭再次回到了我的绿野山谷，也经常能在山脚之都的市中心看见它们的踪影。我甚至还看到，曾经灭种的鹳现在又在一些屋檐下筑巢，并且在谷地上方自由翱翔，那优雅的姿态就像是飞翔于中央谷地的红头美洲鹫、大索尔海岸的神鹫，或者飞越巴西巴伊亚州海岸的秃鹫。差一点就遭灭种的游隼仍然徘徊在鹿之谷的边缘，同时也在其

大索尔海岸上飞翔的神鹫
大索尔为美国加州的中部海岸，大海与陆地在这里壮观地交汇。海獭、海狮、美洲狮、草原狼等哺乳动物在这里演绎生物世界的精彩剧目，沿着海岸线，有时也能看到北美大陆最大的鸟类——加州神鹫翱翔长空的英姿。

他许多谷地四周生育孵蛋。当我还是森林系的学生时种下的红叶树应该有助于使单调乏味的云杉林转变、扩大成为“真正的”森林，并且在几十年过后，使坡地再度恢复“真实”且“原始”的样貌。

同样，有些计划的的目标是类似的：尝试帮助那些濒临绝种，但是在别处以某种方式存活下来的物种，重新在原有的栖息地定居。这就像是诺亚的后代在理查德·亨利的浪涛中，迎着风浪把动物带上船只，世界因此不至于更灰暗、单调、乏味。这样的情况有时候也会发生在人口密集的居住区。旧金山市中心因此出现了原本在此地灭绝的旧金山熊果树，它们被种植在同样濒临绝种的本土种普雷西迪奥熊果树旁。同样地，洛杉矶本土种豆娘也再次栖息于城里的公园。[15] 它们是希望的象征，也是逆流而上的先锋。

一个要使绝种生物重新本土化的生态系统，一直以来有个固定的模式：通常是野生动物被大量狩猎导致灭种，接着为了延续狩猎活动又重新引进。分布于苏格兰的西方松鸡就是因此而在 19 世纪绝种，然后被来自瑞典的松鸡取代。[16] 20 世纪时，山羊因为被当作猎物，在阿尔卑斯山某些地区再次本土化。[17] 岩羚羊 [18] 和旱獭 [19] 则被野放到德国黑森林。究竟这些地方以前有没有这些动物，至今仍有争议。虽然这些试验与新西兰及澳大利亚引进新猎物没什么两样，但是至少在某些方面，它们为更复杂、目标更高、要求更多的试验提供了有用的范本。同一时期，加州神鹫、巴西的金狮狨 [20]、摩洛哥的苍羚 [21]、突尼斯的弯角剑羚 [22] 以及其他许许多多的动物，也重新回到故乡定居 [23]。

西方松鸡

属鸡形目雉科松鸡属，是松鸡科最大的成员。不会迁徙，在欧洲北部及亚洲中西部的针叶林繁殖，喜取食松树嫩芽。有多个亚种，苏格兰种 19 世纪时灭绝。

几年前，我有幸看见一度绝种的加州神鹫在海洋折射的一抹微弱光芒下，飞越海岸边的小山丘，仿佛从未消失过。

“物种灭绝时，也许会在生态体系中留下缺口。若是缺口无法填补，就可能对其他物种造成伤害。野生的树种和食用果实的蝙蝠或鹦鹉之间关系紧密。蝙蝠或鹦鹉散播树的果实，而它们也仰赖树提供营养来源。”[25] 鸟类学家卡尔·琼斯写道，

左图 苍羚

羚羊亚科下的一种。生活于非洲撒哈拉沙漠内，旱季时会迁往南方找寻食物，雨季时则回到北方境内。偷猎及栖地的破坏使它们的数目大幅减少，牧群数目也变得狭小。

右图 旱獭

是松鼠科中体型最大的一种，常称为土拨鼠，含6个亚种。大型啮齿动物，在外形和生活方式上都与鼠类相似。栖息于草原、低山丘陵区，是陆生和穴居的草食性动物。

并且建议将鹦鹉从毛里求斯岛引进到留尼旺岛、罗德里格斯岛或者塞舌尔群岛，好让它填补岛屿鹦鹉灭绝的缺口。或者为了使毛里求斯岛上蓝灰色的毛里求斯灰鹦鹉不被取代，从澳大利亚引进巨大的辉凤头鹦鹉。[26]

虽然已灭绝的毛里求斯灰鹦鹉没有机会再被取代，但是在它缺席的这段期间，辉凤头鹦鹉多少能够成为它的替代品，进而稳定生态结构，就像是一件新穿上的防护衣，能够保护废墟免于最终的崩解。事实上，许多巨龟再次定居于塞舌尔许多小岛和马斯克林群岛上。纵使新定居于此的巨龟不属于当地原生种，纵使它们全都是同一属种，并且因此使岛屿生态单一化，然而，它们与已消失的原生种关联度高，因此仍然能够有助于重建岛屿生态系统。它们可以帮失落的大自然环境重新创造翻版，在新环境中也许尚能够保护那些在灭绝边缘挣扎的物种存活下来。此外，这也是在尝试恢复那些或许曾经围绕着人类，也或许是人类发展的根基，存在于遗失世界中的元素。

黑脉金斑蝶

也叫帝王斑蝶。分布于北美洲、南美洲及西南太平洋。是地球上唯一的迁徙性蝴蝶。分布于北美洲东部的黑脉金斑蝶每年八月直至初霜时节一直向南迁徙，飞抵墨西哥，并在那里越冬直至来年春天。

有时候，一个偶然可能造就一个星宿，引进的生物在那里能够帮助生态系统，保护正在崩解的瓦墙，借此让人类尚且能够想象从前的完整样貌。科摩多岛上的侏儒象绝种了，也许是因为被赶尽杀绝，但是科摩多龙，岛上特有的“龙”，因为人类引进的鹿能够作为它的替代猎物，因此而存活下来。[27] 在加州，从前从太平洋引进的外来种尤加利树，为帝王斑蝶提供了栖息地，直到又有与它从前居住地相似的原始树林或森林边缘地带再度出现。粉鸽在毛里求斯岛的南部，一座种满日本柳杉的树林中幸存了下来。[28] 大西洋的圣米格尔岛上，极度濒危的本土种圣米格尔红腹灰雀——它是红腹灰雀的亲戚——几十年前曾被以为已经绝种，如今同样也幸存于日本柳杉林中。[29] 这些是少数的例子，常规之外的例外，但却帮助我们更加勇敢而不感到疲惫，并且激起更多新兴、伟大的冒险。

借由引进物种恢复生态系统也激发了一些疯狂的点子。不久前，北美洲提出了一项野放大象的纸上实验构想。[30] 同时，科学研究报告中也出现

红腹灰雀（中心图）和圣米格尔红腹灰雀（右上图）
红腹灰雀是燕雀科灰雀属的鸟类，主要栖息在终年常青的树林和灌木丛中，叫声委婉动听。圣米格尔红腹灰雀只限于北大西洋圣米格尔岛内狭小的区域，是雀形目中最为受威胁的物种，也是欧洲第二稀有的鸟类。其数量自 20 世纪 20 年代就开始衰减，原因是失去森林栖息地、入侵物种等。

将双峰骆驼、普氏野马或者非洲豹引进美洲平原的论点。[31] 此构想让人联想到 1910 年提出为了肉品的增产，而将非洲大型动物引进美国的计划。河马被带到南部沼泽地，骆驼被带往西部沙漠，而非洲野牛取代了近乎绝种的美洲野牛。[32] 薮羚和苇羚取代了几乎消失匿迹的叉角羚成为猎物。这项计划不久之后就取消了。[33] 在未来某个时候，也许这些构想的替代方案真的能够重建出更新世世界模糊的倒影，或许能够带回一些原始世界的样貌。然而，从什么时候开始，恢复消失的景象，变成了按照范本重新绘制？接下来的数十万年，我们必须任由进化逐渐步入尾声，任由进化自行找寻出口，任由大自然尽情享受自己的创造力与幻想力。如此一来，在某个时候，真实的巨型生物本土种才会再次定居在美洲的辽阔平原。尽管如此，长毛象却从未回来过。“纵使原始的物质表面已经遭到破坏，艺术品的美与其内在蕴含的精神或许能够重新建构。消失的旋律也许在某个时候，能够再次启发某个作曲家。然而，若是生物族群的最后一个代表停止了呼吸，那么必须有一片新的天空和土地出现并且超越前一个，才能再次出现生物。”鸟类学家威廉·毕比（William Beebe）写道。[34]

甚至有学者提出大胆、充满冒险的点子，试图使早已灭种许久的生物再次复活。达尔文让不同种类的家鸽杂交，孕育出一只长相有如原生种的小鸟。动物学家汉兹（Heinz Heck）与路兹·海克（Lutz Heck）兄弟同样也不断地让家畜混种交配[35]，直到培育出的动物看起来与新石器时代艺术家所绘的动物图案相似。然而，一只长相古朴的牛，依然不是欧洲野牛，而只是普通黄牛。确切来说，它也不能被称为再造欧洲野牛，而是应该叫作海克牛*。海克兄弟所培育出的马，同样也不是真的欧洲野马，当然也不是原始森林和原始大草原上的欧洲野马，它只不过是长相相似的“再造”家马。[36] 这个计划被称作为再造育种。直至今日，此项计划仍在进行中，并且有了一丝希望的曙光——按计划培育出的斑马似乎带有一些斑驴的遗传基因，此基因将能够使斑驴起死回生。[37]“新”斑驴能否帮助我们了解类似消失动物的叫声呢？“也许我们可以借着对塞舌尔岛欧斑鸠进行选种，

* 20 世纪 20 年代，两名德国动物园管理员汉兹和路兹·海克（Heinz and Lutz Heck）两兄弟，希望通过一个育种项目，利用驯养牛后代复活欧洲野牛。他们认为，只要一种牛的所有基因仍存在于现有牛的身体里，这种牛就没有“灭绝”。他们培育出的牛被称作“海克牛”（Heck cattle）或者“再造欧洲野牛”（Recreated Aurochs）。虽然它们给人留下深刻印象，但是这些新培育出来的牛并没有它们的祖先高大。

——译注

普氏野马

即亚洲野马，原分布于中国新疆准噶尔盆地北塔山及甘肃、内蒙古交界的马鬃山一带，1881 年由沙俄军官普热瓦尔斯基发现。在近一个世纪的时间里，普氏野马因人类的捕杀和对其栖息地的破坏而在野外消失。所幸的是，它在动物园和一些私人马厩里还保留着。

欧洲野马

一种已灭绝的野生马亚种。1876 年，最后一匹欧洲野马被一群贪婪之徒猎杀在乌克兰的原野上。

薮羚

又名树羚，是西非及中非一种细小至中等大小的羚羊。它们与南非薮羚一同被称为丛羚，但两者是分布在不同地方的不同物种。雄性具螺旋形长角。食草动物，生活在热带稀树草原和山地森林，独居，清晨和夜间觅食。本物种存在危险性，会藏在树丛中突然对人发动攻击。

苇羚

苇羚属羚羊的统称，栖息在非洲撒哈拉以南许多开阔地区和疏林中，独栖或成小群，以善于在悬崖峭壁上奔跑跳跃而闻名。

将它的表型保存下来。”一名鸟类学家建议。[38] 当然，灭绝的物种不会重生，机会之渺茫就有如达尔文饲养的“真正的”野生原鸽。然而，破损的生态样貌或许至少能够修复表面，重建一个仿制品吗？一个也许能够发展出与过去样貌类似，但却拥有自己独特样貌的仿制品吗？

现代分子生物学因此提出了怪异的点子。从保存于酒精的塔斯马尼亚老虎胚胎中取出 DNA 使其复活的计划，终告失败。从西伯利亚冰冻层的长毛象躯体中取得基因物质使之重生的计划，[39] 直到今日仍停留在理论阶段，虽然媒体关于类似项目的报道层出不穷[40]。难道这一切都只是我们这个世代的科学幻想吗？或者只不过显示出我们想要看见消失的生物样貌的渴望？

寻找不死鸟

非细胞生物又有什么样的状况？语言的衰亡被许多人认为是一项损失。优势语言的大幅扩散激起了反抗，并且使一些地方语言获得重视，[41] 甚至重拾生命。[42] 现今的杜布罗夫尼克（Dubrovnik）*，也就是从前的拉谷萨共和国记载了有关尝试保护濒危语言的一个旧例子。1472 年此城市的参议院宣告古拉谷萨语列入保护：*Prima pars est quod in consilio nostrorum rogatorum nullus arengans possit uti alia lingua quam ragusea*。[43] 然而，保护令却是用拉丁文撰写，而且也未曾见效。拉谷萨语终究遭到克罗埃西亚语排挤，15 或 16 世纪（我们不知道确切时间）就灭绝了。[44] 仅仅借助立法来保护语言，无法避免语言的灭亡。德国兼澳大利亚语言学家卡尔-乔治·冯·布兰登斯坦（Carl-Georg von Brandenstein）将语言比喻为一张色彩鲜艳的地毯，铺在最多人踩踏、最易受损的房间正中央，而角落和家具摆放的位置仍然可以辨认出地毯的花样。[45] 确实有许多成功的例子，让语言的灭亡及时刹车，或者甚至有原本衰弱的语言逐渐复兴的案例。这些案例发生在岛屿或地球上的其他角落，在那里通用语压倒、铲平了所有语言，

* 位于今克罗埃西亚南部。——译注

但仍然能够在频繁的来往交通之间踩下刹车，并且用其他的方式保护语言的生存空间，例如大不列颠岛上的凯尔特语族爱尔兰语、盖尔语和威尔士语。尼豪岛（Ni'ihau）人在日常生活中仍然使用夏威夷语，莱昂语[46]依然存活于伊比利亚半岛上的一些语言孤岛之中。

尽管如此，比较困难的是使一种已经真正“死亡”的语言复活。将一种被吞食的语言从凶手语言中抢救出来，就像是把小红帽和奶奶从大野狼的肚子里拉出来一样，然而，有些语言已经腐烂许久。至今只有少数几个成功的例子，或者只不过是创造出沉寂语言的一个仿造品罢了。如果已灭绝语言还有一些“活细胞”存在，或者它的某种语言亲戚仍然存活，或者它以某种特殊方式存在，那么就有可能复活，例如新希伯来语之所以重获生命，是因为某个因礼拜仪式而创造的语言。古老的凯尔特语族曼岛语在1974年最后一个母语者逝世后宣布灭绝，如今却以第二语言继续留存。[47]当还有少数人除了会说英文还会说曼岛语的时候，曾有过抢救曼岛语的尝试。类似的故事发生在与它相近的康瓦尔语身上。在少数一些人——其中有几个是康瓦尔族人——首次尝试复兴康瓦尔语的行动中，他们将康瓦尔语当作是英文之外的第二语言使用。

康瓦尔语的故事带给其他语言的保护者勇气，在未来进行伟大的语言复兴计划。要使死亡的语言复活相当困难，但只要投入足够的资源和勇气，并非不可能。欧隆族的后裔与伯克利加州大学的学者合作，试着唤回欧隆语的生命。[48]分布于加州北部和南部的卡塔巴（Catawba）族的最后一个语言使用者在1952年过世，今日因为他们古老的语言再度复活而声名大噪。[49]澳大利亚南部的卡乌纳族（Kaurna）的母语灭绝后，由于两名传教士花费许多心血写出的编年史，而重新得到了生命。[50]塔斯马尼亚原住民的后代，尝试着用仅存的岛屿古老语言，而重新组成一个“本土的”语言。[51]

巴西巴伊亚州的巴塔秀族（Pataxó Hã-Hã-Hãe）受到葡萄牙人的压迫，以至于他们的古老语言也无法留存下来，因此他们决定采用远亲部落的语言，至少还能说些当地的惯用语[52]——一种引进类似物种作为灭绝物种的

“替代品”的概念。

复活的语言或替代的引进语言，当然不再和它的祖先或前人相同，毕竟原始语言的环境已经消失了，语言发展所寄生的地方消失了。尽管如此，语言文化至少绘制出一幅充满回忆的图画。更重要的是，文化创造了未来发展的根基，为遗忘深谷带来第一块石头，一块可以生成新的独特岛屿的基石，一个能够开启新生命、逆流而上的出发点，只要我们同意。

我们小时候读的童话书中，另一个较亲切的乌龟岛故事版本是：鹧鸪为了逃跑，疑惑地拍动着被自己拔除羽毛的双翼，却突然腾空飞了起来——原来，羽毛又偷偷地长了出来。大自然总是充满惊喜，不断在变化，有时候甚至是神秘地发生改变。

逆流而上的漫步旅行持续地进行着，朝着冷冽石头上的一滴水滴、阳光下的一片雪花所开始的水流源头前进着。朝着诞生生态多样性样貌的地方前进，朝着湍急的水流逆向上坡前进。多样性就是这样重新建立的，如果我们允许的话，多样性不会继续干涸、泛滥、转向或者疏浚，不再尝试铲平山坡以及填平所有谷地。有时候，生物进化进展得出乎意料地快：加拉巴哥群岛的动物学家认为，目前有一种新的达尔文雀正在发展演化。[53] 如果我们让岛屿再度成为岛屿，那么“新的”“陌生的”物种也许能够继续发展下去，成为特有的岛屿物种？如果我们允许的话，如果生物演化的道路没有因为物种进口而改道，大自然也许会继续绘制属于自己的图画，流离失所、被驱逐到海岛的“新岛民”最终也将成为真正的原生种。根据一些动物学家的观点，自从动物移居到遍地都被兔子啃光的圣港岛，这里出现了穴兔的 *huxleyi* 亚种（*Oryctolagus cuniculus huxleyi*）。[54] 在美国东部，20 世纪 40 年代从西岸引进的家朱雀（house finch）展示了一种迁徙行为的新演变。[55] 牛背鹭自从 1865 年首次出现在塞舌尔群岛，逐渐演变成当地的亚种塞舌尔牛背鹭。[56, 57] 同样地，植物世界也有相同的演化过程，入侵物种逐渐演化成本土物种 [58]——如果我们允许的话。

当人类与向蜜鸳的共生关系断绝时，也许人类与动物之间会发展出新的文化基因（Meme）和新的记忆基质（Mneme）。一名在卡加里（Calgary）的动物园里照顾动物的工作人员告诉我，大猩猩把它们的小孩“租借”给兽医。为了得到美味的奖品，他们乐得把小孩交付给兽医。这样与人类之间的行为，在后续世代中是否会变成传统？绿野山谷的聪明乌鸦们，将果实放在道路上，然后跳到马路边，等待着以汽油为动力的核桃钳行驶而过，将果实碾碎打开。这当然不是细胞的进化，也不是核酸和蛋白质所造成的自然现象。

左图 家朱雀
属于雀形目燕雀科朱雀属。主要分布于北美地区、中美洲等地。

右图 牛背鹭
别名黄头鹭，是目前世界上唯一不以食鱼为主而以昆虫为主食的鹭类。与家畜，尤其是水牛形成了依附关系，常跟随在家畜后捕食被家畜所惊飞的昆虫，也常在牛背上歇息，因而得名。

白色和黑色的斑点

在夜班的飞机上，很难看见夜晚仍然称得上夜晚、没有一缕人造光线照射的地区。世界地图上再也没有白色斑点，再也没有纯洁无瑕的岛屿——难道我们还必须更仔细地观察吗？一个美好的故事不应该走向结局。当我们读到最后一页时，我们想知道："接下来"将发生什么事？在那之后又发生了什么事呢？然后呢？庆幸的是，当我们更仔细地探索时，所有故事中最精彩的——发现我们的世界和世界上的生物——还没走向结局。[59,60] 我们还能怀抱着发现新物种和新故事的希望。[61] 有时候，发现的是至今仍然难以解释的神秘巨型动物，如深海中的巨大章鱼或 1958 年被发现的银杏齿中喙鲸。[62,63] 然而，许多巨型动物的体型经过演化后变得越来越小。2004 年在坦桑尼亚发现一种直至当时仍无人知晓的猩猩 [64]，一年后在马达加斯加发现一种新种倭狐猴。这两种都不是巨型动物。在已经被研究彻底的加拉巴哥群岛，最近发现了新的美洲鬣蜥科品种，它特殊的粉红盔甲相当醒目。[65] 巨大的发现逐渐微型化，比如 2000 年前后，利用分子遗传学的技术发现的巨象新品种以及其他许多鲸鱼种类。[66] 透过显微镜和分子显微技术，我们延续着发现的历史。

例如，不久之前，加州红杉国家公园发现了一种不知名的惊奇生物：透明、金龟子形状的甲虫，它的内部器官就像是玻璃一样透明可见，特别是花俏的黄色肝脏，它是纺织工人，纺织机是它那比全身还大的嘴巴，它是迷你橘色萤光蜘蛛，也是没有眼睛的蠹虫 [67]。发现它之后，我们的世界更加鲜艳、更激动人心。哪些生物还在巨杉高耸的烟囱或者山坡底下的深洞中等着被发现？几年前在纽约摩天大楼国家公园中心发现了一种新动物 [68]——一种来源地不明的蜈蚣。当然，它是全球化、地区陌生化的动物世界中的一部分。然而，如果它经历了一段够长的时间没有杂交，没被其他陌生物种取代，也许这种蜈蚣会发展成为曼哈顿的一种独特的新岛屿种。

绿色山脚之城中，流经绿野山谷的小河里，最近发现了一种新动物。[69] 它的身体呈纯灰色或棕绿色，还有着黑色的细线条和纯白色的圆点。它用八只眼睛看世界。

物种新发现对于新故事来说是一件好事，对于一本书、报纸上的一则短笔记、短故事或者一篇科学研究报告都是件好事。只要我们愿意，我们在地球上所发现的故事中，一个新的句子、新的段落或者另一新篇章，都对尚未结束的冒险来说是好事。

甚至水泥世界中的任何一个黑暗动物世界都值得我们探索。因为每一个自然奇迹都能激发我们的想象力和创造力。我们仍然在不断地发掘不知名、我们也尚未能够描述的新生物。

对巨型动物的向往

探险家不停地踏上旅程，为的是探究某个已灭绝的动物是否可能还存在。杰弗逊总统原本希望梅里韦瑟·路易斯（Meriwether Lewis）和威廉·克拉克（William Clark）能够在西方远征中发现仍然存活的长毛象。[70]

“南美洲最南部发现有厚实皮肤的奇特四脚动物”，这是1898年一份美国报纸的头条。“它是古代地懒的幸存者。由于它只在晚上出没，而且很少外出，因此花了许多时间才捕捉到完整的样本。”[71] 无论这种动物现在是否存在，可以证实的是，它有着坚硬的皮肤。一年后，为了寻找这种动物，欧洲探险队踏上了美国和阿根廷。[72] 1902年，英国冒险家赫斯凯兹·匹里查德（Hesketh-Pritchard）开始寻找这种动物：磨齿兽。[73] 我们不断地在等待它们出现，同时也带着喜悦阅读着有关“大陆和岛屿地区第四纪晚期地獭的非同期灭绝”[74] 的研究报告。报告指出，也许在过去某段时间，仍然有个能让幸存的磨齿兽栖息生活的小岛。我们找到一些出版文物描述，巨獭和它们仍然存活的娇小亲戚长得非常相似，身上都有毛茸茸的皮肤，身形巨大、身披长毛、全身绿色地漫游在陆地。[75]

也是在1902年，美国报纸声称，一名德国研究人员在马达加斯加发现了一颗新鲜的恐鸟蛋，于是开始寻找恐鸟的踪影。研究人员应该是带着巨大的铁笼在寻找。令人惋惜的是，从报道可知，这些人发现蛋后的反应和辛巴达的水手一模一样：把蛋打破。[76] 直到今日，报刊仍旧喜欢有关寻找过去辉煌时代的报道，即使都没有成功过，也不能错失任何一丝机会。

错误的报道不断地出现：某个人看到古代巨兽，或者甚至抓到它，或者20世纪50年代马达加斯加岛上流传着有人看见巨马岛狸。[77] 在这些报道中也能读到，新墨西哥的一个火山口附近，有目击者看到了巨蟒[78]，或有人发现了活着的乳齿象[79]——那都是不祥之兆。。

科学家对新西兰的恐鸟有了了解之后，报纸上长达十年不断地出现据说发现恐鸟的报道[80]——也许恐鸟只是躲了起来？1863年两名登山客可能遇见了恐鸟——一只和人一样高大、有着“和马首一样长的头”的鸟。它静坐在那儿十分钟，任由他们观察，直到它自己离开。[81] 十年后，1873年，一篇报纸文章指出，据说一个牧羊人看见了它。恐鸟站在那里约十分钟，任由他们观察，一边防范着一旁烦人的牧羊狗骚扰，“受到干扰时，它会弯曲着脖子上上下下，就像是黑天鹅。根据描述，它比澳大利亚野火鸡的体型还要大非常多，而且双腿更加笔直。它的羽毛颜色是挑染着绿色的银灰色。”[82] 另一个案例是：“一只巨鸟身型优美、长脚长颈，有着对大鸟来说过小的头、锐利的双眼（非常大），两侧都有红色鬃毛的迷你鸟喙，头部中间有一小撮鬃毛。它大约是十二英尺高。它一定比预估的还矮小，因为它出现在一百步远的地方，我们必须向下看，而它也在我们脚边。”它静静地站在那儿盯着我们瞧，一副很惊讶的样子。[83] 这样的报道经常也透露了这些动物随后即被人类试图杀死。[84] 子弹之所以没有射中目标，是因为恐鸟从一开始就不存在。在缺乏肉身存在的情况下，它只留下稀有的脚印[85,86] 或其他痕迹和不清楚的暗示，每一个暗示都像是含糊的承诺。

即使没有了可信的目击者报告，即使没有可供实验室研究的样本，我们至少还能试着分析神话与故事，猜测恐鸟消失的时间点。如此一来，至少还存在一些希望。1844年自然探险家迪芬巴赫公开展示了一棵树，最后一只恐鸟应该是在这棵树的附近被射杀[87]——如果它真的是最后一只。又或者它只不过是躲了起来，我们多么希望真的是这样。当威灵顿的记者伊旺·莫克·雷威（Ivan Moltke Levy）——发自内心地开心胡诌——撰写一篇遇见恐鸟的故事，并且将之公诸于世时，媒体立即抓紧机会报道一支应该是去寻找恐鸟的探险队伍的相关消息。[88]然而，他们有没有带着铁制的大鸟笼，已经无法证实。

如果有新发现或再度发现的消息被证实是虚报时，当然很令人失望。对英国报纸和读者来说，当活捉到渡渡鸟的消息被证实为虚构之时，他们“感到极度失望”[89]。幸运的是，这些目击传说大多发生在灰色地带，没有证据也没有反证用来延续读者的紧张感，或者使冒险故事转变成事实。

1863年的一次目击事件带来了美丽的幻想——很显然，那一年是美好的恐鸟年。两名寻金者在森林深处看见一只被营火吸引而来的恐鸟，恐鸟盯着火焰数分钟之久，直到它又再度走入黑暗之中。[90]

反正只要有人在营火旁边一直谈论恐鸟，恐鸟就会出现，这也许就像是每个人一生中必定经历过一次的冒险，从虚构的过去或者未来走向光亮——但不是走向强烈刺眼的日光，而是宁可走向温暖闪烁的萤火光芒。

冒险的希望

人类对于巨兽的向往是永不停歇的。英国人约翰·尼可拉斯·布莱希弗德－史涅（John Nicholas Blashford-Snell）的试验就能够说明这一点：尼泊尔亚洲象的公象能够演化出特别高大拱状的头，就和剑齿象一样。[91]也许它们仍然在我们的地底下，只是我们没有发现？

如果没有长毛象、剑齿象、地懒、恐鸟、玛平瓦赫伊（一种古代的巨型地懒）从迷雾中现身，那么我们还是能够再度发现在过去千年中消失、某个微小不显眼的生物吗？寻找圣赫勒拿巨人蠼螋的故事反映出，不是只有巨型动物能吸引我们对神秘动物的兴趣。[92]过去数十年有许多探险队伍在搜寻它的踪影，但是却以失败收场。[93]

也许我们还能对于身处“很久不被观察研究”和“已经灭绝”之中间灰色地带的物种抱持希望。也许它们在某个时候会再度现身，并且让我们知道，还存在它们能够生存的岛屿。银鸽、巴氏鸡鸠、苏禄群岛的塔维鸡鸠、土阿莫土群岛的白领鸡鸠、里普利氏果鸠以及白胸鸡鸠显然在20世纪时灭种，然而它们是否完全灭种还不确定。吕宋鸡鸠的卡坦端内斯岛亚种（*Gallicolumba luzonica rubiventris*）只栖息于卡坦端内斯岛上，1971年它首次被发现，也是最后一次被发现[94]——因为它随即被射杀了。然而，1995年有传言指出，疑似有人再次看见它的踪影。这个传言有可能是真实的。我们总怀抱着某天能够再次发现某些物种的微弱希望。当一个或许多个岛屿在避免成为世界上随处可见的人工生态岛屿，避免岛上充满许多与其他物种都很相似的外来种，避免沉没于生物全球化的洪流中时，也许希望还存在。然而，首先必须要有一个人为鸽子捎来橄榄树枝。

近几十年来，新喀吸蜜鹦鹉[95]，一种非常漂亮的绿色鹦鹉，或者海蓝色的浅蓝绿金刚鹦鹉[96]再也没被发现，然而希望仍然存在。有着惊艳棕色斑点的爱斯基摩杓鹬，也许曾经是庞大族群的它们，或许会有少数幸存下来。又或者是红海燕[97]会幸存下来。经过证实，它只被发现过仅仅一次，而且是死后才被发现。也许某个冒险家会再发现它一次？也许对华丽、黑白相间、1987年最后一次被看见的象牙喙啄木鸟[98]来说，仍然有一丝的希望。又或者是帝啄木鸟，2005年有不甚详细的谣言传出它被看见。我在加州当地一家披萨店和一名陌生人聊天，一个似乎对鸟类无所不知的墨西哥人声称自己知道哪里还有帝啄木鸟。也许这只是一个在小餐馆述说的故事，或者也许并非完全是没有根据所捏造出来的？

发现一个长久以来以为已经死掉的生物，再度发现已经被遗忘的单词，这就像是在破损严重的画上发现另一个笔触；就像是在被遗忘的故事中，一个句子唤起了回忆。

左上图 银鸽
鸽鸠科鸽属的鸟类，分布于太平洋诸岛屿，于19世纪末至20世纪初在纳土纳海及印尼苏门答腊以西被发现。现在一般认为其已灭绝，但2008年有人在Masokut Island附近发现其野生种群。

右上图 白领鸡鸠
鸽鸠科鸡鸠属的鸟类。法属波利尼西亚土阿莫土群岛特有种。因栖息地丧失及猫、鼠入侵而濒临灭绝。

左下图 巴氏鸡鸠
鸽鸠科鸡鸠属的鸟类，胸前有红色斑块，菲律宾特有种。

右下图 浅蓝绿金刚鹦鹉
又名灰绿金刚鹦鹉，产于美洲热带地区，是颜色最丰富、体型最大的鹦鹉之一，尾极长。19世纪时，因为捕捉活动及生境被破坏，数量已极稀有。现时几乎可以肯定已绝种。

保护物种、保护岛屿、语言复兴，这些当然都非常辛苦，因为我们必须消耗非常多的能量，用以抵抗熵流。逆流而上、不和熵随波逐流都需要能量。然而，这会是一段迷人、伟大、不断涌出故事的冒险。我们必须体验谨慎地、用心地对待每天都要经历的冒险——就像是优秀的森林管理员保护、研究他的森林那般。那么，当我们从任何一个岛屿回到自己的家乡时，用我们自己语言描述的故事将永远不会走向结局。

我遇见了许多人——也许您也是其中之一——他们正在旅途当中，为了寻找我们星球上某个尚未变成灰色的一页，也许是植物和动物，也许是词汇和观念，他们期待着能够带着新故事回到自己的谷地、自己的岛屿，并且将故事传下去。

附言：青山中的峡谷在哪里？

据说黑森林山脉将会在未来的几个世纪中恢复生机，它的山脚下便是青山之谷。其间流淌的河流曾被凯尔特人叫做“特拉疾萨玛”（Tragisama）或是“特莱萨玛”（Traisama），意为湍急的河流，今天却已成为了一条较为宁静的小河德莱萨姆——当然，它在汛期也还是会“变得狂野”。在德莱萨姆山谷漫游的人们可以寻到的地点和风景，一如埃施巴赫山谷或伊本山谷，布亨巴赫或林登贝格，法尔肯施泰格或白陶。这些地名也都包含了这里远古时代便已存在的形态*。凯尔特城塔罗杜努姆的名字则可以解释为“公牛之山”，这一传统延续到了如今的地名察尔滕、基尔希察尔滕和欣特察尔滕中。

多雨的不列颠岛上，“公牛津渡旁的城市”本就位于公牛津渡附近，今天则被人们称为牛津。而“桥边的城市”便是历史悠久的剑桥；那里有许多座桥横跨剑河。

在加利福尼亚的金地（Goldland），曾经生长着灯心草的约洛伊，成了今天约洛县的行政中心。从山脉间发车、经过中央山谷和约洛县、直抵海岸的铁路线旁，是大学城戴维斯，这个“铁路边的城市”。从戴维斯登上火车，人们不久便可以到达湾区，即旧金山的海湾，和太平洋海岸——蓝色版块的边缘。版块的一面是金地，另一面便是黄色大洲——亚洲那带着黄河土色彩的海岸。它还连接着布满雨林的绿色大洲南美洲和充斥着红色荒漠的红色大洲大洋洲。

红树之国巴西的名字来源于葡萄牙语的“保-布拉希尔”**，意为红如炭火的巴西红木。在图皮语中，金叶树属（*Chrysophyllum glycyphloeum*）的黑色糖槭树（Zuckerbäume）叫做“布兰黑姆”***，一条岸边糖槭树曾经生长“过剩”的河流，至今仍然叫做里约布兰黑姆河。

---

* 除“德莱萨姆山谷”（Dreisamtal）、“埃施巴赫山谷”（Eschbachtal）和“伊本山谷”（Ibental）之外，“白陶”（Bärental）的德文名中也包含了“山谷”（Tal）一词。此外，“埃施巴赫山谷”和“布亨巴赫”（Buchenbach）的德文名中包含了“溪流”（Bach）一词，“林登贝格”（Lindenberg）的德文名中包含了“山脉”（Berg）一词，而“法尔肯施泰格”（Falkensteig）的德文名中包含了“山间小径”（Steig）一词。——译注

** 此处为葡萄牙语“巴西红木”（Pau brasil）的音译。——译注

*** 此处为图皮语“糖槭树”（Buranhém）的音译。——译注

参考文献

第 1 章　绿野山谷

1 Ryden K. C. 1993. Mapping the invisible Landscape. Univ. of Iowa Press
2 Hopkins G. M. 1973. The Windhover/ Der Turmfalke. In: ders., Gedichte. Philipp Reclam, Stuttgart
3 Oken L. 1815. Bemerkungen zu Kolbs historisch-statistisch-topographischem Lexicon von dem Großherzogthum Baden. Intelligenzblatt der Jenaischen Allgemeinen Literatur-Zeitung 19: 145–152
Ptolemaeus C. 1843. Claudii Ptolemaei Geographia. Hrsg. CFA Nobbe. Band 1, Leipzig
4 Dengler Röhrig E. et al. 1982. Waldbau auf ökologischer Grundlage. Ulmer, Stuttgart-Hohenheim
5 Egler F. E. 1977. The nature of vegetation: its management and mismanagement. Norfolk, Conn., Aton Forest
6 Spiecker H. (Hrsg.) 2008. Ressourcenknappheit und Klimaänderung – Herausforderungen für die Forstwissenschaft. Forstwissenschaftliche Tagung 24.–27.9.2008, Albert-Ludwigs-Univ.; Freiburg: FVA Baden-Württemberg
7 McLuhan M. 1962. The Gutenberg Galaxy: The making of typographic man. Univ. of Toronto Press, Toronto
8 Girardet H. 1992. The Gaia atlas of cities: new directions for sustainable urban living. Gaia Books, London
9 ebd.
10 Osterhammel J., Petersson N. P. 2005. Globalization: A Short History. Univ. Press, Princeton, N.J.
11 Nietzsche F. W. 1901 (Nachl.). Der Wille zur Macht: Versuch einer Umwerthung aller Werthe. Div. Ausgaben
12 Nietzsche F. W. 1881. Morgenröthe. Div. Ausgaben
13 Lagerlöff S. 1906. Die wunderbare Reise des kleinen Nils Holgersson mit den Wildgänsen. Nymphenburger Verlag, München
14 Poritzky J. E. 1998. Die Psychologie des Abenteurers. In: Imago mundi. Von der Liebe, vom Luxus und von anderen Leidenschaften. Georg Müller Verlag, München
15 Bergengrün W. 1956. Badekur des Herzens: Ein Reiseverführer. Nymphenburger Verlag, München

第 2 章　逆着暴风向上

1 Gebrüder Grimm. 1812. Aschenputtel. Div. Ausgaben
2 Lucius Apuleius (dt. Rode A.). 1958. Der Goldene Esel. Marixverlag, München
3 Karlinger F., Pogl J. (Hrsg.) 1983. Die rettenden Ameisen. In: dies., Märchen aus der Karibik. Eugen Diederichs Verlag, Köln
4 Frobenius L. (Hrsg.) 1921. Volksmärchen der Kabylen. Diederichs Verlag, Köln
5 Kellert S. 2005. Building for Life: Designing and Understanding the Human-Nature Connection, Island Press, Washington, DC
6 Robischon M. 2009. Totenkopfschwärmer: Von einem, der auszog das Fürchten zu lehren. Entomologische Zeitschrift 119 (2): 59–84, Ulmer, München
7 Otto K.-S., Nolting U., Bassler C. 2006. Evolutionsmanagement: Von der Natur lernen: Unternehmen entwickeln und langfristig steuern. Hanser Wirtschaft, München
8 Bonabeau E., Theraulaz G., Dorigo M. 1999. Swarm Intelligence: From Natural to Artificial Systems. Oxford Univ. Press
9 Krieger M. J. B., Billeter J.- B., Keller L. 2000. Ant-like task allocation and recruitment in cooperative robots. Nature 406(6799): 992–995
10 Wickler W. 2003. Ökologische Intelligenz: Spezielle kognitive Leistungen von Vögeln und Fischen. Max Planck Institut für Verhaltensphysiologie, Seewiesen
11 Hedges C.F. 1941. Calling Birds. The Murrelet 22 (3): 62–63
12 Mattheck C. 1993. Design in der Natur. Rombach Verlag, Freiburg
13 Hasel K. 1982. Studien über Wilhelm Pfeil. Aus dem Walde. Mitteilungen aus der Niedersächs. Landesforstverwaltung, Heft 36, Hannover
14 Krogh A. 1929. Progress of physiology. American Journal of Physiology 90: 243–251
15 Krebs H. A. 1975. The August Krogh principle: For many problems there is an animal on which it can be most conveniently studied. Journal of Experimental Zoology 194: 221–226
16 Reysenbach A.-L., Voytek M., Mancinelli R. 2001. Thermophiles: biodiversity, ecology, and Evolution. Kluwer Academic, New York
17 Chalfie M. Hrsg. 2006. Green fluorescent protein: properties, applications and protocols. Hoboken, NJ: Wiley-Interscience
18 Gould S .J., Subramani S. 1988. Firefly luciferase as a tool in molecular and cell biology. Analytical Biochemistry 175: 5–13
19 Otto K.-S., Nolting U., Bassler C. 2006. Evolutionsmanagement: Von der Natur lernen: Unternehmen entwickeln und langfristig steuern. Hanser Wirtschaft, München
20 Burger D. 2010. Lausen in den Kaffepausen. FAZ 5. Januar 2010, S.7
21 Emlen S. T. 1995. Can avian biology be useful to the social sciences? Journal of Avian Biology 26: 273–276
22 Bonabeau E., Dorigo M., Theraulaz G. 1999. Swarm Intelligence. a. a. O. S. 296
23 Zinkant K. 2009. Ameisen stehen nie im Stau. FAZ 14. Juli 2009
24 Escherich K., Judeich J.- F. 1914. Die Forstinsekten Mitteleuropas: Ein Lehr- und Handbuch. P. Parey, Singhofen

25 Thoreau H. D. 1854. Walden; or, Life in the Woods. Ticknor and Fields, Boston, MA
26 Huber P. 1810. Recherches sur les moeurs des Fourmis indigenes. Paris
27 Wilson E. O. 1975. Slavery in Ants. Scientific American 232: 32–36
28 Wasmann E. 1920. Die Gastpflege der Ameisen, ihre biologischen und philosophischen Probleme. (234. Beitrag zur Kenntnis der Myrmecophilen und Termitophilen), Borntraeger, Berlin
29 Morgenthaler E. 2000. Von der Ökonomie der Natur zur Ökologie. Erich Schmidt Verlag, Berlin
30 Hodgson G. M. 1995. Biological and Physical Metaphors in Economics. In: Maasen, Mendelsohn, Weingart. (Eds.). Biology as Society, Society as Biology: Metaphors. Dordrecht: Kluwer Academic, New York
31 Hölldobler B. , Wilson E. O. (2009). The superorganism: the beauty, elegance, and strangeness of insect societies. W. W. Norton, New York
32 Mirowski P. 1994. So what's an economic metaphor. In: Mirowski P. Ed. Natural Images in Economic Thought: Markets Read in Tooth and Claw. (Historical Perspectives on Modern Economics), Cambridge Univ. Press
33 Snyder G. (1974). Turtle Island. New Directions Publishing, New York [Übersetzung M.R.]
34 Lovelock J. 1979. Gaia. A new look at life on Earth. Oxford Univ. Press
35 Bennett D. 2004. Freeing nanodevices from the constraints of an ATP economy. The Scientist, Philadelphia, PA 18:1818, 26–27
36 Miller D.S., Horowitz S.B. 1986. Intracellular compartmentalization of adenosine triphosphate. Journal of Biological Chemistry 261: 13911–13915
37 Dawkins R. 1976. The Selfish Gene. Oxford Univ. Press
38 Frobenius L. Volksmärchen der Kabylen. A. a. O. S. 296
39 Bender A., Noack J., Schuster S. 2000. Grenzen einer Inselwelt: Nutzung endemischer Arten zwischen Overkill und Artenschutz. Freiburg: Kleine Schriftenreihe des F.I.P.S., Heft 5. Lévi-Strauss C. 1955
40 Lévi-Strauss C. 1955. Tristes tropiques. Union Générale d'Éditions, Paris
41 Kazantzakis N., Wildman C. 1996. Zorba the Greek. Simon&Schuster, New York [Übersetzung M.R.]
42 Seneca L.A. Epistulae morales ad Lucilium. Liber XVI
43 Genesis 1,4
44 Sanderson I. T. 1946. Animal Tales. An anthology of animal literature of all countries. Alfred A. Knopf, New York
45 Kellert S. 1993. The Biophilia Hypothesis. Edited with E. O. Wilson, Island Press
46 Marx K. 1844. Ökonomisch-philosophische Manuskripte. In: Marx K., Engels, F. Studienausgabe Band II: Politische Ökonomie. Frankfurt a.M.
47 ebd.
48 Johannes Paul II. Laborem Exercens 1981
49 Fromm E. 1979. Die Seele des Menschen: Ihre Fähigkeit zum Guten und zum Bösen. Deutsche Verlags-Anstalt, Stuttgart
50 ebd.
51 Wilson E. O. 1984. Biophilia: The Human Bond with other Species. Harvard Univ. Press
52 Sanderson I. T. 1946. Animal Tales. An anthology of animal literature of all countries. Alfred A. Knopf, New York

第 3 章　雾中的长毛象

1 Chesterton G.K. 1911. The ballad of the White Horse. John Lane Company, 1911 [Zitat Übersetzung M. R.]
2 Swarbrick O. 2010. Horse or hound? Veterinary Record 167: 588
3 Whitlock R. 1979. In search of lost gods: a guide to British folklore.
4 Pennick N. 1976. Ancient Hill-Figures of England. Occasional Paper No. 2, Institute of Geomantic Research, Bar Hill, Cambridge
5 Mills A. D. 2003. Oxford dictionary of British place names. Eintrag Fulbourn
6 ebd. Eintrag Ely
7 Lethbridge T.C. 1961. Ghost and Ghoul. Routledge and Kegan Paul, London
8 Lethbridge T.C. 1957. Gogmagog, The Buried Gods. Routledge and Kegan Paul, London
9 Pennick N. 1979. Wandlebury Mysteries. Secret of a Cambridgeshire Hillside. Cambridgeshire
Ancient Mysteries Group Occasional Paper (Albion Reprint) Albion 2, 1979
10 Gray A. 1996. The everlasting club, and other tales of Jesus College
11 von Scheffel J. V. 1880. Gaudeamus: Lieder aus dem Engeren und Weiteren.
12 ebd.
13 MacPhee R. D., Raholimavo E. M. 1988 Modified subfossil aye-aye incisors from southwestern Madagascar: species allocation and paleoecological significance. Folia Primatologica (Basel) 51: 126–142
14 Strong W.D. North American Indian Traditions suggesting a knowledge of the Mammoth. American Anthropologist, Vol. 36: 81–88
15 2000. Woolly rhino offers Ice Age clues. BBC News, October 5, 2000, 17:39 GMT 18:39 UK
16 Grew E. S. 1909. The romance of modern geology; describing in simple but exact language the making of the earth, with some account of prehistoric animal life.

17 Lankester E. R 1905. Extinct Animals. Archibald Constable & Co. Ltd., London

18 Grew E. S. 1909. The romance of modern geology – Chatwin B. In Patagonia – Gardner M. B. A Journey to the Earth's Interior: Have the Poles Really Been Discovered?

19 Coloane F. 1997. Feuerland. Union Verlag, Zürich

20 Johnson A. 1984. Voice Physiology and Ethnomusicology: Physiological and Acoustical Studies of the Swedish Herding Song. Yearbook for Traditional Music, 16: 42–66

21 Burton J. W. 1982. Figurative Language and the Definition of Experience: The Role of Ox-Songs in Atuot Social Theory. Anthropological Linguistics 24 (3) 263–279

22 Duveyrier H. 1864. Les Touaregs du nord. Challamel, Paris

23 de Smet K. 1999. Status of the Nile crocodile in the Sahara desert. Hydrobiologia 391: 81–86

24 Chopard L. 1928. Sur une gravure d'insecte de l'epoque magdalenienne. Compte Rendu Sommaire des Seances de la Societe de Biogeographie 5: 64–67

25 Begouen H. Comte 1929. Sur quelques objets nouvellement decouverts dans les grottes des Trois-Freres (Montesquieu-Avantes, Ariege). Bulletin de la Societe Prehistorique Francaise, (3): 188–196

26 Chauvet J. M., Deschamps E. B., Hillaire C. 1995. Grotte Chauvet. Altsteinzeitliche Höhlenkunst im Tal der Ardeche. Jan Thorbecke Verlag, Stuttgart

27 Snyder G. 1999. The Gary Snyder reader: prose, poetry, and translation, 1952–1998. CounterPoint Press, New York

28 Armstrong E. A. 1958. The folklore of birds: an enquiry into the origin & distribution of some magico-religious traditions.

29 Cosquer H. 1992. La grotte Cosquer: plongee dans la prehistoire. Solar, Paris

30 D'Errico F. 1994. Birds of Cosquer Cave: the Great Auk (Pinguinis impennis) and its significance during the Upper Paleolithic. Rock Art Research. 11: 45–57

31 McDonald JF. 1994. Identifying Great Auks and other birds in the Palaeolithic art of Western Europe: a reply to d'Errico. Antiquity 68: 39

32 Fuller E. 1999. The Great Auk. Abrams, New York

33 Cuppy W. 1941. How to become extinct. [Zitat Übersetzung M.R.]

34 Apstein C.H. 1905. Tierleben der Hochsee: Reisebegleiter für Seefahrer

35 Akerman K., Willing T. 2009. An ancient rock painting of a marsupial lion, Thylacoleo carnifex, from the Kimberley, Western Australia. Antiquity 83 (319) March 2009

36 Quirk S., Archer M., Schouten P. 1983. Prehistoric Animals of Australia. Australien Museum, Sydney

37 Fenner C. 1933. Bunyips and Billabongs. pps. 2–6. Angus and Robertson, Sydney

38 Dodds A. 2011. The Challicum Bunyip. In: Antipodes: Poetic Responses. Margaret Bradstock (Hrsg.), Verlag Phoenix Education

39 Massola A. 1971. The Aborigines of southeastern Australia as they were. Heinemann Australia, Melbourne

40 Guidon N., Delibrias G. 1986.Carbon-14 dates point to man in the Americas 32.000 years ago, Nature 321: 769–771

41 Lynch T. F. 1999. Cambridge History of the Native people of the Americas, South America, Band 3, Seite 194

42 Burmeister H. 1864. Beschreibung der Macrauchenia patachonica Owen (Opisthorhinus Falkoneri Brav. 1 . In: Abh. d. Naturf. Ges. Halle. 9. Bd., S. 73–112

43 Colbert, E. H. 1936. Was the extinct Giraffe (Sivatherium) known to the early Sumerians? American Anthropologist 38: 605–608

44 Leroi-Gourhan A. 1971. Prähistorische Kunst: Die Ursprünge der Kunst in Europa. Freiburg i. Breisgau

45 Smith D. 2004. Beyond the Cave. Lascaux and the Prehistory in Post-War French culture. French Studies 58: 219–232

46 Char R. 1958. La Paroi et la Prairie. The Hudson Review 11: 64–71

47 Leroi-Gourhan A. 1971. Prähistorische Kunst. A. a. O. S. 298

48 Hoernes M. 1925. Urgeschichte der bildenden Kunst in Europa von den Anfängen bis um 500 vor Christi. Schroll, Wien

49 Leroi-Gourhan A. Prähistorische Kunst. a.a.O.

50 Hallier U. W., Hallier B. Chr. 1992. Felsbilder der Zentral-Sahara. Franz Steiner Verlag, Stuttgart

51 Leroi-Gourhan A. Prähistorische Kunst. a.a.O.

52 Hallier U. W., Hallier B. Chr. 1992. Felsbilder der Zentral Sahara. a.a.O.

53 Almásy L. 1998. Schwimmer in der Wüste. dtv, München

54 Bulliet R.W. 1975. The Camel and the Wheel. Harvard Univ. Press, Cambridge, Mass.

55 Loskarn E., Loskarn D. 2010. Namibia. DuMont, Köln

56 Marsh G. P. 1862. Man and Nature. Havard Univ. Press, Cambridge, Mass.

57 McKnight TL. 1969. The camel in Australia. Melbourne Univ. Press 58 2008. UN vandals spray graffiti on Sahara's prehistoric art. The Times, January 31, 2008

59 Savino di Lernia 2009. Sahara, arte a rischio tra vandali e incuria. Il Riformista 19.4.09

60 Lévi-Strauss C. 1955. Tristes tropiques. Union Générale d'Éditions, Paris

61 Clottes J. 1997. Niaux. Die altsteinzeilichen Bilderhöhlen in der Ariege. Jan Thorbecke Verlag, Ostfildern

62 Beck J. C. 1972. The giant Beaver: A prehistoric Memory? Ethnohistory 19 (2): 109–122

63 Speck F. G. Mammoth or »Stiff-legged Bear«. American Anthropologist 37: 159–163
64 C. J. Caesar Commentarii de Bello Gallico 65 Montagu M. F. A. 1944: An Indian Tradition Relating to the Mastodon. American Anthropologist, New Series 46: 568–571
66 Eberhart G. M. 2002. Mysterious creatures: a guide to cryptozoology: Band 1
67 Kurten B. 1967. Pleistocene bears of North. America 2. Genus Arctodus, short-faced bears. Acta Zoologica Fennica, 117:1–60
68 Bergman S. 1927. Through Kamchatka by Dog-Sled and Skis. Seeley, Service & Co.
69 Leland C. G. 1893, Memoirs
70 Beck J. C. 1972. The giant Beaver: A prehistoric Memory? a. a. O. S. 298
71 Flacourt E. de. 1661. Histoire de la Grande Isle de Madagascar, Composée par le Sieur de Flacourt, Avec une Relation de ce qui s'est passé és années 1655, 1656 et 1657, non encor veuë par la première Impression. François Clouzier, Paris
72 Razafindramiandra M.N. 1988. Märchen aus Madagaskar. Diederichs, München
73 Sibree S. 1896. Madagascar before the conquest; the island, the country, and the people. T. F Unwin, London
74 Barber D. 2006. Sympathy for the Mapinguari. In: Wonder Cabinet. Northwestern Univ. Press
75 Lydekker R. 1903. Mostly mammals, zoological Essays
76 The Footprints of a Gigantic … Sloth! New York Times, February 16, 1994 [Übersetzung des Zitats M.R.]
77 Head J. J., Bloch J. I. et al. 2009. Giant boid snake from the Palaeocene neotropics reveals hotter past equatorial temperatures. Nature 457: 715–717
78 Bölsche W. Fabeltiere. Wahrheit und Sage um die Drachen. Verlag Sebastian Lux, Murnau
79 Mester H. 1976. Defensive Defakation in der Vogelwelt. Ornithol. Beobachter 73: 99–108
80 Geist O.W., Rainey F.G. 1936. Archaeological excavations at Kukulik, St. Lawrence Island, Alaska. Miscellaneous Publications of the University of Alaska, Vol II. Published by the Department of the Interior, Washington, D.C.
81 Conan Doyle, A. 1912. The lost world. Hodder & Stoughton, London
82 Römpler H., Rohland N., Lalueza-Fox C. et al. 2006. Nuclear Gene Indicates Coat-Color Polymorphism in Mammoths. Science, 7/2006
83 MacDonald J. Igloolik, Nunavut, pers. Auskunft
84 Paulhan J, Bajorek J, Trudel E. 2008. On poetry and politics
85 Aharoni I. 1938. On Some Animals Mentioned in the Bible. Osiris 5: 461–478
86 Bulliet R. W. 1975. The Camel and the Wheel. Harvard Univ. Press, Cambridge, Mass.
87 Thomas A. P. im Vorwort zu von Brandenstein C. G., Thomas A P. 1975. Taruru. Aboriginal Song Poetry from the Pilbara. Univ. of Hawaii Press, Honolulu
88 Nettle D., Romaine S. 2000. Vanishing Voices. The Extinction of the World's Languages. Oxford Univ. Press
89 Rementer J. Lenape Language Project, pers. Auskunft
90 ebd.
91 Fischer S. R. Auckland, pers. Auskunft
92 Crowell A. Arctic Studies Center, Smithsonian Institution, pers. Auskunft
93 Bolze H. 1868. Ueber die Entwicklung der Erde und des Lebens auf derselben nach den neuesten Forschungen. Die Natur (Halle) 17: 254–255
94 Lister A, Bahn P.G. 2007. Mammoths: Giants of the Ice Age. Univ. of California Press, Berkeley
95 Beddard F. E. 1905. Natural history in zoological gardens; being some account of vertebrated animals, with special reference to those usually to be seen in the Zoological society's gardens in London and similar institutions.
96 Stork L. 1977. Die Nashörner: Verbreitungs- und kulturgeschichtliche Materialien unter besonderer Berücksichtigung der afrikanischen Arten und des altägyptischen Kulturbereiches. Verlag Born, Hamburg
97 Bytinski-Salz H. 1965. Recent Findings of Hippopotamus in Israel. Israel Journal of Zoology 14: 38–48
98 Corbet G.B. 1978. The mammals of the Palaearctic Region: a taxonomic review
99 Mazza P. 1991. Interrelations between Pleistocene hippopotami of Europe and Africa, Bollettino della Societa Paleontologica Italiana 30: 153–186
100 Kolska Horwitz L., Tchernov E. 1990. Cultural and Environmental Implications of Hippopotamus Bone Remains in Archaeological Contexts in the Levant. Bulletin of the American Schools of Oriental Research 280: 67–76
101 Faure M. 1986. Les Hippopotamides du Pleistocene ancien d'Oubeidiyeh (Israel). In: Tchernov E. (ed.) Les mammiferes du pleistocene inferieur de la vallee du Jourdain a Oubeidiyeh,Paris. : 107–142.
102 Larrabee W. H. 1882. The Sirens of the Sea. Popular Science Monthly 20 (37): 621–628
103 Borges J. L. 2007. El libro de los seres imaginarios. Editorial Destino, Barcelona
104 Melville H. 1851. Moby Dick. Div. Ausgaben
105 Hobbes T. 1651. Leviathan or The Matter, Form and Power of a Common Wealth Ecclesiasticall and Civil. Div. Ausgaben
106 Roth J. 1980. Der Leviathan. Erzählungen. dtv, München
107 Hiob 40,15–24
108 Brinton J. 1972. Sailing to Damascus. Saudi Aramco World July/August 1972, S. 24–29
109 Brown J. P. 2001, Israel and Hellas, de Gruyter, Berlin

110 Barnhart R. K., Steinmetz S. 1988. The Barnhart dictionary of etymology. HarperCollins, New York
111 Nowak R. M. 1999. Walker's mammals of the world, Band 1, John Hopkins Univ., Baltimore
112 Graves R. 1960. Food for centaurs: stories, talks, critical studies, poems. Doubleday, New York
113 Aharoni I. 1938. On Some Animals Mentioned in the Bible. Osiris 5: 461–478
114 Epstein I. 1948. The Babylonian Talmud. Soncino Press, London
115 Reeves R.R., Tracey, S. 1980. Monodon monoceros. Mammalian Species 127: 1–7
116 Small D. B. 1995. Methods in the Mediterranean: historical and archaeological views.
117 Hofmann I. 1978. Welches Tier lieferte die biblischen Tachasch-Felle? Anthropos 73: 49–68
118 Mohr E. 1962. Ein Narwal in der Elbe bei Hamburg. Natur und Museum, 12: 231–234
119 Aguayo A. 1978. Smaller cetaceans in the Baltic Sea. Report of the International Whaling Commission 28: 131–146
120 Martin T., Martin A. R. 1990. The illustrated encyclopedia of whales and dolphins. Portland House
121 Hoath R. 2009. A Field Guide to the Mammals of Egypt. American Univ. in Cairo Press.
122 Bennett W.H.1908 Exodus
123 Deutscher G. 2010. Im Spiegel der Sprache. Warum die Welt in anderen Sprachen anders aussieht. C.H.Beck, München
124 Brooke M. 1990. The Manx shearwater. T&A.D. Poyser, London
125 ebd.
126 Gurney J H 1887. Notes on the Isles of Scilly and the Manx Shearwater (Puffinus Anglorum)
127 Brooke M. The Manx Shearwater. a.a.O. [Übersetzung Zitat M. R.]
128 Kiddle L B. 1952. The Spanish Language as a Medium of Cultural Diffusion in the Age of Discovery. American Speech 27: 241–256
129 ebd.
130 Dixon R. M. W. Searching for aboriginal languages: memoirs of a field worker
131 Giles E. 1889, Australia Twice Traversed 2 Bände, Macarthur Press, Sydney
132 Stone C. 1982. The Camel Bird of Arabia. Saudi Aramco World.March/April 1982, S. 10–11
133 Moore B. 2008. Speaking our language: the story of Australian English, Oxford Univ. Press, Melbourne
134 Coloane F. 1996. El guanaco blanco. Santiago, Chile. LOM Ediciones
135 Schütz A. J. 1994. The voices of Eden: a history of Hawaiian language studies. Univ. of Hawai'i Press, Honolulu, HI.
136 Pukui M. K., Elbert S. H. 1957. Hawaiian Dictionary. Univ. of Hawaii Press, Honolulu, HI.
137 Dupeyrat A. 1954. Savage Papua. A Missionary Among Cannibals E. P. Dutton & Company, New York
138 Webb C. H. 2004. Charles Harper Webb Greatest Hits. Pudding House Publications
139 Dunn R. 2006. How Butterflies Do Not Fly, Katydids Do Not Sing and Locusts Do Not Swarm. submitted to the American Entomologist.
140 Lomborg B. 2001. The Skeptical Environmentalist: Measuring the Real State of the World. Cambridge, UK: Cambridge Univ. Press
141 Krogh A. 1929. Progress of physiology. American Journal of Physiology 90: 243 Tyler, M.J. 1998. Australian Frogs: A Natural History. Cornell University Press, Ithaca, New York
142 Krebs H. A. 1975. Te August Krogh principle: For many problems there is an animal on which it can be most conveniently studied. a.a.O. S. 296
143 Montero M. 1997. In the Palm of Darkness. HarperCollins, New York
144 Dunn R. 2006. How Butterflies do not fly, katydids do not sing and locusts do not swarm. Submitted to American Entomologist.
145 Quammen D. 1996. The Song of the Dodo. Scribner, New York.
146 Snyder G. 1974. Energy is Eternal Delight. In: Snyder G. Turtle Island, New Directions Publishing, New York. [Übersetzung des Zitats M.R.]
147 Häuptling Seattle. 1979. »Wir werden sehen!« Die nachdenkenswerte Rede des Indianer-Häuptlings Seattle an den Präsidenten der USA vor 125 Jahren. Allgemeine Forstzeitschrift 34: 1183
148 Levi-Strauss C., Eribon D. 1988. De pres et de loin. O. Jacob, Paris

第 4 章　乌龟之岛

1 Burton R.F. 1885–1888. The Book of the thousand Nights and a Night, with Supplemental Nights. Kamashastra Society, Benares, 16. Bände
2 ebd. 10. Band
3 Grotzfeld H. Universität Münster, pers. Auskunft
4 Hourani G. F. 1963. Arab seafaring in the Indian Ocean in ancient and early medieval times. Khayats, Beirut
5 Toussaint A. 1977. History of Mauritius. Macmillan, London.
6 Brehm A. E. 1976. Brehms Neue Tierenzyklopadie, Bd. 9, Reptilien, Amphiobine. Herder Verlag, Freiburg
7 Roots C. 2006. Flightless Birds. Greenwood Guides to the animal world.
8 Wanless R.M. 2003. Can the Aldabra white throated rail Dryolimnas cuvieri aldabranus fly? Atoll Research Bulletin 508, issued by

the National Museum of Natural History, Smithsonian Institution, Washington

9 Stoddart R. D., Westoll T. S. 1979. The Terrestrial ecology of Aldabra: a Royal Society discussion. Royal Society (Great Britain)

10 Huxley C. R. 1979. The Tortoise and the Rail. Philosophical Transactions of the Royal Society of London. Series B, Biological Sciences 286 (1011): 225–230

11 Hambler C., Newing J.M., Hambler K. 1993. Population monitoring for the flightless rail Dryolimnas cuvieri aldabranus. Bird conservation international 3: 307–558

12 Brehm A. 1855. Reiseskizzen aus Nordost Afrika; Aharoni, I. 1938. On Some Animals Mentioned in the Bible. Osiris 5: 461–478; Psalmen 69, 30, Job 41, 5

13 Brunner H. 1967. Die poetische Insel. Inseln und Inselvorstellungen in der deutschen Literatur. Metzler, Stuttgart

14 Fenly L. 2006. First glimpse. In 2006, scientists discovered a whole new world of species. The San Diego Union-Tribune (CA). December 28, 2006

15 MacArthur R., Wilson E. O., 1967. The Theory of Island Biogeography. Princeton Univ. Press

16 Pöcher H. 2011. Kriege und Schlachten in Japan, die Geschichte schrieben: Von 1853 bis 1922. Lit Verlag, Münster

17 Baltrusch E. 1998. Sparta: Geschichte, Gesellschaft, Kultur

18 Lowell J. 1929. The Cradle of the Deep. Simon & Schuster New York

19 Roots C. Flightless Birds. a. a. O. S. 300

20 Lagrand O. Guide to the birds of Madagascar. Yale Univ. Press, New Haven& London

21 Gooders J. 1975. The great book of birds

22 Chatwin B. 1977. In Patagonia. Penguin Books, London

23 Mallarach J.-M. 2008. Protected landscapes and cultural and spiritual values. Kasparek Verlag, Heidelberg

24 Leguat, F., Oliver, P. 1891. The voyage of Francois Leguat of Bresse, to Rodriguez, Mauritius, Java, and the Cape of Good Hope. Transcribed from the first English edition; edited and annotated by Captain Pasfield Oliver, Hakluyt Society, London

25 Lyons M. C., Lyons U., Irwin R. 2008. The Arabian nights: tales of 1001 nights. Penguin Books, London

26 Pike N. 1873. Sub-tropical rambles in the land of aphanapteryx. Harper & Brothers edition

27 Martin R.M. 1839. Statistics of the colonies of the British empire: From the official records of the Colonial office W.H. Allen, London

28 Fox J.G. 1998. Biology and diseases of the ferret

29 Roots C. 2006. Flightless birds. a.a.O. S. 300

30 Schotte M. 1986. The last flightless bird of the Indian Ocean. Bird Watcher's Digest 8(6): 38–43

31 Unsworth I. 2007. Footprints in the sand at a timeless sanctuary.The Sunday Times, September 16, 2007

32 Martin R.M. 1839. Statistics of the colonies of the British empire. a.a.O. S. 301

33 Palkovacs E. P., Marschner C. et al. 2003. Are the native giant tortoises from the Seychelles really extinct? A genetic perspective based on mtDNA and microsatellite data. Molecular Ecology 12: 1403–1413 – Karanth, K.P., Palkovacs E., J. Gerlach et al. 2005. Native Seychelles tortoises or Aldabran imports? The importance of radiocarbon dating for ancient DNA studies. Amphibia-Reptilia 26: 116–121

34 Jones C. 1999. Listening for Echos and Searching for Ghosts. Parrot Conservation on Mauritius. PsittaScene 11 (3): 10–11

35 Ashmole N.P., Ashmole M. J. 1997. The Land Fauna of Ascension Island: New Data from Caves and Lava Flows, and a Reconstruction of the Prehistoric Ecosystem. Journal of Biogeography 24 (5): 549–589

36 Milberg P., Tyrberg T. 1993. Naive birds and noble savages – a review of man-caused prehistoric extinctions of island birds. Ecography 16(3): 229–250

37 Wetmore A, Kellogg, P.P. 1965. Water, prey, and game birds of North America. National Geographic Society (U.S.)

38 Raynal M, Barloy J-J, Dumont F. 2001. L'oiseau mysterieux de Gauguin. L'Oiseau Magazine 65 : 38–39

39 Reid B. 1974. Sightings and records of the Takahe (Notornis mantelli) prior to its »official Rediscovery« by Dr. G. B. Orbell in 1948. Notornis: 21: 277–295

40 Australis (Pseud.) 1913. Hunting Emus. Forest and Stream 80: 104–105

41 Jack Pollard 1967. Birds of paradox: birdlife in Australia and New Zealand. Lansdown, Melbourne

42 Tuijn P. 1969. Notes on the extinct pigeon from Mauritius, Alectroenas nitidissima (Scopoli 1786). Beaufortia 16: 163–170

43 Sinclair I, Lagrand O. 1998. Birds of the Indian Ocean Islands. Struick Publishers, Cape Town

44 Hutton, I. 1991. Birds of Lord Howe Island, past and present. Ian Hutton, Coffs Harbour, N.S.W.

45 ebd.

46 Tennyson, A. J. D. 2004. Records of the extinct Hawkins' rail (Diaphorapteryx hawkinsi) from Pitt Island, Chatham Islands. Notornis 51: 159–160

47 Neruda P. 1974. Muerte y persecucion de los gorriones. in: Neruda P. 1974. Defectos escogidos. Editorial Losada [Übersetzung des Zitats M.R.]

48 Dabringhaus S. 2009. Geschichte Chinas im 20. Jahrhundert. Oldenbourg WI Verlag

49 Semon R. 1909. Die mnemischen Empfindungen in ihren Beziehungen zu den Originalempfindungen. W. Engelmann, Leipzig
50 Bender A., Noack J., Schuster S. 2000. Grenzen einer Inselwelt. Freiburger Institut für Paläowissenschaftliche Studien. Verlag Wissenschaft & Öffentlichkeit, Freiburg i. Brsg.
51 Darwin C. 1846. Journal of researches into the natural history and geology of the countries visited during the voyage of H.M.S. Beagle round the world: under the command of Capt. Fitz Roy, R.N. Harper & Brothers
52 945. Nacht. In: Sir Richard Francis Burton. A Plain and Literal Translation of the Arabian Nights Entertainments, Vol. 9 of 10: The Book of the Thousand Nights and a Night.
53 Pitman R. L. 1993: Seebirdassociation with Marine Turtles in the Eastern Pacific Ocean. In: Colonial Waterbirds 16 (2): 194–201
54 Mazak, V. 1975. Notes on the black-maned lion of the Cape, Panthera leo melanochaita (Ch. H. Smith, 1842) and a revised list of the preserved specimens. North-Holland Pub. Co., Amsterdam
55 Mohr, E. 1967. Der Blaubock Hippotragus leucophaeus (Pallas, 1766). Eine Dokumentation Verlag Paul Parey, Singhofen
56 Barnaby, D. 1996. Quaggas and other zebras. Basset, Plymouth
57 Lewis J. P.2003. Swan Song. Poems of extinction. Creative Compagnie

第 5 章 在苍翠的街道上

1 Hoover M.B., Kyle D. E. 1990. Historic spots in California. Stanford Univ. Press
2 Niklitschek A. 1955. Vom Zimmergarten der Zukunft: neue Tatsachen und Probleme.
3 Steinbeck J. 1952. East of Eden. Div. Ausgaben
4 Polk D. B.1991. The Island of California: A History of the Myth. Spokane.
5 Gaul L. 1941. Japkes Insel – wie er dahin und weiterkam. Ellermann Verlag, Hamburg
6 Hawking S. 1988. A Brief History of Time. Bantam Books. New York – Ross J. R. 1986. Infinite syntax! Norwood, NJ – Nietschmann B. 1974. When the Turtle Collapses, the World Ends. Natural History, 83(6):34–43
7 Hicks et al. 2000. The literature of California, vol. 1, The creation: Turtle Island, Maidu
8 Kroeber T. K.1957. A Note on a California Theme. The Journal of American Folklore, 70 (275): 72–74
9 Humboldt A. von, Schäfer P. V. 1959. Die Wiederentdeckung der Neuen Welt: Erstmals zusammengestellt aus dem unvollendeten Reisebericht und den Reisetagebüchern.
10 Terrill C. 2007. Unnatural landscapes. Traching invasive species. Univ. of Arizona Press, Tucson
11 RandallJ.M., Marinelli J. 1996. Invasive Plants: Weeds of the Global Garden. Brooklyn Botanic Garden
12 Ryves T. B., Clement E. J., Foster, M. C. 1996. Alien grasses of the British Isles, with guidance on nomenclature by D. H. Kent and illustrations. Botanic Society
13 Marsh G. P. 1862.Man and Nature. a.a.O. S. 298
14 Löns H. 1930. Sämtliche Werke in acht Bänden. Band 2. Hesse und Becker, Leipzig
15 Kirsch S. 2005. Sämtliche Gedichte. DVA, München
16 Gary Snyder In: Turtle Island. a.a.O. S. 297
17 Longfellow H. W. 1855. The Song of Hiawatha
18 Gale R L. 2003. A Henry Wadsworth Longfellow Companion. Greenwood, Westport, CT
19 Holm L.G., Plucknett, D.L. et al. 1977. The World's Worst Weeds: Distribution and Biology. Univ. Press of Hawaii
20 Crosby A. L. 1972. The Columbian Exchange. Duke Univ. Press
21 Yamane L. 1998. The snake that lived in the Santa Cruz Mountains & other Ohlone stories.
22 Klapp E., Boberfeld W. O. von. 2006. Taschenbuch der Gräser. Ulmer, Stuttgart
23 Davies W. 1960. The grass crop: its development, use, and maintenance. Taylor & Francis, London
24 Steinbeck J. 1952. East of Eden.
25 Moore W. 1947. Greener than you think. Crown Publishers, New York
26 Grubbe P. Blut auf der Nelkeninsel. In: Die Zeit, 24. Januar 1969
27 Auzias D, Labourdette J.-P. 2008. Tahiti, Polynesie francaise. Petit Fute
28 Schnack F. 1942. Große Insel Madagaskar. Verlag Dietrich Reimer, Berlin
29 Darwin C. R. 1845. Journal of researches into the natural history and geology of the countries visited during the voyage of H.M.S. Beagle round the world. a. a. O. S. 302
30 ebd.
31 ebd.
32 Di Piero, W.S. 1995. Ice Plant in Bloom. In: Shadows burning Evanston, Ill. : Triquarterly Books/Northwestern Univ. Press
33 Marsh. G. P. 1864. Man and nature. a.a.O. S. 298
34 Johnson T. H. 1989. Unpublished ICBP profiles of Atlantic islands.
35 Taylor R, Smith I. 1997. The State of New Zealand's environment. The Ministry for the Environment
36 Wagner W.L., Herbst D.R., Sohmer S.H. 1990. Manual of the flowering Plants of Hawai'i. Volume I. Honolulu Univ. of Hawaii Press
37 Cronk Q. C. B., Fuller, J. L. Plant invaders: the threat to natural ecosystems. World Wide Fund for Nature

38 Castro S.A., Muñoz M., Jaksic F.M. 2007. Transit towards floristic homogenization on oceanic islands in the south-eastern Pacific: comparing pre-European and current floras. Journal of Biogeography (2007) 34: 213–222
39 Nabhan G. P. im Vorwort zu: Terrill C. 2008. Unnatural Landscapes: Tracking Invasive Species. Harvey Ass.
40 Wagenitz G. 2002. Über das Wort ansalben. Zeitschrift für Germanistische Linguistik 30 (2): 252–257
41 Seidel H. 1925. Vorstadtgeschichten 1890 bzw. 1900. Gesammelte Werke, Stuttgart und Berlin
42 Chabert A. 1907. La flore d'Aix-les-Bains. Bulletin de la Societe Botanique de France. Paris., 54: 91–96
43 ebd.

第 6 章　绿色的羽翼

1 Gobel G. 1877. Länger als ein Menschenleben in Missouri. C. Witter's Buchhandlung, St. Louis
2 Cooper S.F. 1850. Rural Hours. G.P. Putnam, New York
3 Audubon J. J. 1842. The Birds of America, Band 4 [Übersetzung des Zitats M.R.]
4 Baird, S. F. , Brewer, T. M., Ridgway. R. 1874. A history of North American birds. 3 vol. 4 to pp. xxviii, 596, vi; (4), 590, vi;(4), 560, xxviii. Little, Brown and Co, Boston
5 Bendire C. 1895. Life Histories of North American Birds. Government Printing Office, Washington
6 Shufeldt R.W. 1900. Chapters on the natural history of the United States. Natural Science Association of America, New York
7 Lantermann W. 1999. Papageienkunde. Georg Thieme Verlag, Stuttgart
8 Cokinos C. Hope is the thing with feathers: a personal chronicle of vanished birds. Warner Books, New York
9 Silverman F. 2009. In this Springtime battle, the parakeets appear to be winning. The New York Times, March 19, 2009.
10 Lever C. 1987 Naturalized Birds of the world. Longman Scientific & Technical; Harlow, Essex
11 ebd.
12 Franz D. 1999. Frei lebende Blaustirnamazonen im Schlosspark Biebrich. In: Der Falke, November 1999, S. 350–351
13 Hoppe D. 1999. Exoten im Park: Die Gelbscheitelamazonen von Stuttgart. In: Der Falke, Mai 1999 S.142–146
14 Brazil M. 2009. Field guide to the birds of East Asia: eastern China, Taiwan, Korea, Japan and eastern Russia. A&C Black
15 Colvee Nebot, J. 1999. First report of the Rose-ringed Parakeet (Psittacula krameri) in Venezuela and preliminary observations on its behavior. Ornitologia Neotropical 10: 115–117. 135
16 Pearson T.G. 1937. Adventures in bird protection. D. Appleton-Century Company, Incorporated [Übersetzung des Zitats M.R.]
17 Warren R.P. 1969. Audubon, a Vision. Random House, NY [Übers. des Zitats M. R.]
18 Wilson A., Brewer T. M. 1840. Wilson's American Ornithology, with Notes by Jardine; to which is added a Synopsis of American Birds, including those described by Bonaparte, Audubon, Nuttall and Richardson. Boston
19 ebd.
20 Wilson A. 1808. American Ornithology. Or: The Natural History of The Birds of The United States.
21 Wilson E. O. 1999. Diversity of Life. Havard Univ. Press
22 Warren L. S. (Hrsg.) 2003. American environmental history. Blackwell Pub., Malden, MA
23 Platt R. H. 1965. The great American forest. Prentice-Hall Englewood Cliffs, N.J.
24 Bonnicksen T.M. 2000. America's ancient forests: from the ice age to the age of discovery. John Wiley and Sons
25 Ribaut Jean. 1917. Discovereye of Terra Florida. In: English Historical Review XXXII (1917): 253–270.
26 Pelzer-Reith B. 2011. Tiger an Deck. Die unglaublichen Fahrten von Tieren und Pflanzen quer übers Meer. Mareverlag, Hamburg
27 Crane E. 1999. The World History of Beekeeping and Honey Hunting. Routledge, New York
28 Jefferson T. 1781. Notes on the State of Virginia.
29 Schoolcraft H.R. 1851. Personal Memoirs of a Residence of Thirty Years With the Indian Tribes On the American Frontiers: With Brief Notices of Passing Events, Facts, and Opinions, A.D. 1812 to A.D. 1842. Lippincott, Grambo and Co., Philadelphia
30 Glenmore J. Stands in Timber; Leman W. 1986. Cheyenne topical dictionary. Cheyenne Translation Project
31 Brinton, D. G., Anthony A. S. 1888. A Lenape-English dictionary. From an anonymous manuscript in the archives of the Moravian Church at Bethlehem Philadelphia: The Historical Society of Pennsylvania.
32 Longfellow H. W. Song of Hiawatha. a.a.O. S. 302
33 Bryant W.C, Naylor F. W., Bayley W.N. 1853. The poetical works of William Cullen Bryant. G. Routledege [Übersetzung des Zitats M.R.]
34 ebd.
35 Irving W. 1835. A Tour of the Prairies. Carey, Lea & Blanchard, Philadelphia [Übersetzung des Zitats M.R.]
36 St. John de Crevecoeur, J.H. 1801/1964. Voyage dans la Haute Pensylvanie et dans l'etat de New York (1801) Journey into northern Pennsylvania and the State of New York.

37 McKinley D. 1960. The Carolina Parakeet in pioneer Missouri. Wilson Bulletin 72: 274–287.

38 Hansen D. M., Olesen J. M., Jones C. G. 2002. Trees, birds and bees in Mauritius: exploitative competition between introduced honey bees and endemic nectarivorous birds? Journal of Biogeography 29(5/6): 721–734

39 Friese H. 1909. Die Bienenfauna von Neu-Guinea. Annales Musei Nationalis Hungarici.

40 Irving W. 1835. A Tour of the Prairies. a.a.O. S. 304

41 Bee-hunting and Bee-keeping, as Practised in America. The Penny Magazine of the Society for the Diffusion of Useful Knowledge 7 (1838).

42 Honey. The Genesee farmer 2: 362, November 17, 1832

43 Jefferson T. 1781. Notes on the State of Virginia, S. 97, 107

44 Irving W. 1835. A Tour of the Prairies. a.a.O. S. 304

45 Gebrüder Grimm. Die Bienenkönigin.

46 Melville H. 1851. Moby Dick.

47 Hasel K. 1985. Forstgeschichte. Ein Grundriss für Studium und Praxis, Pareys Studientexte, Nr. 48, Hamburg und Berlin

48 Reid M. 1852. The English family Robinson: the desert home; or, the adventures of a lost family in the wilderness.

49 1848. The Oak Openings; or, Thee Bee-Hunter. Burgess, Stringer, New York

50 Bakeless J. 1989. America as seen by its first explorers: the eyes of discovery. Dover Publications, Mineola

51 Cooper J.F. 1827.The prairie: a tale. American Publishers Corp. [Übersetzung des Zitats M.R.]

52 Irving W. 1835. A Tour of the Prairies. a.a.O. S. 304

53 Phelps M. 1831. Datenbank »North American Women's Letters and Diaries«.

54 1834. Letter from Texas. Brattleboro Messenger, November 4, 1834, Vol. XIII, Issue 12, S. 1

55 McKinley. 1960. The Carolina Parakeet in pioneer Missouri. a.a.O. S. 304

56 Irving W. 1835. A Tour of the Prairies. a.a.O. S. 304 [Übersetzung des Zitats M.R.]

57 Seidlinger E. 1955. Bee Housing Shortage. Gleanings in bee culture 83

58 Verdoorn G. 1998. Breeding success for Egyptian Vultures. Africa – Birds & Birding American Publishers Corp. 3:13.

59 Snyder N.F. R. 2004. Carolina Parakeet: Glimpses of a Vanished Bird. Princeton Univ. Press.

60 Herodot Historien (V. 114)

61 Roedelberger F.A., Groschoff V.I. 1972. Ernte im Garten Eden. Safari-Verlag, Berlin

62 Prange S., Nelson D. H. 2007. Use of Small-Volume Nest Boxes by Apis mellifera L. (European Honey Bees) in Alabama. Southeastern Naturalist, Vol. 6, No. 2, S. 370–375

63 Hoffman A. V. 1905. Chief Pamblo's Stories, as Related to A. V. Hoffman by Pamblo, Old Chief of the Yuba. The Californian and overland monthly 46: 507–12

64 Brown L. N., McGuire R. J. 1975. Field Ecology of the Exotic Mexican Red-Bellied Squirrel in Florida. Journal of Mammalogy, Vol. 56, No. 2 (May, 1975), S. 405–419

65 Frank W. J. 1948. Wood Duck Nesting Box Usage in Connecticut. Jour. Wildl. Mgmt., 12: 128–136.

66 McComb W.C., Noble R. E. 1982. Invertebrate Use of Natural Tree Cavities and Vertebrate Nest Boxes. American Midland Naturalist. 107(1): 163–172

67 Conner R.N., Rudolph D. C., Walters J. R. 2001. The red-cockaded wood-pecker: surviving in a fire-maintained ecosystem. Rexas Univ. Press

68 Lever C. 1987 Naturalized Birds of the world. Longman Scientific & Technical; Harlow, Essex.

69 Pers. Auskunft, Prof. Jeffrey Lockwood Universität, Wyoming

70 Snyder N.F.R. 2004. The Carolina Parakeet. a.a.O. S. 304

71 McKinley D. 1960. The California Parakeet in pionier Missouri. a.a.O. S. 304

72 Clark, A. H. 1905. The Lesser Antillean macaws. Auk 22: 266–273

73 Bennett G. 1860. Gatherings of a naturalist in Australia [Übersetzung des Zitats M.R.]

74 Campbell K. 2002 Broadcast Sunday 29 December 2002 with Robyn Williams

75 Crane E. 1999.The world history of beekeeping and honey hunting. a.a.O. S. 303

76 Pers. Auskunft, Mr. John McBain, Haywood Farm, West Australien

77 Brook, S. 1999 Our natives at risk as ferals go bush and bee hive badly. The Australian, July 16, 1999

78 Hogendoorn, K. Universität Adelaide, pers. Auskunft

79 Kenihan G. 1999. Back from the brink. The Advertiser (Adelaide, Australia), September 11, 1999

80 Olsen P. 2007. Glimpses of Paradise: The Quest for the Beautiful Parrakeet. National Library of Australia. Canberra ACT

81 Friese H. 1909. Die Bienenfauna von Neu-Guinea. Annales Musei Nationalis Hungarici 1909

82 von Brandenstein C. G., Thomas A. P. 1974. Taruru: Aboriginal song poetry from the Pilbara. Rigby Ltd., Adelaide

83 Benson S. 2001. Feral bees pose threat to wildlife. Daily Telegraph (Sydney, Australien), May 15, 2001

84 Australian Honeybee Industry Council Submission No. 56, p. 28, to the House of Representatives Standing Committee Inquiry into the Future Development of the Australian Honeybee Industry
85 Oldroyd B., persönliche Auskunft
86 Buller, W. L. 1873. A history of the birds of New Zealand. J. van Voorst, London
87 1873. Why native birds are dying out. Otago Daily Times, Issue 3240, 22 January 1873, S. 6
88 Guthrie-Smith H. 1921. Tutira. The Story of a New Zealand Sheep Station. Cambridge Press 2011
89 Greenwood D. 1993. Green Parrot Recovery Program. Executive Summary. Unpublished report, Australian Nature Conservation Agency
90 Yorkston H. 1995. Green Parrot. Progress report on Recovery Plan to Parks Advisory Committee. Unpublished report, Australian Nature Conservation Agency.
91 Culliney T. 1999. Extent of the Africanized Bee threat to Hawaii. Hi-BEE News. The Newsletter of the Hawai`i Beekeepers Association. 13 (1) 2
92 At last honey bees have been introduced here! The Polynesian, November 07, 1857, Issue 27, col C, S. 213
93 Bees. The Polynesian, August 21, 1858, Volume: XV, Issue 16, S. 2
94 Muir J. 1894. The Mountains of California. The Century Co., New York
95 Honey Bees in California. The San Antonio Ledger 3(50): 2; May 5, 1853
96 Muir J. 1894. The Mountains of California. a.a.O.
97 Honey Bees in California. a.a.O.
98 Muir J. 1894. The Mountains of California. a.a.O.
99 The Spread of Honey-bees. Daily Evening Bulletin (San Francisco, CA), August 03, 1857, Issue 100, col B
100 Pitkin H. 1985. Wintu dictionary. Univ. of California publications in linguistics, Band 95. Univ. of California Press, Berkeley, CA
101 Hansen D.M., Olesen J. M., Jones C. G. 2002. Trees, birds and bees in Mauritius: exploitative competition between introduced honey bees and endemic nectarivorous birds? Journal of Biogeography. 29(5/6): 721–734
102 Carl Jones, Mauritius, pers. Auskunft
103 Hahn C.W. 1834. Ornithologischer Atlas oder naturgetreuer Abbildungen und Beschreibungen der aussereuopäischen Vögel: I Papageien.
104 Schrenk W.J. 1986. Die Seychellen, ein Naturparadies vor dem Ausverkauf II. Natur und Museum 116(8): 342–356
105 Flakus G. 1993. Living with Killer Bees The Story of the Africanized Bee Invasion. Quick Trading Company. Oakland, CA
106 The savage bees. 1976. Deutsch: Die Mörderbienen greifen an, Regie: Bruce Geller, Drehbuch Guerdon Trueblood
107 Swezey S. L. 1986. Africanized honey bees arrive in Nicaragua. American Bee Journal 126:283–287
108 Swarm of ›Killer‹ bees found in Florida port. New York Times January 09, 1988.
109 Rogel V.G., Cesar-Dachary A., Sanchez-Vazquez A. 1991. The impact of the Africanized honey bee in north Belize. American Bee Journal 131:183–186.
110 Timiraos N. 2006. Bees on a plane are a real-life problem. The Wall Street Journal, August 17, 2006
111 Roubik D.W. 1980. Foraging Behavior of Competing Africanized Honeybees and Stingless Bees. Ecology 61: 836–845
112 Dierbach J.H. 1843. Die neuesten Entdeckungen in der Materia Medica: für praktische Aerzte geordnet, Band 2
113 Honigbienen Brasiliens. Bienen-Zeitung 18: 214–215
114 Prinz zu Wied, M. 1817. Reise nach Brasilien in den Jahren 1815 bis 1817.
115 BirdLife International 200, 2004.
116 Kyle T. 2007. Swan Song in Blue-throat Land. PsittaScene November 2007, S. 16–17
117 Yamashita C., Machado de Barros Y. 1997.The Blue-throated Macaw Ara glaucogularis: characterization of its distinctive habitats in savannahs of the Beni, Bolivia. Ararajuba 5(2):141–150
118 Snyder, N.F.R. Parrots: status survey and conservation action plan 2000–2004
119 Asturias M. A. 1981. Lo mejor de Miguel Angel Asturias: leyendas y poemas. Editorial Piedra Santa
120 An inside job. Reproductive biology of the Lear's Macaw. Photos by and Interview with Erica C. Pacifico de Assis. November 2010 PsittaScene S. 3–7 [Übersetzung des Zitats M.R]
121 ebd.
122 Nations J.D. 1999. The Maya tropical forest: people, parks, & ancient cities
123 Iñigo-Elias, E.E. 1996. Landscape ecology and conservation biology of the Scarlet Macaw (Ara macao) in Gran Peten region of Univ. of Florida, Gainesville, FL.
124 Juniper T. 2002. Spix's Macaw: The Race to Save the World's Rarest Bird, Fourth Estate, London
125 Roth P.G. 1990. Spix-Ara Cyanopsitta spixii: was wissen wir heute über diese seltenen Vogel? Bericht über ein 1985-1988 durchgeführtes Projekt. Papageien, 4: 86–88
126 Fahnders T. 2008. Seltener Zuchterfolg. Papageienfreunde freuen sich über Ara Frieda. FAZ 19. Dezember 2008
127 White T. Puerto Rican Parrot Recovery Program des US Fish and Wildlife Service; pers. Auskunft

128 Marais E. N. 1969. The Soul of the ape. New York, Atheneum
129 Dunn K. J. 1992 Exotic Asian bee detected in Torres Strait. Bee Briefs 9: 18–19
130 Boland P 2005. A Review of the National Sentinel Hive Program in Queensland, New South Wales, Victoria, Western Australia and the Northern Territory. – Biosecurity Australia, June 2005
131 ebd.
132 Williams S. 2007. Feral bees invade Australia. The Daily Telegraph, May 19, 2007
133 Strange J.P. 2001. »A severe stinging and much fatigue« –Frank Benton and his 1881 search for Apis dorsata. American Entomologist 47 (2): 112 – 116
134 Hingston A. B., McQuillan P. B.. 1999. Displacement of Tasmanian native megachilid bees by the recently introduced bumblebee Bombus terrestris. (Linnaeus, 1758) (Hymenoptera: Apidae). Australian Journal of Zoology 47(1): 59–65
135 Notes. Nature 12, 525–527
136 Macfarlane R.P. 1995. Distribution of bumblebees in New Zealand. New Zealand Entomology 18: 29–36
137 Cauchi S. 2003. The fight of the bumblebee. The Age (Melbourne, Australia), January 18, 2003
138 Hingston A.B, McQuillan P.B. 1999. Displacement of Tasmanian native megachilid bees by the recently introduced bumblebee Bombus terrestris. a. a. O. S. 306
139 Roseler F. 2001. Der Hummelgarten: Lebensraum und Biologie der Hummel. Triga Verlag, Gelnhausen
140 Goka K., Okabe K., Yoneda M., Niwa S. 2001. Bumblebee commercialization will cause worldwide migration of parasitic mites. Molecular Ecology 10: 2095–2099
141 Buttler D. 2006. Fight of the bumblebee. Import permit sought. Herald Sun (Melbourne, Australien), June 16, 2006
142 Roberts G. 2000. Bee plan a potential disaster. The Sydney Morning Herald, (Australia), January 4, 2000
143 The fight of the bumblebee. The Age (Melbourne, Australia), January 18, 2003

第 7 章 被迫出海与遣返

1 Watts J. 2007. »Noah's Ark« of 5,000 rare animals found floating off the coast of China. The Guardian
2 Watkins L. H. California's First Honey Bees. American Bee Journal, CVIII (Mai 1968), 190–191
3 Beattie H. 1954. Our southernmost Maoris: their habitat, nature notes, problems and perplexities, controversial and conversational, further place names, antiquity of man in New Zealand. Otago Daily Times
4 C. Plinii Secundi 1844. Historiae mundi libri XXXVII: Band 1
5 Gomes Eanes de Zurara: Cronica do descobrimento e conquista da Guine.
6 King C.M. 1990. The Handbook of New Zealand Mammals. Oxford Univ. Press
7 Watson J.S. 1961. Feral Rabbit Populations on Pacific Islands. Pacific Science 15: 591–93
8 1881. Rabbits in Australia. The Macon Telegraph and Messenger. 21. 7. 1818, Issue 9909, p. 2; Macon, Georgia [Übersetzung des Zitats M.R.]
9 Old Memories of Southland. Experiences as a shepherd. Southland Times, Issue 10249, September 4, 1889
10 Chisholm, A.H. 1922. The »lost« Paradise Parrot. Emu. 22: 4–17
11 Old Acquaintance 1887. The New Zealand rabbit and its prey. Lyttelton Times 12 Taylor, R.H. 1979. How the Macquarie Island Parakeet became extinct. N.ZJ.Ecol. 2: 42–45.
13 Norfolk Island. The Daguerreotype 3 (8): 337–345, February 10, 1849
14 Brown R. 1889 . Our earth and its story: a popular treatise on physical geography. Bd. 3
15 Whitaker J.O. 1996.National Audubon Society field guide to North American mammals. National Audubon Society.
16 Plummer D.B. 2001. In Pursuit of Coney.
17 Boersma P.D., Reichard S.H., Van Buren A.N. 2006. Invasive species in the Pacific Northwest.
18 Hopf A.L. 1975. Misplaced animals, and other living creatures.
19 Boersma P.D., Reichard S. H., Van Buren A.N. 2006. Invasive species in the Pacific Northwest.
20 Cook J. 1785. A voyage to the Pacific Ocean. H. Hughs for G. Nicol &T. Cadell, London
21 C. Plini Secundi. 1852. Naturalis Naturalis historias libri XXXVII.
22 The Voyage of Francois Leguat of Bresse to Rodriguez, Mauritius. a. a. O. S. 301
23 Verrill A.E. 1903. The Bermuda Islands: their scenery, climate, productions, physiography, natural history, and geology: with sketches of their early history and the changes due to man.
24 Percival E.H. 1884. Life of Sir David Wedderburn. Kegan Paul, Trench & Co. London
25 Dieffenbach E. 1844. Travels in New Zealand. Daily Southern Cross, Volume 51, April 6, 1844, S. 4
26 Lorch F.W. 1968. The trouble begins at eight: Mark Twain's lecture tours.
27 Delaborde .J, Loofs, H. 1978. Am Rande der Welt. Patagonien und Feuerland. Fischer Expedition 1962. Safri Verlag, Berlin
28 Colbert E.H. 1985. Wandering Lands and Animals.
29 Bory S, Lubinsky P, Risterucci A-M , Noyer J-L, Grisoni M, Duval M-F, Besse P. 2008. Patterns of introduction and diversification of Vanilla planifolia (Orchidaceae) in Ré-

union Island (Indian Ocean) Am. J. Bot. July 2008, 95: 805–815
30 Ly-Tio-Fane M. 1958. Mauritius and the Spice Trade, Band 1: The Odyssey of Pierre Poivre. Mauritius Archives Publication Fund 4, Port Louis.
31 Dean, W 1987. Brazil and the struggle for rubber: a study in environmental history. Cambridge Univ. Press, Cambridge
32 Young, A. M. 1994.The chocolate tree: a natural history of cacao. Smithsonian Institution Press, Washington
33 Flavius Josephus, Antiquitates Judaicae. 34 Gramiccia G. 1988. The life of Charles Ledger (1818-1905): alpacas and quinine. Macmillan
35 Osborne M.A. 1994. Nature, the exotic, and the science of French colonialism. Indiana Univ. Press
36 Bompas G.C. 1885. Life of Frank Buckland by his brother-in-law George C. Bompas. Smith, Elder, London
37 Kacirk, J. 1999. Forgotten English. Harper, New York
38 Burgess, G. H. O. 1968. The eccentric ark; the curious world of Frank Buckland. Horizon Press, New York
39 Hutching G. 1998. The natural world of New Zealand.
40 Donne T.E. 1924. The game animals of New Zealand: an account of their introduction, acclimatization, and development. J. Murray
41 Sidka Deer: Biology and Management of Native and Introduced Populations von Dale R. McCullough,Seiki Takatsuki
42 Gallas K. 1977. Die Mythologie der Insel Rhodos, Antike Welt 8 (1): 41-46
43 Martin T.G., Arcese, P. , Scheerder, N. 2011. Browsing down our natural heritage: Deer impacts on vegetation structure and songbird populations across an island archipelago. Biological Conservation 144: 459–469.
44 Flowerdew J. R., Ellwood S. A. 2001. Impact of woodland deer on small mammal ecology. Forestry 74: 277–287
45 Experimental evidence that deer browsing reduces habitat suitability for breeding Common Nightingales Luscinia megarhynchos by Chas A Holt, Robert J Fuller, Paul M. Dolman
46 Banks J. 1896. Journal of the Right Hon. Sir Joseph Banks during Captain Cook's first voyage in H.M.S. Endeavour in 1768-71 to Terra del Fuego, Otahite, New Zealand, Australia, the Dutch East Indies, etc. Macmillan
47 Campbell R. W. 1997. The birds of British Columbia. Canadian Wildlife Service
48 Ehrlich P. R., Hanski I. 2004. On the wings of checkerspots: a model system for population biology.
49 Chapman J. L., Reiss M. J. 1998. Ecology – Principles and applications. Cambridge Univ. Press
50 Shakespeare W. Heinrich IV.
51 Contreras P. 1981. Starlings: Birds of a feather. The New York Times, July 12, 1981, S. 24
52 Winterbottom J.M., Liversidge R. 1954. The European Starling in the South West Cape. Ostrich 25 (2): 89–96
53 Fergus C. 2008. The Wingless Crow Penn State Press
54 Olson S.L. 1986. An early account of some birds from Mauke, Cook Islands, and the origin of the »mysterious starling« Aplonis mavornata Buller. Notornis 33 (4): 197–208
55 Yadav P R Vanishing And Endangered Species
56 Percival E.H. 1884. Life of Sir David Wedderburn. a.a.O. S. 307
57 Kästner E. 1964: Ölberge, Weinberge. Fischer Verlag, Frankfurt
58 Colbert E.H. Wandering Lands and Animals. [Übersetzung des Zitats M.R.]
59 Cholmondeley T. 1854 Ultima Thule; or, Thoughts suggested by a residence in New Zealand. John Chapman, London
60 Twain M. 1895. Wayward Tourist. Melbourne Univ. Press
61 Roberts K. 1998. Rodrigues Island. Mauritius too hectic? Escape here. The Independent on Sunday, London, October 4, 1998
62 Coleberd F, Benton Smith M. 1972. Islands of the South Pacific.
63 Dormann G, Rossi G. A. 1993. Mauritius from the Air.
64 McMillon B., McMillon K. 1992. Best hikes with children: San Francisco's North Bay
65 Colbert E.H. Wandering Lands and Animals. a.a.O. S. 306 [Übersetzung M.R.]
66 Berry W. 1969. A Native Hill. The Hudson Review 21 (4): 601-634 [Übersetzung des Zitats M.R.]
67 Long J.L. 2003. Introduced mammals of the world: their history, distribution and Influence.
68 Brednich R.W. 1990. Die Spinne in der Yucca-Palme. Sagenhafte Geschichten von heute. C.H. Beck, München
69 Bredel F., Neuheisel P. 2011. Real-Markt Bexbach: Suche nach Spinne dauert an. Saarbrücker Zeitung, 10. Juli 2011
70 Nikolei, H.-H. 2009. Die gelbe Gefahr: Die asiatische Hornisse ist im Anflug. Badische Zeitung, 20. August 2009
71 Raupe frisst den Buchsbaum kahl. Badische Zeitung, 4. August 2008
72 Drescher A. 2009. Ein Krebs aus Nordamerika macht der Schweiz zu schaffen. Badische Zeitung, 5. September 2009
73 Jackson D.B., Fuller R.J., Campbell S.T. 2004. Long-term population changes among breeding shorebirds in the Outer Hebrides, Scotland, in relation to introduced hedgehogs (Erinaceus europaeus). Biological Conservation 117 (2): 151–166

74 Schönn S, Scherzinger W, Exo K-M, Ille R. 1991. Der Steinkauz. Die Neue Brehm-Bücherei, A. Ziemsen Verlag, Wittenberg

75 Williams, G. R., Harrison, M. 1972. The Laughing Owl Sceloglaux albifacies (Gray. 1844): A general survey of a near-extinct species. Notornis 19(1): 4–19

76 Forshaw J. M., Cooper W. T. 1981. Australian parrots. Lansdowne,Melbourne

77 Stresemann E. 1954. Ausgestorbene und aussterbende Vogelarten, vertreten im zoologischen Museum zu Berlin. Mitteilungen aus dem Zoologischen Museum in Berlin 30: 38–53

78 Christensen, G.- C. 1962. Use of the Clap Net for Capturing Indian Sand Grouse. The Journal of Wildlife Management. 26(4): 399–402.

79 del Hoyo J. 1997. Handbook of the Birds of the World: Sandgrouse to Cuckoos, Band 4 von: Handbook of the Birds of the World, Lynx Edicions

80 Berlepsch H. von. 1876. Der Karolinasittich im Freien. Gefiederte Welt 250, 5. Jhg. 1876. S. 250–251.

81 Berlepsch H. von. 1929. Der gesamte Vogelschutz. Seine Begründung und Ausführung auf wissenschaftlicher, natürlicher Grundlage. 12. Auflage. Neudamm: Neumann

82 Lillard R. G. 1973. The Nature Book in Action. The English Journal 62 (4): 537–548 [Übersetzung des Zitats M.R.]

83 Henry R. 1898. Moa Farmers. Otago Witness, Issue 2328, October 13, 1898, S. 46

84 ebd.

85 Henry R. 1897. The Fiord Country. Ashburton Guardian, 17, (4193):2, May 17, 1897

第 8 章 穿着精致毛衣的世界公民

1 Groombridge B, Georgina M. Mace G.M. 1993. 1994 IUCN red list of threatened animals. World Conservation Monitoring Centre

2 Steinbacher, J. 1959. Weitere Angaben über ausgestorbene, aussterbende und seltene Vögel im Senckenberg-Museum. Senckenbergiana Biologica 40 (1/2): 1–14.

3 Luther D. 1970. Die ausgestorbenen Vögel der Welt. Ziemsen Verlag, Wittenberg

4 Haffer J. 2007. Ornithology, evolution, and philosophy: the life and science of Ernst Mayr 1904 - 2005. Springer.

5 Olson, S. L. 1986. An early account of some birds from Mauke, Cook Islands, and the origin of the »Mysterious Starling« Aplonis mavornata Buller. Notornis 33 (4): 197–208.

6 Fuller E. 2001. Extinct birds. Comstock Pub. 7 Bertuch F. J. 1813. Bilderbuch für Kinder enthaltend eine angenehme Sammlung von Tieren, Pflanzen, Blumen, Früchten, Mineralien, Trachten und allerhand andern unterrichtenden Gegenständen aus dem Reiche der Natur, der Künste und Wissenschaften; alle nach Originalen gestochen und mit einem kurzen wissenschaftlichen, und des Verstandes-Kräften eines Kindes angemessenen Erklärung begleitet. edrich Justin). – Bd. 8. – Tafel 7

8 Penny Cyclopaedia of the Society for the Diffusion of Useful Knowledge, Society for the Diffusion of Useful Knowledge. Society for the Diffusion of Useful Knowledge. Band 7, C. Knight, 1837

9 Weimar, 1813. – (Bilderbuch für Kinder enthaltend eine angenehme Sammlung von Tieren, Pflanzen, Blumen, Fruchten, Mineralien, Trachten und allerhand andern unterrichtenden Gegenständen aus dem Reiche der Natur, der Künste und Wissenschaften; alle nach Originalen gestochen und mit einem kurzen wissenschaftlichen, und des Verstandes-Kräften eines Kindes angemessenen Erklärung begleitet. Bd. 8. – Tafel 7

10 Selby P.S., Crichton A. 1834. Pigeons. W.H. Lizars

11 Mayr E., Seidel A. 1968. Birds of the Southwest Pacific. New York [Übersetzung des Zitats M.R.]

12 Parker S. On the Thick-billed Ground Dove Gallicolumba salamonis (Ramsay). Bulletin of the British Ornithologists' Club: 87–89

13 Mayr E., 1945. Birds of the South-west Pacific. a.a.O.

14 Sweet J.M. 1970. The collection of Louis Dufresne (1752-1832). Annals of Science 26. No.1.

15 Bannerman D. A., Bannerman W. M. 1968. Birds of the Atlantic Islands: A history of the birds of Madeira, the Deserts, and the Porto Santo Islands. (Band 2) Oliver & Boyd

16 McAlpin L. 2001. The use of mirrors and artificial nest mounds to encourage breeding in Chilean Flamingos Phoenicopterus chilensis at Colchester Zoo. Flamingo Bulletin 18: 67–70

17 Audubon J. J. Birds of America.

18 Wilson E.S. 1934. Personal Recollections of the Passenger Pigeon. The Auk 51: 157–168

19 ebd.

20 ebd.

21 Wilson A. 1839. American ornithology. Otis, Broaders

22 Wilson E.S. 1934. Personal Recollections of the Passenger Pigeon. a.a.O. S. 309

23 Lons Das Quintar und seine Faune, Ostdeutsche Monatshefte

24 Lever C. 1987 Naturalized Birds of the world. Longman Scientific & Technical; Harlow, Essex

25 Phillips R.B, Snell H.L., Vargas H. 2003. Feral rock doves in the Galapagos Islands: biological and economic threats. Noticias de Galapagos 62: 8–13.

26 Smith P. W. 1987. The Eurasian Collared-Dove arrives in the Americas. American Birds 41:1371–1379

27 ebd.

28 Bonter D. N., B. Zuckerberg, J. L. Dickinson. 2010. Invasive birds in a novel landscape: habitat associations and effects on established species. Ecography 33: 494–502 – Romagosa C.M., McEneaney T. 1999. Eurasian Collared-Dove in North America and the Caribbean. North American Birds 53 (4): 348–353

29 Darwin C R. 1859. On the origin of species by means of natural selection, or the preservation of favoured races in the struggle for life. John Murray, London

30 Humphries C. 2008. Superdove: how the pigeon took Manhattan – and the world. Smithsonian Books

31 Ragionieri L., Mongini E., Baldaccini N.E., 1991. Problemi di conservazione in una popolazione di Colombo selvatico (Columba livia livia GMELIN) della Sardegna. Ricerche Biol. Selvaggina, 18: 35 - 45.

32 Haag-Wackernagel, D. 1998. Die Taube. Vom heiligen Vogel der Liebesgöttin zur Straßentaube. Schwabe Verlag, Basel

33 Johnston R. F., Siegel-Causey D., Johnson S. G. 1988. European populations of the rock dove Columba livia and genotypic extinction. American Midland Naturalist 120:1–10

34 Ragionieri L., Mongini E., Baldaccini N.E., 1991. Problemi di conservazione. a. a. O. S. 309

35 Darwin C. The Correspondence of Charles Darwin: Volume 6: 1856-1857

36 Frädrich H. 1972. Beitrag zur Avifauna der Seychellen und anderer Inseln des westlichen Indischen Ozeans. Sitzungsberichte der Gesellschaft Naturforschender Freunde zu Berlin 12: 132–145 – Schrenk W.J. 1986. Die Seychellen, ein Naturparadies vor dem Ausverkauf I. Natur und Museum 116(8): 225–235 – Schrenk W.J. 1986. Die Seychellen, ein Naturparadies vor dem Ausverkauf II. Natur und Museum 116(8) 342–356

37 Brooke R.K., Lloyd P. H., de Villiers A. L.1986. Alien and translocated terrestrial vertebrates in South Africa. In: Macdonald IAW, Kruger FJ, Ferrar AA, eds. 1986. The Ecology and Management of Biological Invasions in Southern Africa. Cape Town: Oxford Univ. Press

38 Steinbacher, J. 1959. Weitere Angaben über ausgestorbene, aussterbende und seltene Vögel im Senckenberg-Museum. a.a.O. S. 308

39 On Tasmania, its Character, Products and Resources. The Cornwall Chronicle (Launceston, Tasmania), July 6, 1861 [Übersetzung des Zitats M.R.]

40 Curry-Lindahl K. 1972. Let them live: a worldwide survey of animals threatened with extinction. Morrow.

41 Lovari S. 1975. A partridge in danger. Oryx 13: 203–204

42 LIPU & WWF (eds).1999. Nuova lista rossa degli uccelli nidificanti in Italia. Riv. It. Orn. 69: 3–44

43 Hartert E. 1919 Numida sabyi sp. nov. Bull. Brit. Orn. Club 39: 68–69; 85–87

44 Meade-Waldo E.G.B. 1905. A Trip to the Forest of Marmora, Morocco. Ibis (8) 5: 161–164

45 Thevenot M., Vernon R., Bergier P. 2003. The birds of Morocco. BOU Checklist No. 20.

46 ebd.

47 BirdLife International

48 Hawkins F., Andriamasimanana, R., Seing, S., Rabeony, Z. 2000. The sad story of Alaotra Grebe Tachybaptus rufolavatus. Bulletin of the African Bird Club 7: 115–117.

49 Young H. G, Rhymer J. M. 1998. Meller's duck: a threatened species receives recognition at last. Biodivers. Cons. 7: 1 313–1 323.

50 Rhymer, Judith M. (2006): Extinction by hybridization and introgression in anatine ducks. Acta Zoologica Sinica 52 (Supplement): 583–585.

51 Rhymer J. M. 2001. Evolutionary relationships and conservation of the Hawaiian anatids. Stud. Avian Biol. No. 22: 61–67.

52 Garnett, Stephen T.; & Crowley, Gabriel M. 2000. The Action Plan for Australian Birds 2000. Environment Australia: Canberra.

53 Kitchener A C, Yamaguchi N, Ward J M, Macdonald D W. 2005. A diagnosis for the Scottish wildcat: a tool for conservation action for a critically-endangered felid. Animal Conservation 8: 223-237 – Driscoll CA, Menotti-Raymond M, Roca AL, Hupe K, Johnson WE, Geffen E, Harley EH, Delibes M, Pontier D, Kitchener AC, Yamaguchi N, O'Brien SJ, Macdonald DW. 2007. The near eastern origin of cat domestication. Science 317: 519–523.

54 Goodman S, Barton N, Swanson G, Abernethy K, Pemberton J. 1999. Introgression through rare hybridization: a genetic study of a hybrid zone between red and sika deer (genus Cervus) in Argyll, Scotland. Genetics 152: 355–371

55 Larrick J.W., Burck K.B. 1986. Tibet's all-purpose beast of burden, Natural history Magazine 95 (1) January. S. 55–65

56 Olsen S. J. 1990. Fossil Ancestry of the Yak, Its Cultural Significance and Domestication in Tibet. Proceedings of the Academy of Natural Sciences of Philadelphia. 142: 73–100

57 Schaller G B, Wulin L. 1996. Distribution, status, and conservation of wild yak (Bos grunniens). Biological Conservation 76(1): 1–8

58 Kuiper K. 1926. On a Black Variety of the Malay Tapir (Tapirus indicus). Proceedings of the Zoological Society of London, July 1926, S. 425–426 – Mohd, A. J. 2002. Recent Observations of Melanistic Tapirs in Peninsular Malaysia. Tapir Conservation: The Newsletter of the IUCN/SSC Tapir Specialist Group, June 2002, Volume 11, Number 1, S. 27–28

59 Fletcher S. Bassett, Legends and superstitions of the sea and of sailors in all lands and at all

times. ; Frederick Pease Harlow the making of a sailor, or, Sea life aboard a Yankee square-rigger
60 French J. C. 1919. The Passenger Pigeon in Pennsylvania. Altoona Tribune Co. Altoona, PA
61 Beecroth W. I., Job H. K. 1912. A history of the game birds, wild-fowl and shore birds of Massachusetts and adjacent states.
62 Rowland G. 1919. The passenger Pigeon again. Forest and Stream 89: 351–352
63 French J. C. 1919. The Passenger Pigeon in Pennsylvania. Altoona Tribune Co. Altoona

第 9 章 在航海和海鸟之间

1 Leite J. D., Alcoforado F. 1949. Descobrimento da ilha da Madeira: e discurso da vida e feitos dos capitaes da dita ilha. Hrsg. v. Joao Franco Machado, Joao Franco Machado. Universidade de Coimbra
2 Akerblom K. 1968. Astronomy and Navigation in Polynesia and Micronesia – A Survey. The Ethnographical Museum, Stockholm
3 Gatty H. 1958. Nature is your guide: how to find your way on land and sea by observing nature. Dutton Verlag
4 Winchester S. 1985. The sun never sets: travels to the remaining outposts of the British Empire. New York : Prentice Hall Press
5 Bunin I. A. 1963. The gentleman from San Francisco: and other stories.
6 Theodorakis M. 2001. Bis er wieder tanzt. Erinnerungen. Insel, Frankfurt
7 Whittaker E.W. 1986. The mainland haole: the white experience in Hawaii. Columbia University Press
8 Milton G. 2002. Muskatnuss und Musketen. Rowohlt, Reinbek
9 Busch F. 1974. Natur in neuer Welt. Bericht und Dichtung der amerikanischen Kolonialzeit 1493–1776. Wilhelm Fink Verlag, München
10 Amat di San Filippo P. 1885. Gli illustri viaggiatori italiani con una antologia dei loro scritti. [Übersetzung des Zitats M. R.]
11 Peter Martyr von Anghiera. Acht Dekaden über die neue Welt. 1972. Wissenschafliche Buchgesellschaft, Darmstadt
12 ebd.
13 ebd.
14 Lescarbot M. 1866. Histoire de la Nouvelle-France suivie des Muses de la Nouvelle-France, Band 2. Tross, 1866 [Übersetzung des Zitats M. R.]
15 Leguat F. 1708. Voyage et avantures de Francois Leguat, & de ses compagnons, en deux isles desertes des Indes Orientales. Jean Louis de Lorme, libraire
16 Mountford C. P. 1956. Art, myth and symbolism. American-Australian Scientific Expedition to Arnheim Land
17 Routledge K. 2007. The Mystery of Easter Island.
18 Pitman R.L. Seabird Associations with Marine Turtles in the Eastern pacific ocean. Colonial Waterbirds 16 (2): 194–201
19 Exquemelin A.O. 2000. The Buccaneers of America. Dover Maritime books, Courier Dover Publications
20 Lamb H. 1995. Climate, history, and the modern World. Routledge
21 Gatty H. 1958. Nature is your Guide. a. a. O. S. 310
22 Borden C.A. 1967. Sea quest; global bluewater adventuring in small crath
23 Lucker L. 2002: Vogelbeobachter, die in den Mond schauen. Der Falke 8: 228–232
24 Lagrand O. 1990. Guide to the Birds of Madagascar Yale University Press, New Haven
25 Tooke A.I. 1961. The birds that helped Columbus. Audubon 63: 252-253, 287, 296.
26 Langille J.H. 1884. Our Birds in Their Haunts – A Popular Treatise on the Birds of Eastern North America [Übersetzung des Zitats M. R.]
27 Darwin C. 1871. The Descent of Man. Verlag John Mourray
28 Banks J. Hooker J. D. 1896. Journal of the Right Hon. Sir Joseph Banks, Bart., K.B., P.R.S. during Captain Cook's first voyage in H.M.S. Endeavour in 1768–71 to Terra del Fuego, Otahite, New Zealand, Australia, the Dutch East Indies etc. Macmillan, London
29 The Birds of the Atlantic Islands (mit Winifred Mary Jane Bannerman, illustriert von David Morrison Reid Henry) Oliver and Boyd, Edinburgh, (4 Bände) 1963–1968, Vol. 3 A History of the Birds of the Azores.
30 González de Haedo F, Roggeveen J. 1908. The voyage of Captain Don Felipe González (...) to Easter Island in 1770-1. Preceded by an extract from Mynheer Jacob Roggeveen's official log of his discovery of and visit to Easter Island in 1722. Hakluyt Society
31 Robertson G. 1948. The discovery of Tahiti: a journal of the second voyage of H. M. S. Dolphin round the world (...) in the years 1766, 1767 and 1768. Hakluyt Society. – de Queirós P. F. 1904. The voyages of Pedro Fernandez de Quiros, 1595-1606. Hakluyt Society
32 Leland C.G. Fusan; or the Discovery of America By Chinese Buddhist Priests in the Fith Century
33 Cummins B.D. 2002. First nations, first dogs: Canadian aboriginal ethnocynology. Detselig Enterprises
34 Akerblom, K. 1968. Astronomy and Navigation in Polynesia and Micronesia – A Survey. The Ethnographical Museum, Stockholm
35 Winchester S. 1985. The sun never sets. a.a.O. S. 310
36 Gen 8: 9–11
37 Hourami G.F. 1951. Arab seafaring in the Indian Ocean in Ancient and Early mediae-

val Times. Princeton University Press, Princeton N.J.,

38 Plinius, Naturgeschichte, Buch VI, Kapitel 254

39 Hutchinson R.W. 1962. Prehistoric Crete. Penguin books

40 Hirth F., Rockhill W. W., Chau Ju-Kua. 1911. His Work on the Chinese and Arab Trade in the Twelth and Thirteenth Centuries, entitled »Chu-fan-chi« St. Petersburg

41 Ingersoll, E. 1923. Birds in Legend, Fable, and Folklore. London

42 Hockermann, O. 1985. Antike Seefahrt. C.H. Beck, München

43 Wachsmuth D. 1967. Pompimos ho daimōn. Untersuchungen zu den antiken Sakralhandlungen bei Seereisen. FU Berlin

44 Sinclair M 1982. The Path of the Ocean. Traditional Poetry of Polynesia. Univ. of Hawaii Press, Honolulu

45 Rideout H. M. 1916. The Far Cry 46 Turner: 1884. Samoa A Hundred Years ago, London

47 McGrail S. 2004. Boats of the World: From the Stone Age to Medieval Times. Oxford Univ. Press

48 Holmes T. 1981. The Hawaiian Canoe. Editions limited Hanalei, Kauai, Hawaii

49 Emerson N B. 1909. Unwritten Literature of Hawaii. The sacred songs of the Hula. Smithsonian Institution, Bureau of American Ethnology, bulletin 38. Government Printing Office, Washington

50 ebd.

51 Henshaw, H. W. 1910. Migration of the Pacific Plover to and from the Hawaiian Islands. Auk 27: 245-262.

52 Schurtz H. 1900. Urgeschichte der Kultur. Bibliographisches Institut, Leipzig

53 Ziehr, W. 1980. Holle im Paradies: Entdeckung und Untergang der Sudsee-Kulturen. Econ Verlag, Wien

54 Argonautica

55 Catchpole , C. K., Slater P. J. B. 1995. Bird Song: Biological Themes and Variations. Cambridge Univ. Press

56 Erdland P.A. 1914. Die Marshall Insulaner. Inter. Sammlung Ethnologischer Monographien, Vol.2(1), Aschendorffsche Verlagsbuchh. Münster

57 Weisler M I. 2002. Centrality and the collapse of long-distance voyaging in East Polynesia. In: Michael Glascock (Ed.), Geochemical Evidence for Long-Distance Exchange. Bergin and Garvey, London

58 Fischer S. R., 1997. Rongorongo: the Easter Island script. Oxford Univ. Press [Übersetzung des Zitats M. R.]

59 Weisler M I. 1995. Henderson Island prehistory: colonization and extinction on a remote Polynesian island. Biological Journal of the Linnean Society 56: 377–404

60 Handy E S C. 1930. Marquesan Legends. B.P. Bishop Museum Bulletin Nr. 69. Honolulu

61 Alpers A. The World of the Polynesians seen through their myths and legends, poetry and art. Oxford Univ. Press

62 ebd.

63 Handy E. C. S. 1930. Marquesan Legends. a.a. S. 311

64 Orbell M.R. 1996. The natural world of the Maori.

65 Cook J. 1831. A voyage to the Pacific ocean for making discoveries in the northern hemisphere, under the direction of Captains Cook, Clerke, and Gore, in the years 1776, 7, 8, 9, and 80. William Reid & Son

66 Bauermeister V. 2009. Abenteuer Wissenschaft. James Cook und die Entdeckung der Südsee. Ausstellungskatalog. Badische Zeitung, 21. November 2009

67 Weisler M. I. 1995. Henderson Island Prehistory. A. a. O. S. 311

68 Hawkins H. R. 2003. Environmental and Cultural Consequences of Settlement Patterns in South Pacific Island Communities. University of North Carolina at Greensboro

69 Steadman D. W., and M. C. Zarriello. 1987. Two new species of parrots (Aves: Psittacidae) from archaeological sites in the Marquesas Islands. Biological Society of Washington 100: 518–528.

70 Steadman D. W., 2006 Extinction and biogeography of tropical Pacific birds. University of Chicago Press, Chicago

71 Lever C. 1987 Naturalized Birds of the world. a. a. O. S. 309

72 Phillips W. J .1963. The Book of the Huia. Whitcombe and Tombs, Christchurch

73 Glascock M. 2002. Geochemical evidence for long-distance exchange.

74 Beichle, U. Baumann S. 2003. Die Landvögel der Samoa-Inseln. Übersee Museum, Bremen

75 Brigham, W.T. 1899. Hawaiian feather work. Bishop Museum Press, Honolulu

76 Diamond J. 1995. Easter Island's End, Discover Magazine 16(8), 63-69.

77 Van Tilburg J A. 1994. Easter Island: Archaeology, Ecology and Culture. British Museum Press, London

78 Fischer S. R. 2005. Island at the end of the world: the turbulent history of Easter Island.

79 Dransfield et al. 1984.

80 Prebble M., Dowe, J .L. 2008. The Late Quaternary decline and extinction of palms on oceanic Pacific islands. Quaternary Science Reviews 27: 2546–2567.

81 Lewis D. 1994. We, the navigators: the ancient art of landfinding in the Pacific.

82 Steadman D. W. 2006 Extinction and biogeography of tropical Pacific birds. Univ. of Chicago Press, Chicago, IL

83 Pough F. H., Heiser J. B., McFarland M. J. 1989. Vertebrate life.

84 Hover O. 1961. Alt-Asiaten unter Segel: im Indischen und Pazifischen Ozean, durch

Monsune und Passate. Limbach Verlag, Braunschweig
85 Sclater P L. 1874. The Geographical Distribution of Mammals. Manchester Science Lectures 5/6: 202-219

第 10 章 沙漠中的漫游者

1 Trevor E. 1965. Phönix aus dem Sand. Büchergilde Gutenberg
2 Almasy, Laszlo E.; Schrott R. Schwimmer in der Wüste. a.a.O. S. 298
3 Sure 27, 22–26
4 Stetkevych, J. 1996. Muhammad and the Golden Bough. Reconstructing Arabian myth. Indian Univ. Press, Bloomington
5 Alexander. Gedicht des zwölften Jahrhunderts. Von Lamprecht (der Pfaffe), Alberic (of Besancon), Weismann
6 Marcus Junianus Justinus, Pompeius Trogus, Otto Seel 1972. Weltgeschichte von den Anfängen bis Augustus.
7 Gomes Eanes de Zurara, Virginia de Castro e Almeida 1936 Conquests & discoveries of Henry the Navigator: being the Chronicles of Azurara
8 Burton R.F. One Thousand and One Arabian Nights, Vol. 16, a. a. O. S. 300
9 Tha'labī A ibn M. 2006, Islamische Erzählungen von Propheten und Gottesmännern. Otto Harrassowitz Verlag
10 Almasy L. E.; Schrott, R. Schwimmer in der Wüste. a. a. O. S. 298
11 Bermann, R.A. alias Arnold Hollriegel. 1933. Zarzuna, die Oase der kleinen Vogel.
12 van Deusen K. 1999. Raven and the Rock. Storytelling in Chukotka Univ. of Washington Press, Seattle
13 Dooling D.M., Walker J.R. 2000. The Sons of the Wind: The Sacred Stories of the Lakota. Univ. of Oklahoma Press
14 Follow the birds to vacation land Wisconsin. State Conservation Dept. Recreational Publicity Division
15 Lawlor J. 2007. Snowbirds Flock Together for Winter. The New York Times, February 2, 2007
16 J. G. Parsons, D. Blair, J. Luly, S. K. A. Robson 2009. Bat Strikes in the Australian Aviation Industry. The Journal of Wildlife Management 73, (4): 526–529
17 Jeremia
18 Kalafatas M. N. 2010. Bird Strike The Crash of the Boston Electra. Brandeis Univ. Press
19 Collins G. 2009. With Eye on Airports, City to Begin Culling Geese. New York Times, June 11, 2009 – Luo M. 2004. Give Geese a Chance? Sorry, Not Near La Guardia. New York Times, June 25, 2004 – Speri A. 2011. 1676 Geese Were Killed Last Summer for Air Safety. New York Times February 9, 2011
20 Schwarzer Himmel überm Hotzenwald: Millionen Bergfinken in der Luft. Südkurier 29. Dezember 2009
21 Kleine Vögel – große Wirkung. Bergfinken sorgen fur Straßensperre. Südkurier 17. Februar 2010.
22 Laist D. W., Knowlton A. R.,Mead J. G., Collet A. S., Podesta M. 2001. Collisions between Ships and Whales. Marine Mammal Science 17 (1): 35–75
23 Standish R. 1948. Elephant Walk. Peter Davies, London
24 Beckmann J. P., Clevenger A.P., Huijser M. 2010. Safe Passages: Highways, Wildlife, and Habitat Connectivity
25 Forman, R. T. T., Sperling, J. A. Bissonette et al 2003. Road Ecology: Science and Solutions. Island Press, Washington, D.C.
26 Werner A. 1968. Myths and Legends of the Bantu. Frank Cass, London.
27 Friedmann H, Kern J. 1956. The Problem of Cerophagy or Wax-Eating in the Honey-Guides. The Quarterly Review of Biology 31 (1): 19–30
28 Friedmann H. 1955. Thee Honey-guides. US National Museum Bulletin 208. Smithsonian Institution, Washington
29 Junod H. H. 1912. Life of a South African Tribe. London
30 Duffy K. pers. Auskunft
31 Wastiau B. Koninklijk Museum voor Midden-Afrika, Tervuren, pers. Auskunft
32 Johnson O. 1941. Four years in Paradise. J. B. Lippincott Company, New York
33 Leuenberger H.O. 1968. Affenfelsen und Hyanenburgen. Benziger Verlag, Zürich
34 Short L. Nanyuki, Kenya, pers. Auskunft sowie: Short L., Horne J. 2001. Toucans, Barbets and Honeyguides. Oxford Univ. Press
35 Friedmann H. 1955. The Honeyguides. a.a.O. S. 312
36 Isack H.A. 1987. The biology of the greater honeyguide Indicator indicator, with emphasis on the guiding behaviour. Doktorarbeit Univ. Oxford
37 Isack H.A, Reyer H.U. 1989. Honeyguides and honey gatherers: Interspecific communication in a symbiotic relationship. Science 243: 1343–1346
38 Birds lead Africans to honey. The Los Angeles Times, March 13, 1989; Legend of bird that guides humans to honey is confirmed. The San Francisco Chronicle, March 10, 1989; Study: Bird does lead humans to honey. The Chicago Tribune, March 12, 1989
39 Corning P. A. 2004. The Evolution of Politics. In: Wuketits F., Antweiler C. Hrsg. Handbook of Evolution, Bd. I. Wiley-VCH Verlag
40 Semon R. 1904. Die Mneme als erhaltendes Prinzip im Wechsel des organischen Geschehens. Leipzig
41 ebd.
42 Dawkins R. 1982. The Extended Phenotype. Oxford Univ. Press

43 Fisher J., Hinde R. A. 1949. The Opening of Milk Bottles by Birds. British Birds 42: 347–357
44 McCarthy M. 2003. Blue tits lose their bottle as milk thieves. The Independent, December 31, 2003
45 Burton R. F. First Footsteps in East Africa

第11章 生命边界形式

1 Parseval N. de, Lazar V. Heidmann T. et al. 2003. Survey of human genes of retroviral origin: identification and transcriptome of the genes with coding capacity for complete envelope proteins. J. Virol. 77 (19): 10414–10422
2 Turnbaugh P. J., Ley R. E. et al. 2007. The human microbiome project. Nature. 449 (7164): 804–810
3 Feldmann H., Wahl-Jensen V. et al. 2004. Ebola virus ecology: a continuing mystery. Trends in Microbiology 12 (10): 433–437
4 Stroh W. 2009. Die Macht der Rede. Ullstein, Berlin
5 Okrent A. 2009. In the Land of invented Languages. Spiegel & Grau
6 Gibson D. G., Glass J. I., Lartigue C . et al. 2010. Creation of a bacterial cell controlled by a chemically synthesized genome. Science 329: 52–56
7 Novalis. 1798. Fragmente. Reimer Verlag Berlin
8 Schleicher A. 1860. Die Deutsche Sprache. Stuttgart
9 Marsh G. P. 1860. Lectures on the English Language. Scribner, New York
10 Salverda R. 1998. Is language a virus? Reflections on the use of biological metaphors in the study of language. In: Janse M., Verlinden A. eds. Productivity and Creativity. Mouton de Gruyter, Berlin
11 Driem G. van. 2001. The Language organism. The Leiden Theory of language evolution.
12 Haarmann H. 2010. Weltgeschichte der Sprachen: Von der Frühzeit des Menschen bis zur Gegenwart. C.H. Beck, München
13 Wills A. 2009. Opfer des Lateinischen: zum Sprachtod in Altitalien. in: Gymnasium 116 (9)
14 Ovid 1868. P. Ovidii Nasonis Ex Ponto libri quattuor. Hrsg. Otto Korn. B.G. Teubner
15 Reifenberger, A. Reifenberger U. 1986. Steinerne Zeugnisse der Ureinwohner von El Hierro und La Palma.- Prahistorische Zeitschrift, Bd. 61, H. 2, Berlin/New York, S. 158–203
16 Haspelmath M. 1992. Das Erbe von Babel ist in Gefahr. Sterbende Sprachen sind ein Thema des internationalen Linguistenkongresses. In: Die Zeit 14. August 1992
17 Minderhout D.J.,Frantz A.T. 2008. Invisible Indians: Native Americans in Pennsylvania. Cambria Press
18 Tucker C. An introduction to African Language; Mesthrie R. 2002. Language in South Africa
19 Hall R. A. 1974. External history of the Romance languages.
20 Gray L. H. 1950. Foundations of language.
21 Südost-Forschungen, Band 54. Südost-Institut München, Deutsches Auslandswissenschaftliches Institut Berlin 54, 1995
22 Südland L. von. 1918. Die südslawische Frage und der Weltkrieg. Manz, Wien
23 Schuller K. Wann stirbt das Deutsche aus? FAZ 14. März 2004
24 Goethe J. W. von. 1833 (Nachlass).Maximen und Reflexionen Nr. 736. Cotta'sche Buchhandlung
25 Campbell L. 1975. Cacaopera. Anthropological Linguistics 17 (4): 146–153
26 Campbell L., Canger U. 1978. Chicomuceltec's Last Throes. International Journal of American Linguistics 44 (3): 228-230
27 Haarmann H. 2002. Sprachenalmanach: Zahlen und Fakten zu allen Sprachen der Welt. Campus, Frankfurt/New York
28 Stephens M. 1976. Linguistic minorities in Western Europe. Gomer Press, London
29 Die letzte Eyak. In: FAZ 27. Januar 2008
30 Braselmann, P. 2005 »Killersprache« Englisch: Europäische Sprachpolitik und Globalisierung. In: Zybatow L. N. Hrsg. Translationswissenschaft im interdisziplinaren Dialog. Frankfurt/M. S. 151–169
31 Paul Henderson Scott 2007. »Killer language« cannot take place of Scots. The Scotsman, February 19, 2007
32 Holm J. A. 2000. An introduction to pidgins and creoles. Cambridge Univ. Press
33 Zeltner F., Gurian E. 2010. Wir sind die letzten Tropfen der Deutschen in der Südsee. Mare 83, Dezember 2010/Januar 2011
34 Mühleisen S. 2009. Zwischen Sprachideologie und Sprachplanung Kolonial-Deutsch als Verkehrssprache für die Kolonien. In: Warnke I. H. Hrsg. 2009.Deutsche Sprache und Kolonialismus. Aspekte der nationalen Kommunikation 1884–1919. de Gruyter, Berlin/New York
35 Malcolm I. G., Leitner, G. 2007. The Habitat of Australia's Aboriginal Languages. de Gruyter, Berlin/New York
36 Frobenius L. 1933. Kulturgeschichte Afrikas, Prolegomena zu einer historischen Gestaltlehre. Phaidon Verlag, Zürich
37 Frobenius L. 1898. Der Ursprung der afrikanischen Kulturen: Band 1
38 Wallerstein, I. 1974 The Modern World-System. Vol. 1: Capitalist Agriculture and the Origins of the European World-Economy in the Sixteenth Century. Academic Press, New York
39 Hayek F. A. von 2003. Recht, Gesetz und Freiheit: eine Neufassung der liberalen

Grundsätze der Gerechtigkeit und der politischen Ökonomie. Mohr Siebeck, Tübingen

40 Kroeber A. L. 1952. The Nature of Culture. The Univ. of Chicago Press

41 Sanderson I. T. 1946. Animal Tales. An anthology of animal literature of all countries. Alfred A. Knopf, New York

42 Aharoni I. 1938. On Some Animals Mentioned in the Bible. Osiris 5: 461–478.

43 ebd.

44 Green C. R., Sanford W. R. Lockwood J. The Zebra. Animals in Danger: Heinemann Library

45 Lindsay S. 2008. Elegy for the Quagga. In: Twigs and Knucklebones. Copper Canyon Press [Übersetzung Zitat M. R.]

46 Andersen J. C. 1912. New Zealand Birdsong: Further Notes. Transactions and Proceedings of the Royal Society of New Zealand 45: 387

47 Andersen, J.C. 1942. Maori place names and names of colors, weapons and natural objects. The Polynesian Society of New Zealand

48 Day D. 1990. Noah's choice: true stories of extinction and survival.

49 Duncan I. 1998. Vorwort zu Hudson W. H. 1904. Green Mansions. A Romance of the Tropical Forrest. Duckworth

50 Sutherland W.J. 2003. Parallel extinction risk and global distribution of languages and species. Nature 423: 276–279

第 12 章　铁道旁的鬼魅声

1 White S. E. 1932. Folded hills. [Übersetzung des Zitats M.R.]

2 Muir J. 1894. The Mountains of California. The Century, New York

3 Gudde E.G., Bright W. 2004. California Place Names: The Origin and Etymology of Current Geographical Names. Univ. of California Press

4 Milliken R. 1995. A Time of Little Choice: The Disintegration of Tribal Culture in the San Francisco Bay Area 1769–1910, Ballena Press Publication, Menlo Park CA

5 Hittell J. S. 1866. The resources of California: comprising agriculture, mining, Geography [Übersetzung des Zitats M.R.]

6 Schoenherr, A. A., Feldmeth C. R. 2003. Natural History of the Islands of California. Jepson Prairie Docent Program 1998. Jepson Prairie Preserve Handbook

7 Allister M H. 1930. The early history of duck clubs in California. California Fish and Game 16 (4): 281-285. [Übersetzung des Zitats M.R.]

8 Marshall, J. T., Dedrick, K. G. 1994. Endemic Song Sparrows and yellowthroats of San Francisco Bay. Studies Avian Biol. 15: 316–327

9 Davis W. H., Watson D. S. 1929. Seventy-five years in California: a history of events and life in California: personal, political and military; under the Mexican regime. J. Howell [Übersetzung des Zitats M.R.]

10 Reise des kaiserlich russischen Flottenlieutenants Ferdinand von Wrangel

11 White S. E. 1932. Folded hills. [Übersetzung des Zitats M.R.]

12 Huggins D.H. 1946. Carquinez, the Strait of the Mud People. California Folklore Quarterly 5 (1): 104–107

13 Robischon M. 2007. Der Wal im Kanal. Natürlich 7: 35

14 Kaufman D. 2008. Rumsen Ohlone Folklore. Journal of folklore research 45 (3): 383–391

15 News. The Daily Picayune, (New Orleans, LA), November 5, 1891, Issue 287, col G, S. 3

16 Gothamites Not Polite Courteous Requests for Information Frighten New Yorkers. Plight of a Western Gentleman. Omaha World Herald 30 (78): 5, December 18, 1894

17 The Balance and Columbian Repository 3 (14): 110, April 3, 1804. Seals Seek Winter Quarters in Delaware Their Appearance Causes Revival of Shark Scare. Philadelphia Inquirer 175 (135): 1, November 12, 1916

18 Watson, J. F. 1833. Historic Tales Of Olden Time, Concerning The Early Settlement And Progress Of Philadelphia And Pennsylvania. E. Littell and T. Holden, Philadelphia,

19 Brehm A. E., Taschenberg E. L., Dr. Schmidt (Eduard Oskar). 1865. Illustriertes thierleben: Eine allgemeine kunde des thierreichs.

20 Vogeler H. 1989. Werden: Erinnerungen: mit Lebenszeugnissen aus den Jahren 1923–1942

21 A Whale in a Small River He Made Things Lively until Clubbed and Chopped to Death. Philadelphia Inquirer 123(20), July 11, 1890

22 Shillinglaw J. J. 1879. Historical records of Port Phillip: the first annals of the colony of Victoria. J. Ferres, Melbourne

23 Sanderson I. T. 1956. Follow the whale

24 Haines J. Mothball fleet, Benicia, California. In: Collier M. Hrsg. The Wesleyan Tradition: Four decades of American Poetry (Übersetzung Zitat M. R.)

25 Huggins D.H. 1946. Carquinez, the Strait of the Mud People. California Folklore Quarterly 5: 104–107

26 Grinnell J., and Miller, A. H. 1944. The distribution of the birds of California. Pac. Coast Avifauna 27

27 Grinnell J., Bryant H. C., Storer T.I. 1918. The Game Birds of California. Univ. of California Press, Berkeley, CA

28 Nicholls S. 2009. Paradise found: nature in America at the time of discovery.

29 Broughton J. M. 2004. Prehistoric Human Impacts on California Birds: Evidence from the Emeryville Shellmound Avifauna. Ornithological Monographs 56

30 Grinnell J., Miller A. H. 1944. The distribution of the birds of California. Pac. Coast Avifauna 27

31 Miller L.H. 1925. Chendytes, a Diving Goose from the California Pleistocene. Condor 27 (4): 145–147

32 Jones T. L., Porcasi J. F., Erlandson J. M. et al. 2008. The protracted Holocene extinction of California's flightless sea duck (Chendytes lawi) and its implications for the Pleistocene overkill hypothesis. Proc Natl Acad Sci U S A. 105(11): 4105–4108

33 Lewis, H., Raven, P.H. 1958 Clarkia franciscana, a new species from central California. Brittonia 10, 1: 7–13

34 Beidleman L. H., Kozloff E. N. 2003. Plants of the San Francisco Bay region: Mendocino to Monterey. Univ. of California Press. Berkeley

35 Fosberg F. R. 1970. A local Flora from San Francisco. Taxon 19 (3)

36 Tilden J. W. 1965. Butterflies of the San Francisco Bay Region. Univ. of California Press, Berkeley and Los Angeles.

37 Kroeber A.L. 1904. The languages of the coast of California south of San Francisco. University of California Press, Berkeley

38 Merwin W.S. 2005. Migration: new & selected poems. [Übersetzung des Zitats M.R.]

39 Lovelock J. 1979. Gaia. a.a.O. S. 297

第 13 章　洪堡的轶事或瀑布上的悬崖

1 Gerrard M. Songs to raise the dodo from the dead. The Independent

2 Wilson D. 1865. Prehistoric man: researches into the origin of civilisation in the Old and the New world, Band 2. Macmillan

3 von Humboldt A. 1808. Ansichten der Natur. Cotta, Tübingen

4 von Humboldt A. 1844. Brief an Mrs. Austin. In: Ross J. A. 1888. Three Generations of English Women. Memoirs and correspondence of Mrs. John Taylor, Mrs. Sarah Austin and Lady Duff Gordon – Leitner U. (Hrsg.): Alexander von Humboldt und Cotta: Briefwechsel. Beiträge zur Alexander-von-Humboldt-Forschung, Bd. 29. Akademie Verlag, Berlin

5 Allen G. 1890. The great Taboo. Chatto & Windus, London

6 Grossman A. 1995. The invisible circus. In: The philosophers window and other poems.

7 Curtius E. 1885. Der Aturen-Papagei. In: Brehm A. E, Taschenberg E.L., Schmidt E. O. 1885. Brehms Thierleben, allgemeine kunde des thierreichs. Bibliograph. Institut, Leipzig

8 Darwin C. Variation of Animals and Plants under Domestication, Part II, Vol. XX, S. 119

9 Millman L. 1990. Last Places: A Journey in the North. Houghton Mifflin, Boston

10 Bryant A. 1976. Alarms and Excursions Books and bookmen, 22: 33–34

11 Shandler J. 2008 Adventures in Yiddishland. Univ. of California Press, Berkeley – Estraikh G. 2008. Yiddish in the Cold War. Studies in Yiddish 7. Legenda. Modern Humanities Research Association and Maney Publishing – Avraham Gontar 1965. »Keyn Afrike« [To Africa]

12 de Andrade M. Macunaima o heroi sem nenhum carater. Deutsch: 1982. Macunaima. Der Held ohne jeden Character. Suhrkamp, Frankfurt/M

13 Cox C., Thompson N. 2005. Becoming Animal. Contemporary Art in the Animal Kingdom. MIT Press

14 Zamponi R. 2003 Maipure. Languages of the World. Materials Band 192. Lincom, München

15 Eugene R., Hannon A., Hafernik J. E. 2007. Reintroduction of the rare damselfly Ischnura gemina (Odonata: Coenagrionidae) into an urban California park. J Insect Conserv 11: 141–149

16 Marsh G. P. Man and Nature. a. a. O. S. 298

17 Giacometti M. Hrsg. Von Königen und Wilderern. Die Rettung und Wiederansiedlung des Alpensteinbocks. Salm Verlag, Wohlen/Bern

18 Leonhard H. 1955. Wiedereinbürgerung der Gams im südlichen Schwarzwald. Zeitschrift für Jagdwissenschaft 1

19 Katzenmeier P. 1959. Einbürgerungsgeschichte der Murmeltiere im Schwarzwald. Zeitschrift für Jagdwissenschaft 5

20 Beck B. B., Kleiman D. G., Dietz J. M. et al. 1991. Losses and Reproduction in Reintroduced Golden Lion Tamarins, Leontopithecus Rosalia. Dodo, Journal of Jersey Wildlife Preservation Trust, 27: 50-61

21 Wiesner H., Müller P. 1998. On the reintroduction of the Mhorr gazelle in Tunisia and Morocco. Naturwissenschaften 85(11): 553-555

22 Gordon I. J., Gill J. P. 1993. Reintroduction of Scimitar-horned oryx Oryx dammah to Bou-Hedma National Park, Tunisia. International Zoo Yearbook 32 (1): 69–73

23 Cayot L. J., Menoscal R. 1992 Land iguanas return to Baltra. Noticias de Galápagos, 51: 11–13.

24 Toone W. D., Wallace M. P. 1994. The extinction in the wild and reintroduction of the California Condor (Gymnogyps californianus). In: Olney P. J. S., Mace G. M., Feistner T. C. Hrsg. Creative conservation: interactive management of wild and captive animals. Chapman and Hall, London

25 Jones C. 1999. Listening for Echos and Searching for Ghosts. Parrot Conservation on Mauritius. PsittaScene 11 (3) 10–11

26 ebd.

27 Diamond J. 1987. Did Komodo dragons evolve to eat pygmy elephants? Nature 326

28 Safford R. J. 1997. Nesting success of the Mauritius Fody Foudia rubra in relation to its use of exotic trees as nest sites. Ibis 139 (3): 555–559

29 Bannerman D A, Bannerman W M. 1966. Birds of the Atlantic Islands 3: a history of

the birds of the Azores. Oliver & Boyd, Edinburgh

30 Martin P. S., Burney D. 1999. Bring Back the Elephants! Wild Earth, Spring 1999, S. 57-64

31 Donlan J. , Greene H.W., Berger J. et al. 2005. Re-wilding North America . Nature 436: 913–14

32 May Import African Animals To Solve Meat Problem. New York Times, April 17, 1910, S. 5

33 Want No New Beasts: Government Experts Against Imports From Africa. Have a Plenty. The Washington Post, June 29, 1911

34 Beebe W. 1906. The bird, its form and function: With over three hundred and seventy illustrations chiefly photographed from life by the author. Dover [Übersetzung des Zitats M.R.]

35 Heck L. 1936. Über die Neuzüchtung des Ur- oder Auerochs. Berichte der Internationalen Gesellschaft zur Erhaltung des Wisents 3: 225–294

36 Heck H. 1905. Die Urwildpferde im Berliner Zoologischen Garten. Illustrierte Landwirtschaftliche Zeitung 25 (17)

37 Freeman C. 2009. Ending Extinction: The Quagga, the Thylacine, and the »Smart Human«. In: Buch Leonardo's, Choice Verlag Springer Netherlands

38 Frädrich H. 1972. Beitrag zur Avifauna der Seychellen und anderer Inseln des westlichen Indischen Ozeans. Sitzungsberichte der Gesellschaft naturforschender Freunde zu Berlin 12: 132–145

39 Stone R. 2002 Mammoth: the resurrection of an Ice Age giant. Perseus Publishing

40 Scientists a step closer to cloning mammoth. Japan Times. December 4, 2011

41 Hitt J. 2004. Say no more. New York Times, February 29, 2004

42 Hinton L. 2002. How to Keep Your Language Alive. Heyday Books, Berkeley

43 Haarmann H. Lexikon der untergegangenen Sprachen. C. H. Beck Verlag, München

44 Gray L. H. 1939. Foundations of language. Macmillan, New York

45 Thieberger N. 2008. Language is like a carpet: Carl-Georg von Brandenstein and Australian languages. McGregor W. W. (ed.) Encountering Aboriginal languages: studies in the history of Australian linguistics. Canberra: Pacific Linguistics. S. 321–335

46 Salminen T. 1999. UNESCO red book on endangered languages: Europe UNESCO

47 Abley M. 2003. Spoken here: travels among threatened languages. Heinemann, London

48 Hinton L, Hale K.L. 2001. The green book of language revitalization in practice.

49 Moseley C. 2007. Encyclopedia of the world's endangered languages.

50 Amery R. 2000. Warrabarna Kaurna!: Reclaiming an Australian Language. Swets & Zeitlinger

51 Crowley T, Thieberger N. 2007. Field linguistics: a beginner's guide.

52 Urban G. 1985. On Pataxó and Hãhãhãi. International Journal of American Linguistics 51 (4): 605-608

53 Grant P.R., Grant B.R. 2009. The secondary contact phase of allopatric speciation in Darwin's finches. Proc Natl Acad Sci USA 106: 20141–20148

54 França C. 1913. Contribution à l'étude du lapin de Porto Santo Oryctolagus cuniculus Huxleyi Haeckel. Librairie Ferin, Lissabon – Darwin C. 1868. The variation of animals and plants. a. a. O. S. 315

55 Able K.P., Belthoff J.R. 1998. Rapid 'evolution' of migratory behaviour in the introduced House Finch of eastern North America. Proceedings of the Royal. Society of London Series B 265: 2063-2071

56 Schrenk W.J. 1986. Die Seychellen, ein Naturparadies vor dem Ausverkauf. a.a.O. S. 305

57 Salomonsen F. 1934. Notes on some Lemurian Birds. Proceedings of the Zoological Society of London 104 (2): 219–224

58 Cox G. W. Alien species and evolution: the evolutionary ecology of exotic plants

59 Heuvelmanns, B. 1959. On the Track of Unknown Animals. Hart-Davis, London

60 O'Hanlon, R. 1997. No Mercy. A Journey to the Heart of the Congo. Alfred A. Knopf, New York

61 Fenly L. 2006. First glimpse. In 2006, scientists discovered a whole new world of species. The San Diego Union-Tribune (CA), December 28, 2006

62 Roca A. L., Georgiadis, N. et al. 2001. Genetic evidence for two species of elephant in Africa. Science 293: 1473 - 1477

63 Smith L. 2007. DNA tests find a world of variety. The Times (London), February 19, 2007

64 Jones T., Ehardt, C. L., Butynski, T. M. et al. 2005. The Highland Mangabey Lopocebus kipunji: A New Species of African Monkey. Science 308: 1161–1164

65 Gentile G., Fabiani A. et al. 2009. An overlooked pink species of land iguana in the Galapagos. Proceedings of the National Academy of Sciences 106 (2): 507

66 Wada S., Oishi M., Yamada T. K. 2003. A newly discovered species of living baleen whale. Nature. 426: 278–281

67 Fenly L. 2006. First glimpse. a. a. O. S. 316

68 Stewart B. 2002. A New Kind of New Yorker, One With 82 Legs. New York Times, July 24, 2002

69 Kutschera, U. 2010. A new leech species from Southern Germany, Trocheta intermedia nov. sp. (Hirudinea: Erpobdellidae). Lauterbornia 70: 1–9

70 Mizelle B. 2005. Displaying the Expanding Nation to Itself: The Cultural Work of Public Exhibitions of Western Fauna in Lewis

and Clark's Philadelphia. In: Robert S. Cox, ed., The Shortest and Most Convenient Route of Communication: Lewis and Clark in Context American Philosophical Society, S. 215-235
71 Queer Quadruped With a Bullet Proof Skin Found in Patagonia. The Philadelphia Inquirer: 139(132): 14; November 09, 1898. [Übersetzung des Zitats M. R.]
72 Japanese War Bill. Dallas Morning News, September 03, 1899
73 Silverberg, R. 1967. The Auk, the Dodo, and the Oryx: vanished and vanishing creatures. T.Y. Crowell Company, New York
74 Steadman D. W., Martin P. S. et al. 2005. Asynchronous Extinction of Late Quaternary Sloths on Continents and Islands. Proceedings of the National Academy of Sciences of the USA, Vol. 102, No. 33: 11763-11768
75 Hausman L.A. 1936. Further studies of the hair of the fossil ground sloth (Nothrotherium shastense) and of its problematical »ovate bodies«. American Journal of Science 31: 223–228.
76 Searching for an Aepyornis: The Discovery of a Freshly-laid Egg Starts Scientists into Madagascar after the largest Bird ever known. Los Angeles Times, July 6, 1902
77 Louvel M. 1954. Quelques observations sur le »fosa«. Bulletin de l'Académie malgache 31: 45-46.
78 A Monster Serpent. The Creature's Abode in an Extinct Crater of New Mexico. St. Louis Globe-Democrat, (St. Louis, MO), December 31, 1887
79 A Live Mastodon. Bismarck Daily Tribune, (Bismarck, ND), March 2, 1893
80 Is the Great Moa Extinct? Travelers Say That the Bird May Still Exist in New Zealand. The Wisconsin State Register (Portage, WI), August 8, 1896
81 Supposed discovery of a live Moa, Near Lake Wakatipu. Otago Daily Times, Issue 339, January 21, 1863 [Übersetzung des Zitats M. R.]
82 Discovery of a live Moa. Otago Daily Times. Issue 3475, March 27, 1873 [Übersetzung des Zitats M.R.]
83 When did the last Moa die? Colonist, Volume XXXVI, Issue 7480, November 15, 1892
84 Is the Great Moa Extinct? a.a.O. S. 317
85 When did the last Moa die? a.a.O. S. 317
86 Discovery of a live Moa. a.a.O. S. 317
87 Dieffenbach E. 1844. Travels in New Zealand. Daily Southern Cross, Volume 51, April 6, 1844
88 Moa or Kumi. Encountered in the Urewera Country. Poverty Bay Herald, Volume XLVI (14824) 6, January 30, 1919
89 Topics of the Day. The Observer, January 4, 1874
90 The Reported Discovery of the Moa. a.a.O. S. 317
91 Blashford-Snell, J., Lenska, R. 1996. Mammoth Hunt: In Search of the Giant Elephants of Nepal. Harper Collins, London
92 World Conservation Monitoring Centre 1996. Labidura herculeana. IUCN Red List of threatened Species. IUCN, Gland, Schweiz
93 Clarke D. pers. Auskunft
94 Gonzales P. C. 1983. Birds of Catanduanes. Zoological Papers of the National Museum, Manila, 2: 1–125
95 Greenway J C. 1967. Extinct and Vanishing Birds of the World. Dover Publications, New York
96 Juniper T. 2003. Spix's macaw: the race to save the world's rarest bird.
97 Fry C. H., Smith D. A. 1985. A new swallow from the Red Sea. Ibis 127: 1-6
98 Snyder N. F. R., Brown D. E., Clark K. B. 2009.The travails of two woodpeckers: ivory-bills & imperials. University of New Mexico Press